Hünersen/Fritzsche
Stahlbau in Beispielen

D1731001

Stahlbau in Beispielen

Berechnungspraxis nach DIN 18 800 Teil 1 bis Teil 3 (11. 90)

Dr.-Ing. habil. Gottfried Hünersen
Dr. sc. techn. Ehler Fritzsche

Werner-Verlag

1. Auflage 1991

Die Deutsche Bibliothek — CIP-Einheitsaufnahme

Hünersen, Gottfried:
Stahlbau in Beispielen : Berechnungspraxis nach DIN 18 800
Teil 1 bis Teil 3 (11.90) / Gottfried Hünersen ; Ehler Fritzsche.
— 1. Aufl. — Düsseldorf : Werner, 1991
ISBN 3-8041-1578-0
NE: Fritzsche, Ehler:

ISB N 3-8041-1578-0

© Werner-Verlag GmbH · Düsseldorf · 1991
Printed in Germany

Alle Rechte, auch das der Übersetzung, vorbehalten.
Ohne ausdrückliche Genehmigung des Verlages ist es auch nicht gestattet,
dieses Buch oder Teile daraus auf fotomechanischem Wege
(Fotokopie, Mikrokopie) zu vervielfältigen.

Zahlenangaben ohne Gewähr

Reproduktion, Druck und Verarbeitung:
Weiss & Zimmer AG, Mönchengladbach

Archiv-Nr.: 895-10.91
Bestell-Nr.: 01578

Vorwort

Mit diesem Buch wollen die Autoren die Einführung der inhaltlich neugestalteten Normenreihe DIN 18 800 unterstützen. Der Übergang von der DIN 18 800 T 1 (3.81) und der DIN 4114 bzw. für die neuen Bundesländer von der TGL 13 500 und der TGL 13 503 auf das neue Sicherheits- und Bemessungskonzept soll erleichtert werden.

Für die häufig benötigten Berechnungsabläufe werden die in der Norm enthaltenen Gebote, Verbote und Grundsätze verfolgt und jeweils in Nachweisschemas übersichtlich geordnet. So kann den Stahlbaupraktikern und den Studenten des Bauingenieurwesens dabei geholfen werden, die von den Spezialisten getroffenen Festlegungen schneller zu verstehen und richtig anzuwenden.

Der Inhalt des Buches ist entsprechend der Nachweisart gegliedert. Es wird die neue Konzeption der Berechnung mit Teilsicherheitsbeiwerten ausführlich dargestellt. Für den Nachweis der Tragsicherheit werden die Grenzzustände: Beginn des Fließens, Durchplastizieren eines Querschnittes und Ausbildung einer Fließgelenkkette, beschrieben. Viel Wert ist auf erläuternde Beispiele gelegt. Die in der Norm teilweise recht umständliche Nachweisführung für Schraubenverbindungen wird durch beigegebene Rechenhilfsmittel erleichtert.

Neben den Bemessungsvoraussetzungen ist besondere Aufmerksamkeit der Berechnung der Stabilitätsfälle Knicken und Beulen gewidmet. Auch hierfür sind Berechnungshilfen, wo es zweckmäßig und möglich war, eingearbeitet worden. In den Rechenbeispielen ist meist nur die bauliche Durchbildung einer Standardlösung berücksichtigt. Der beabsichtigte Umfang des Buches ließ konstruktive Beispielvergleiche nicht zu. Gerechnet wird mit den in der Projektierungspraxis üblichen Größen kN und cm. Die bei millimeterbezogener Rechnung auftretenden Zehnerpotenzen können so vermieden werden.

Zu bedanken haben sich die Autoren bei Frau Astrid Haase und Herrn Dipl.-Ing. Günter Eisenhut für die Unterstützung bei der umfangreichen Zeichenarbeit. Dem Werner-Verlag gilt Dank für die schnelle und unkomplizierte Verlagsarbeit.

Leipzig, im Juni 1991   Gottfried Hünersen
                                                          Ehler Fritzsche

V

Inhaltsverzeichnis

1 Bemessungsvoraussetzungen

Mit der vorliegenden neuen Norm der Reihe DIN 18 800 wird erstmals versucht, die Sicherheits- und Bemessungsphilosophie der im Jahr 1981 vom Normenausschuß Bauwesen (NA-Bau) im Deutschen Institut für Normung (DIN) herausgegebenen „Grundlagen zur Festlegung von Sicherheitsanforderungen an bauliche Anlagen" (Gru Si Bau) zu verwirklichen. Darüber hinaus wird auch den laufenden Entwicklungen hinsichtlich der europäischen Vereinheitlichungsbemühungen (Eurocode 3 Stahlbau) Rechnung getragen.

Die Grundlagen für die Nachweisführung bilden Bemessungsvoraussetzungen, die von ihrer Konzeption her eine komplexere ingenieurmäßige Betrachtung der Aufgabenstellung als bisher verlangen.

Die Bemessung nach DIN 1050 bzw. DIN 4114 erfolgte mit Normlasten und den pauschalen Sicherheitsbeiwerten der Lastfälle. Die Grundnorm DIN 18 800 fächert die Sicherheit in Teilsicherheiten auf und gestattet somit eine wirklichkeitsnähere Berechnung. Sie wird damit dem Grundanliegen des Ingenieurs besser gerecht.

Dabei ist jedoch zu beachten, daß diese Normen technische Baubestimmungen und keine Rechtsvorschriften darstellen. Sie entsprechen den anerkannten Regeln der Baukunst. Bei Abweichungen ist jeweils der Nachweis der Sicherheit zu erbringen.

1.1 Erläuterungen

1.1.1 Einwirkungen

Die Einwirkungen F sind Ursachen der Kraft und Verformungsgrößen im Tragwerk. Entsprechend ihrer zeitlichen Veränderlichkeit erfolgt eine Einteilung in

- ständige Einwirkungen G, z. B. Eigenlast, Stützensenkung
- veränderliche Einwirkungen Q, z. B. Verkehrslasten, Wind, Schnee und Temperatur
- außergewöhnliche Einwirkungen F_A, z. B. Lasten aus Anprall von Fahrzeugen.

1.1.2 Widerstand

Unter Widerstand M wird das Entgegenwirken des Tragwerkes, seiner Bauteile und Verbindungen gegen die Einwirkungen verstanden. Die auftretenden Widerstandsgrößen sind dabei die Festigkeiten und Steifigkeiten. Sie leiten sich aus den geometrischen Relationen und den Werkstoffkennwerten ab. Stellvertretend für die Streuung aller Widerstandsgrößen wird dieselbe vereinfachend nur bei den Festigkeiten erfaßt. Die Abmessungen von Querschnitten oder von Systemen gehen mit ihren Nennwerten in die Berechnung ein.

1.1.3 Charakteristische Werte

Die charakteristischen Werte für die Einwirkungen und den Widerstand sind die Bezugsgrößen. Wenn statistische Daten in ausreichendem Maße vorhanden sind, werden die charakteristischen Werte der Einwirkungs- und Widerstandsgrößen als p %-Fraktile (z. B. 5 %-Fraktile) ihrer Verteilung festgelegt. Auf Grund häufig nicht ausreichend vorliegender Daten sind diese Werte nur bedingt sicherheitstheoretisch interpretierbar. Die Absicherung der Festlegungen der DIN 18 800 Teil 1 stützt sich diesbezüglich teilweise auf globale Kalibrierung an der bisherigen Erfahrung.

Als charakteristische Werte der Einwirkungen, die Beanspruchungen hervorrufen, gelten die Werte der einschlägigen Lastnormen.

Als charakteristische Werte des Widerstandes sind z. B. die mechanischen Eigenschaften (Streckgrenze $f_{y,k}$ und Zugfestigkeit $f_{u,k}$) oder auch plastische Momente anzusehen.

Der Index k weist dabei sowohl die Einwirkungen als auch den Widerstand als ihre jeweils charakteristischen Werte einer Größe aus.

1.1.4 Teilsicherheitsbeiwerte

Die Sicherheitskonzeption der neuen Stahlbaunormen der Reihe DIN 18 800 basiert auf der Berücksichtigung von Teilsicherheitsbeiwerten, die die Streuung sowohl der Einwirkungen F als auch der Widerstandsgrößen M erfassen.

Der Teilsicherheitsbeiwert γ_F erfaßt dabei die zeitliche und räumliche Streuung der Einwirkungen. Weiterhin finden die Unsicherheiten im mechanischen und stochastischen Modell Berücksichtigung. Der Teilsicherheitsbeiwert γ_M bezieht sich ausschließlich auf die Widerstandsseite. Er interpretiert die Streuung der jeweiligen Widerstandsgröße und die Ungenauigkeiten im mechanischen Modell zur Berechnung der Beanspruchbarkeiten und Systemempfindlichkeiten.

Stellvertretend für die Streuung aller Widerstandsgrößen wird dieselbe vereinfachend nur direkt in die Festigkeiten eingerechnet. Die Abmessungen von Querschnitten oder Systemen gehen mit ihren Nennwerten in die Berechnung ein. Im Regelfall gilt beim Nachweis der Tragsicherheit $\gamma_M = 1,1$. Ausnahmen sind in DIN 18 800 T. 1 aufgeführt. γ_F ist ebenfalls DIN 18 800 T.1 zu entnehmen.

1.1.5 Kombinationsbeiwerte

Die Kombinationsbeiwerte ψ sind die Sicherheitselemente, die die Wahrscheinlichkeit des gleichzeitigen Auftretens veränderlicher Einwirkungen berücksichtigen.

Dabei werden Grundkombinationen und außergewöhnliche Kombinationen gebildet. In der Regel sind generell 2 Grundkombinationen möglich:

1. alle ständigen Einwirkungen und alle ungünstig wirkenden veränderlichen Einwirkungen und

2. alle ständigen Einwirkungen und jeweils eine ungünstig wirkende veränderliche Einwirkung.

Treten außergewöhnliche Einwirkungen auf, dann ist aus den ständigen Einwirkungen, allen veränderlichen Einwirkungen und jeweils einer außergewöhnlichen Einwirkung zusätzlich zu den Grundkombinationen eine außergewöhnliche Kombination zu bilden.

Bei der Auswahl der maßgebenden Grundkombinationen können Schwierigkeiten auftreten, wenn die veränderlichen Einwirkungen nicht in einer Richtung wirken. Sobald unterschiedliche Wirkungsrichtungen auftreten, kann ggf. erst nach einer Spannungsermittlung für die einzelnen Komponenten über deren Einfluß entschieden werden.

Die kombinierte Einwirkung von Schnee und Wind im Sinn der DIN 1055 T.5/6.75 Abschnitt 5,

$$(s + \frac{w}{2}) \text{ bzw. } (w + \frac{s}{2}),$$

gilt als veränderliche Einwirkung. Sie ist als Behelfsregelung auch weiterhin gültig, da noch keine Kombinationswerte für diesen Fall vorhanden sind.

In Fachnormen können Kombinationen vereinbart sein, die von der DIN 18 800 T.1 abweichen. Bei mehr als 2 veränderlichen Einwirkungen dürfen dabei Kombinationsbeiwerte $\psi < 0,9$ verwendet werden, wenn ihre Ermittlung begründet abgesichert ist.

1.1.6 Bemessungswerte

Bemessungswerte sind diejenigen Werte der Einwirkungsgrößen und Widerstandsgrößen, die für die Nachweise anzunehmen sind. Sie beschreiben den Fall ungünstiger Einwirkungen auf die Tragwerke mit ungünstigen Eigenschaften, die in der Realität nur mit sehr geringer Wahrscheinlichkeit zu erwarten sind.

Der Index d weist eine Größe als deren Bemessungswert aus. Die Bemessungswerte der Einwirkungen F_d sind die mit dem Teilsicherheitsbeiwert γ_F und ggf. mit dem Kombinationsbeiwert ψ vervielfachten charakteristischen Werte der Einwirkungen F_k.

$$F_d = \gamma_F \cdot \psi \cdot F_k$$

Sie verursachen die Beanspruchungen, die als Zustandsgrößen im Tragwerk wirken.

Beanspruchungen S_d können Schnittgrößen (M, N, Q), Spannungen (σ, τ), Durchbiegungen, Dehnungen und Scherkräfte von Schrauben sein. Dynamische Erhöhungen der Beanspruchungen sind zu berücksichtigen.

Die Bemessungswerte M_d der Widerstandsgrößen sind im allgemeinen aus den charakteristischen Größen der Widerstandsgrößen M_k durch Dividieren mit den Teilsicherheitsbeiwerten γ_M zu berechnen.

$$M_d = \frac{M_k}{\gamma_M}$$

Sie ergeben die Beanspruchbarkeit R_d.

1.1.7 Grenzzustände

Grenzzustände sind die Zustände des Tragwerkes, die den Bereich der Beanspruchung, in dem das Tragwerk tragsicher oder gebrauchstauglich ist, begrenzen. Sie werden durch die Versagenszustände des Werkstoffs, der Querschnitte, der Bauteile, des gesamten Tragwerkes und der Verbindungsmittel gekennzeichnet. Die Tragsicherheit ist für einen oder mehrere der folgenden, vom gewählten Nachweisverfahren abhängigen Grenzzustände nachzuweisen:

– Beginn des Fließens

– Durchplastizieren des Querschnittes

– Ausbildung einer Fließgelenkkette

– Bruch.

Ebenfalls können die Lagesicherheit, Knicken, Kippen, Beulen oder die Ermüdung als Grenzzustand maßgebend werden.

Der Grenzzustand der Gebrauchstauglichkeit ist in den meisten Fällen ein Nachweis der Größe von Verformungen. Bei einer Berechnung mit Berücksichtigung des plastischen Verhaltens ist das gegebenenfalls von besonderer Bedeutung.

Der Nachweis der Gebrauchstauglichkeit ist als Tragsicherheitsnachweis zu führen, wenn mit dem Verlust der Gebrauchsfähigkeit eine Gefährdung von Leib und Leben verbunden ist, z. B. die Undichtigkeit von Leitungen, wenn es sich beim Inhalt der Leitungen um giftige Gase handelt. Der Nachweis wird damit auf ein höheres Sicherheitsniveau geführt.

Weiterhin können unzulässige Verformungen und störende Schwingungen die einzuhaltenden Kriterien für den Nachweis der Gebrauchstauglichkeit nach Fachnormen bilden.

Das im Abschnitt 1.3 aufgeführte Schema zur Ermittlung der Bemessungsvoraussetzung gilt für den Nachweis der Tragsicherheit. Der Nachweis der Gebrauchstauglichkeit ist in der Regel mit $\gamma_M = 1$ zu führen.

1.2 Bezeichnungen

γ_F	Teilsicherheitsbeiwert für die Einwirkungen (Lastseite)
γ_M	Teilsicherheitsbeiwert für den Widerstand (Materialseite)
ψ	Kombinationsbeiwert für die Einwirkungen
f_y	Streckgrenze
f_u	Zugfestigkeit
F	Einwirkung – allg. Symbol
G	ständige Einwirkung
Q	veränderliche Einwirkung
F_A	außergewöhnliche Einwirkung
F_E	Erddruck
M	Widerstandsgröße – allg. Symbol
S_d	Beanspruchung – allg. Symbol (Stress)
R_d	Beanspruchbarkeiten – allg. Symbol (Resistance)
Index k	charakteristischer Wert einer Größe
Index d	Bemessungswert einer Größe

1.3 Nachweisschema für die Bemessungsvoraussetzungen

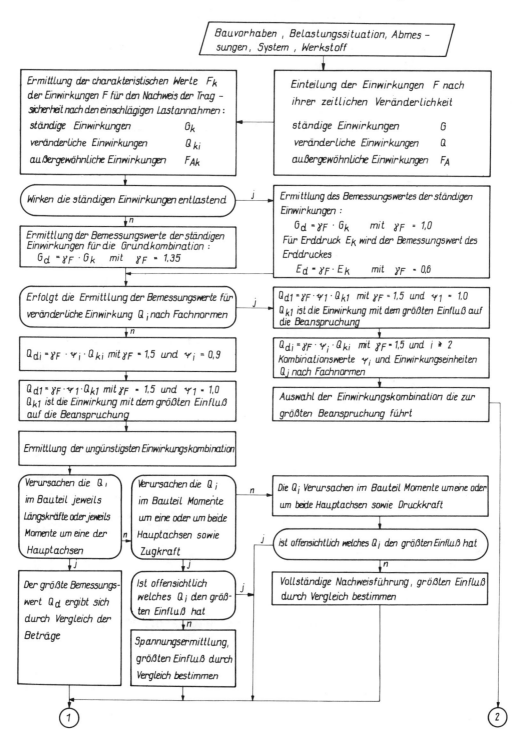

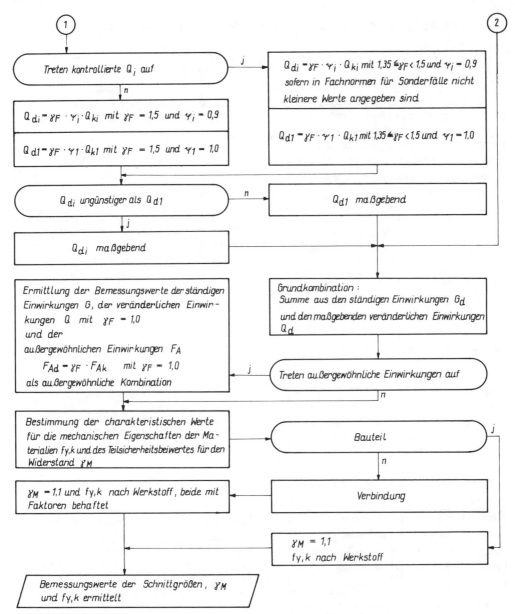

1.4 Beispiele für die Ermittlung der Bemessungsvoraussetzungen

1.4.1 Randstütze unter einer Bühne

Für die Bühne nach Abb. 1.1 sind die Bemessungsvoraussetzungen für die erforderlichen Nachweise zu ermitteln. Es treten Lasten aus Eigenlast, Behälter mit Füllung, Lasten in der Bedienungszone und Schnee auf.

Material St 37

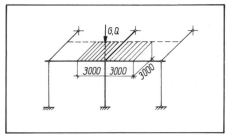

Abb. 1.1

- Lösung nach 1.3
Charakteristische Werte:
– ständige Einwirkungen
Eigenlast 2 kN/m^2
$G_k = 6 \cdot 3 \cdot 2 = 36$ kN
– veränderliche Einwirkungen
Behälter mit Füllung 50 kN
$Q_{k1} = 50$ kN (technologische Einzellast)
Last in der Bedienungszone 3 kN/m^2
$Q_{k2} = 6 \cdot 3 \cdot 3 = 54$ kN (Verkehrslast)
Schneelast 0,75 kN/m^2
$Q_{k3} = 6 \cdot 3 \cdot 0,75 = 13,5$ kN

Es treten keine außergewöhnlichen Einwirkungen auf. Ermittlung der Bemessungswerte für ständige Einwirkungen:
$G_d = 1,35 \cdot 36 = 48,6$ kN

Ermittlung der Bemessungswerte für veränderliche Einwirkungen:

$$\begin{aligned}
Q_{d1} &= 1,5 \cdot 0,9 \cdot 50 &&= 67,5 \text{ kN} \\
Q_{d2} &= 1,5 \cdot 0,9 \cdot 54 &&= 72,9 \text{ kN} \\
Q_{d3} &= 1,5 \cdot 0,9 \cdot 13,5 &&= 18,2 \text{ kN} \\
\sum_1^3 Q_{di} && &= 158,6 \text{ kN}
\end{aligned}$$

Es treten nur Normalkräfte auf. Den größten Einfluß hat Q_{k2}.
max $Q_{d2} = 1,5 \cdot 1,0 \cdot 54 = 81$ kN
$\sum_1^3 Q_{di} > \max Q_{d2} \rightarrow 158,6$ kN > 81 kN
Damit verursacht die Einwirkungskombination $\sum_1^3 Q_{di}$ die größte Beanspruchung. Die maßgebende Grundkombination der Bemessungswerte ergibt sich somit aus der Summe von G_d und $\sum_1^3 Q_{di}$.
$f_{y,k}$ nach DIN 18 800 T.1, Tab. 1
$f_{y,k} = 240$ N/mm^2
$\gamma_M = 1,1$
Damit liegen die Bemessungsvoraussetzungen vor.

1.4.2 Träger

Für den Träger nach Abb. 1.2 sind die Bemessungsvoraussetzungen für die erforderlichen Tragfähigkeitsnachweise zu ermitteln.

Es treten die Lasten aus Eigenmasse der Konstruktion, Behälter und Füllung, Lasten in der Bedienungszone und Wind auf.

Aus technologischen Gründen kann kein Horizontalverband vorgesehen werden.

Material St 37

Grundlagen

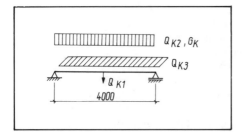

Abb. 1.2

● Lösung nach 1.3
Charakteristische Werte:
– ständige Einwirkungen
$G_k = 1$ kN/m (Eigenlast)
– veränderliche Einwirkungen
$Q_{k1} = 20$ kN (technologische Einzellast)
$Q_{k2} = 2$ kN/m (Verkehrslast)
$Q_{k3} = 0,924$ kN/m (Windlast)

Es treten keine außergewöhnlichen Einwirkungen auf.
Ermittlung der Bemessungswerte für ständige Einwirkungen:
$G_d = 1,35 \cdot 1 = 1,35$ kN/m

Ermittlung der Bemessungswerte für veränderliche Einwirkungen:
$Q_{d1} = 1,5 \cdot 0,9 \cdot 20 = 27$ kN
$Q_{d2} = 1,5 \cdot 0,9 \cdot 2 = 2,7$ kN/m
$Q_{d3} = 1,5 \cdot 0,9 \cdot 0,924 = 1,25$ kN/m

Es entstehen Biegemomente um beide Hauptachsen:

$$M_{yGd} = 1,35 \cdot \frac{4^2}{8} = 2,7 \text{ kNm} \qquad M_{yQd2} = 2,7 \cdot \frac{4^2}{8} = 5,4 \text{ kNm}$$

$$M_{yQd1} = 27 \cdot \frac{4}{4} = 27 \text{ kNm} \qquad M_{zQd3} = 1,25 \cdot \frac{4^2}{8} = 2,5 \text{ kNm}$$

Die auftretenden Spannungen müssen für ein IPE 220 berechnet werden:
$W_y = 252$ cm³; $W_z = 37,3$ cm³

$$\sigma_{Gd} = \frac{270}{252} = 1,1 \text{ kN/cm}^2$$

$$\sigma_{Qd1} = \frac{2700}{252} = 10,7 \text{ kN/cm}^2 \qquad \sigma_{Qd2} = \frac{540}{252} = 2,1 \text{ kN/cm}^2 \qquad \sigma_{Qd3} = \frac{250}{37,3} = 6,7 \text{ kN/cm}^2$$

$\overset{3}{\underset{1}{\Sigma}} \sigma_{Qdi} = 19,5$ kN/cm²

Den größten Einfluß hat Q_{d1}.

max $Q_{d1} = 1,5 \cdot 1,0 \cdot 20 = 30$ kN $\qquad$ max $M_{yQd1} = 30 \cdot \dfrac{4}{4} = 30$ kNm

max $\sigma_{Qd1} = \dfrac{3000}{252} = 11,9$ kN/cm² $\qquad \overset{3}{\underset{1}{\Sigma}} \sigma_{Qdi} >$ max $\sigma_{Qd1} \rightarrow 19,5$ kN/cm² $> 11,9$ kN/cm²

Somit verursacht die Einwirkungskombination $\overset{3}{\underset{1}{\Sigma}} \sigma_{Qdi}$ die größere Beanspruchung.

Die maßgebende Grundkombination der Bemessungswerte ergibt sich für dieses Beispiel aus
σ_{Gd} und $\overset{3}{\underset{1}{\Sigma}} \sigma_{Qdi}$.

$f_{y,k}$ nach DIN 18 800 T.1, Tab. 1
$f_{y,k} = 240$ N/mm²
$\gamma_M = 1,1$

Damit liegen die Bemessungsvoraussetzungen vor.

8

2 Nachweisverfahren für die Tragsicherheit

Der Nachweis für die Tragsicherheit der Konstruktionen oder Verbindungen darf generell auf der Basis von drei verschiedenen Nachweisverfahren geführt werden. Es besteht die Möglichkeit, daß

- Beanspruchungen und Beanspruchbarkeiten nach der Elastizitätstheorie (Elastisch-Elastisch),
- Beanspruchungen nach der Elastizitätstheorie und Beanspruchbarkeiten nach der Plastizitätstheorie (Elastisch-Plastisch) sowie
- Beanspruchungen und Beanspruchbarkeiten nach der Plastizitätstheorie (Plastisch-Plastisch) ermittelt und verglichen werden.

Bei allen drei Verfahren sind Tragwerksverformungen, geometrische Imperfektionen, Schlupf in Verbindungen und planmäßige Außermittigkeiten, wenn sie zur Vergrößerung der Beanspruchung führen, zu berücksichtigen. Die Auslastung der Konstruktion nimmt in der Reihenfolge der genannten Verfahren zu.

2.1 Nachweisverfahren Elastisch-Elastisch

Die Beanspruchungen S_d und die Beanspruchbarkeiten R_d sind nach der Elastizitätstheorie zu berechnen. Die herkömmliche Bemessungskonzeption entsprach weitgehend diesem Nachweisverfahren.

Für die Bemessungswerte der Größen wird der Index d weggelassen, wenn die Aussage eindeutig ist.

Aus dem linearelastischen Werkstoffverhalten wird als Grenzzustand der Tragfähigkeit der Beginn des Fließens definiert.

Es ist nachzuweisen, daß das System im stabilen Gleichgewicht ist und in allen Querschnitten die aus den Einwirkungen ermittelten Beanspruchungen höchstens die Streckgrenze erreichen. Die Beanspruchungen werden dabei mit konstantem Elastizitätsmodul, E=const., errechnet. Die Annahme E=const. ist für die Berechnung von Verformungen von Bedeutung, da bei statisch unbestimmten Systemen die Schnittkräfte über Formänderungsbedingungen ermittelt werden. Es würden relativ große Abweichungen auftreten, wenn E nicht als konstant angenommen werden dürfte.

Weiterhin ist bei diesem Nachweisverfahren die Beulsicherheit durch Einhalten von b/t-Verhältnissen nach DIN 18 800 T.1, Tab. 12 bis Tab. 14 abzusichern oder exakt zu berechnen.

Unter besonderen Voraussetzungen darf örtlich eine begrenzte Plastizierung eintreten. Diese Festlegung orientiert sich an der Wirtschaftlichkeit und beeinflußt nicht die Berechnungsansätze. Üblicherweise wird der Nachweis mit Spannungen geführt.

2.1.1 Allgemeine Form des Spannungsnachweises

Beim Spannungsnachweis Elastisch-Elastisch werden vorhandene Spannungen, die sich aus den Bemessungswerten der Schnittgrößen ergeben, Grenzspannungen gegenübergestellt. Die Schnittgrößen entsprechen den Resultierenden der Spannungen.

Grundlagen

Für Grenznormal- und Grenzschubspannungen wird gefordert:

$$\sigma_{R,d} = \frac{f_{y,k}}{\gamma_M} \; ; \; \tau_{R,d} = \frac{f_{y,k}}{\gamma_M \cdot \sqrt{3}}$$

Nachzuweisen ist:

$\sigma \leqq \sigma_{R,d}$ für alle Normalspannungen $\sigma_x, \sigma_y, \sigma_z$

sowie

$\tau \leqq \tau_{R,d}$ für alle Schubspannungen $\tau_{xy}, \tau_{xz}, \tau_{yz}$

z. B. ergibt sich beim Stab mit Längskraft und Biegung

$$\sigma_x = \frac{N}{A} \pm \frac{M_y}{I_y} \cdot z \pm \frac{M_z}{I_z} \cdot y \leqq \sigma_{R,d}$$

bei örtlicher Lasteintragung

$$\sigma_z = \frac{F_z}{l \cdot s} \leqq \sigma_{R,d}$$

bei Schub im Biegeträger

$$\tau_{xz} = \frac{V_z \cdot S_y}{s \cdot I_y} \leqq \tau_{R,d}$$

Für die gleichzeitige Wirkung mehrerer Spannungen gilt als Vergleichsspannung:

$\sigma_v \leqq \sigma_{R,d}$ mit

$$\sigma_v = \sqrt{\sigma_x^2 + \sigma_y^2 + \sigma_z^2 - \sigma_x\,\sigma_y - \sigma_x\,\sigma_z - \sigma_y\,\sigma_z + 3\,\tau_{xy}^2 + 3\,\tau_{xz}^2 + 3\,\tau_{yz}^2}$$

σ und τ werden jeweils für ihren Maximalwert bzw. die Stelle ihrer gemeinsamen Wirkungen nach den Regeln der Festigkeitslehre ermittelt.

Der Nachweis mit σ_v gilt für die alleinige Wirkung von σ_x und τ oder σ_y und τ als erfüllt, wenn $\sigma \leqq 0,5\,\sigma_{R,d}$ oder $\tau \leqq 0,5\,\tau_{R,d}$ ist. Für Winkelprofile bietet die DIN 18 800 T.1 Element 751 eine vereinfachte Berechnung der Biegenormalspannung an. Sobald die Biegung um schenkelparallele Achsen und nicht um Trägheitshauptachsen gerechnet wird, muß die Beanspruchung um 30 % erhöht werden.

Die Schubspannung darf bei I-förmigen Querschnitten, bei denen die Wirkungslinie der Querkraft V_z mit dem Steg zusammenfällt, überschläglich ermittelt werden.

$$\tau = \left| \frac{V_z}{A_{Steg}} \right|$$

A_{Steg} darf aus dem Produkt Entfernung der Flanschschwerlinien mal Stegdicke gebildet werden.

Die gleichmäßig über den Steg verteilte Schubspannung ist an die Relation $A_{Gurt}/A_{Steg} > 0,6$ gebunden.

Bei den Walzprofilen ist diese Bedingung in der Regel erfüllt.

Bei kleineren Verhältnissen weichen die maximalen Schubspannungen um mehr als 10 % von den gemittelten Werten ab.

2.1.2 Örtliche Plastizierung

– Erhöhung der Grenzspannung beim Vergleich mit σ_v

Bei auftretender Doppelbiegung mit oder ohne Normalkraft darf die Grenzvergleichsspannung um 10 % überschritten werden. Dabei muß jedoch die einachsige Biegung nur 80 % der jeweiligen Grenzspannung betragen.

$$\sigma_v = 1,1 \; \sigma_{R,d}$$

bei

$$\left| \frac{N}{A} + \frac{M_y}{I_y} \cdot z \right| \leqq 0,80 \; \sigma_{R,d}$$

und

$$\left| \frac{N}{A} + \frac{M_z}{I_z} \cdot y \right| \leqq 0,80 \; \sigma_{R,d}$$

– Plastizierung bei doppeltsymmetrischen I-Querschnitten (Belastung durch N, M_y, M_z)

$$\sigma_x = \left| \frac{N}{A} \pm \frac{M_y}{\alpha_{pl,y}^* \cdot W_y} \pm \frac{M_z}{\alpha_{pl,z}^* \cdot W_z} \right|$$

Dabei beträgt bei Walzprofilen der plastische Formbeiwert

$$\alpha_{pl,y}^* = 1,14 \text{ und}$$

$$\alpha_{pl,z}^* = 1,25.$$

Bei Schweißprofilen ergibt sich

$$\alpha_{pl,y} = \alpha_{pl,y}^* = \frac{W_{pl,y} \cdot \sigma_{R,d}}{W_y \cdot \sigma_{R,d}} = \frac{M_{pl,y,d}}{M_{el,y,d}}$$

und

$$\alpha_{pl,z} = \alpha_{pl,z}^* = \frac{W_{pl,z}}{W_z} \leqq 1,25$$

W_{pl} kann 2.2.5 bzw. [1] entnommen werden oder als das statische Moment um die Flächenhalbierende berechnet werden.

2.1.3 Charakteristische Werte der Werkstoffe für die Nachweisführung Elastisch-Elastisch

Die charakteristischen Werkstoffwerte können je nach Anwendungsfall und Stahlsorte den Tabellen 1 bis 4 dieses Abschnittes entnommen werden.

Tabelle 2.1.3-1. Als charakteristische Werte für Walzstahl und Stahlguß festgelegte Werte

	1	2	3	4	5	6	7
	Stahl	Erzeugnis-dicke $t*$) mm	Streck-grenze $f_{y,k}$ N/mm²	Zug-festigkeit $f_{u,k}$ N/mm²	E-Modul E N/mm²	Schub-modul G N/mm²	lineare Temperatur-dehnzahl α_T K^{-1}
1	Baustahl St 37-2 USt 37-2 RSt 37-2 St 37-3	$t \leq 40$	240	360			
2		$40 < t \leq 80$	215				
3	Baustahl	$t \leq 40$	360	510			
4	St 52-3	$40 < t \leq 80$	325				
5	Feinkorn-baustahl StE 355 WStE 355 TStE 355 EStE 355	$t \leq 40$	360	510	210 000	81 000	$12 \cdot 10^{-6}$
6		$40 < t \leq 80$	325				
7	Stahlguß GS-52		260	520			
8	GS-20 Mn 5	$t \leq 100$	260	500			
9	Vergütungs-stahl	$t \leq 16$	300	480			
10	C 35 N	$16 < t \leq 80$	270				

*) Die Erzeugnisdicke wird in Normen über Walzprofile auch mit anderen Formelzeichen bezeichnet, z. B. in den Normen der Reihe DIN 1025 mit s für den Steg.

Tabelle 2.1.3-2. Als charakteristische Werte für Schraubenwerkstoffe festgelegte Werte

	1	2	3
	Festigkeitsklasse	Streckgrenze $f_{y,b,k}$ N/mm²	Zugfestigkeit $f_{u,b,k}$ N/mm²
1	4.6	240	400
2	5.6	300	500
3	8.8	640	800
4	10.9	900	1000

Tabelle 2.1.3-3. Als charakteristische Werte für Nietwerkstoffe festgelegte Werte

	1	2	3
	Werkstoff	Streckgrenze $f_{y,b,k}$ N/mm^2	Zugfestigkeit $f_{u,b,k}$ N/mm^2
1	USt 36	205	330
2	RSt 38	225	370

Tabelle 2.1.3-4. Als charakteristische Werte für Werkstoffe von Kopf- und Gewindebolzen festgelegte Werte

	1		2	3
	Bolzen	d in mm	Streck-grenze $f_{y,b,k}$ N/mm^2	Zugfestig-keit $f_{u,b,k}$ N/mm^2
1	nach DIN 32 500 Teil 1 Festigkeitsklasse 4.8		320	400
2	nach DIN 32 500 Teil 3 mit der chemischen Zusammensetzung des St 37-3 nach DIN 17 100		350	450
3	aus St 37 nach DIN 17 100	$d \leqq 40$	240	360
		$40 < d \leqq 80$	215	
4	aus St 52-3 nach DIN 17 100	$d \leqq 40$	360	510
		$40 < d \leqq 80$	325	

2.2 Nachweisverfahren Elastisch-Plastisch

Die Beanspruchungen S_d werden nach der Elastizitätstheorie, die Beanspruchbarkeiten R_d dagegen unter Ausnutzung plastischer Tragfähigkeiten ermittelt.

Als Grenzzustand der Tragfähigkeit wird das Erreichen der Grenzschnittgrößen im vollplastischen Zustand definiert. Es ist nachzuweisen, daß das System im stabilen Gleichgewicht ist und in keinem Querschnitt die berechneten Beanspruchungen unter Beachtung der Interaktion zu einer Überschreitung der Grenzschnittgrößen im vollplastischen Zustand führen. Die b/t-Verhältnisse nach DIN 18 800 T.1, Tab. 15 dürfen nicht überschritten werden. Dies gilt jedoch nur für die Bereiche des Tragwerkes, in denen plastische Querschnittsreserven ausgenutzt werden. Außerhalb derselben genügt das Einhalten der b/t-Verhältnisse des Nachweisverfahrens Elastisch-Elastisch. Beim Verfahren Elastisch-Plastisch wird für die Berechnung der Beanspruchungen linear-elastisches Werkstoffverhalten, für die Berechnung der Beanspruchbarkeiten linearelastisch-idealplastisches Werkstoffverhalten angenommen, d. h., für die Ermittlung der Schnittkräfte ist der Elastizitätsmodul konstant. Es werden nur die Reserven des Querschnitts genutzt. Die möglicherweise vorhandenen plastischen Reserven des Systems bleiben unbeachtet.

Die Mehrzahl der Stabilitätsnachweise sind nach DIN 18 800 T.2 auf das Nachweisverfahren Elastisch-Plastisch orientiert. Ein Querschnitt befindet sich im plastischen Zustand, wenn Querschnittsbereiche plastiziert sind. Er ist im vollplastischen Zustand, wenn eine Vergrößerung der Schnittkräfte nicht mehr möglich ist. Bei einfachsymmetrischen Schnittkräften muß dabei nicht der gesamte Querschnitt durchplastiziert sein.

Ähnlich wie das Nachweisverfahren Elastisch-Elastisch auch örtlich begrenzte Plastizierungen erlaubt, werden beim Verfahren Elastisch-Plastisch ggf. Momentenumlagerungen im System gestattet. Es dürfen Systemreserven genutzt werden (siehe hierzu DIN 18 800 T.1, Element 754).

Üblicherweise wird der Nachweis Elastisch-Plastisch mit Schnittgrößen geführt.

2.2.1 Allgemeine Querschnittsformen

In der Regel treten im Stahlbau doppelt- oder einfachsymmetrische Querschnittsformen auf. Die doppeltsymmetrischen Querschnittsformen sind nach 2.2.2 bis 2.2.4 nachzuweisen.

Beim Wirken nur einer Schnittgröße ergibt sich auf der Grundlage der Plastizitätstheorie die Tragfähigkeit eindeutig. Tritt im Querschnitt nur eine Normalkraft auf, dann entspricht N_{pl} dem Produkt aus Querschnittsfläche und Fließspannung. Für die Ermittlung von M_{pl} muß die Flächenhalbierende ermittelt werden. Das plastische Widerstandsmoment entspricht dem Flächenmoment 1. Grades um die Flächenhalbierende. Analog zu N_{pl} ergibt sich M_{pl} bei homogenem Querschnitt aus dem Produkt des plastischen Widerstandsmomentes und der Fließspannung. Bei den Profilen des Stahlbaus kann im Steg meist ein linearer Schubspannungszustand angenommen werden. V_{pl} entspricht in diesem Fall dem Produkt aus Stegfläche und Spannung an der Steggrenze. Dabei werden als Stegfläche die Teilquerschnitte eingesetzt, die senkrecht zur Flächenhalbierenden angeordnet sind.

Querkräfte treten jedoch meist gekoppelt mit Biegemomenten auf. Die Überlagerung im Stegbereich kann zu einer Reduzierung des plastischen Momentes führen.

Bei doppeltsymmetrischen Querschnitten kann durch die Rechnung mit einer verminderten Stegdicke s' nach [2] eine Berücksichtigung erfolgen.
Es beträgt abgemindert $s' = s \cdot \sqrt{1 - (V/V_{pl})^2}$.

Analog wirkt eine Normalkraft ebenfalls reduzierend auf das Biegemoment im vollplastischen Zustand, da ein Teil der plastischen Tragreserve durch die Normalkraft beansprucht wird. Dabei müssen 2 Bereiche unterschieden werden. Für $e \leq h_s/2$ ergibt sich $M_{pl,N} = M_{pl} [1 - (N/N_{pl})^2 \cdot A^2/(8 \cdot s \cdot S)]$. Für $e > h_s/2$, wenn der Normalkraftanteil bis in die Flansche plastiziert, wäre

$$M_{pl,N} = M_{pl} \cdot \left[\frac{A(h + t)}{2 \, b} \cdot \left(1 - |N/N_{pl}| \right) - \frac{A^2}{4 \, b^2} \cdot \left(1 - |N/N_{pl}| \right)^2 \cdot \frac{b}{2 \, S} \right]$$

mit den Bezeichnungen nach 2.2.6 und S als statischem Moment um die Flächenhalbierende. Beim Zusammenwirken verschiedener Schnittgrößen bietet für ausgewählte Querschnittsformen die DIN 18 800 T.1, Element 759 Interaktionsbeziehungen an.

2.2.2 Interaktionsbeziehungen für I-Profile mit N, M_y, V_z

Biegung um die y-Achse	Gültigkeitsbereich	$\dfrac{V_z}{V_{pl,z,d}} \leq 0,33$	$0,33 < \dfrac{V_z}{V_{pl,z,d}} \leq 0,9$
$\dfrac{N}{N_{pl,d}} \leq 0,1$		$\dfrac{M_y}{M_{pl,y,d}} \leq 1$	$0,88\,\dfrac{M_y}{M_{pl,y,d}} + \dfrac{V_z}{V_{pl,z,d}} \leq 1$
$0,1 < \dfrac{N}{N_{pl,d}} \leq 1$		$0,9\,\dfrac{M_y}{M_{pl,y,d}} + \dfrac{N}{N_{pl,d}} \leq 1$	$0,8\,\dfrac{M_y}{M_{pl,y,d}} + 0,89\,\dfrac{N}{N_{pl,d}} + 0,33\,\dfrac{V_z}{V_{pl,z,d}} \leq 1$

2.2.3 Interaktionsbeziehungen für I-Profile mit N, M_z, V_y

Biegung um die z-Achse	Gültigkeitsbereich	$\dfrac{V_y}{V_{pl,y}} \leq 0,25$	$0,25 < \dfrac{V_y}{V_{pl,y}} \leq 0,9$
$\dfrac{N}{N_{pl,d}} \leq 0,3$		$\dfrac{M_z}{M_{pl,z,d}} \leq 1$	$0,95\,\dfrac{M_z}{M_{pl,z,d}} + 0,82\left(\dfrac{V_y}{V_{pl,y,d}}\right)^2 \leq 1$
$0,3 < \dfrac{N}{N_{pl,d}} \leq 1$		$0,91\,\dfrac{M_z}{M_{pl,z,d}} + \left(\dfrac{N}{N_{pl,d}}\right)^2 \leq 1$	$0,87\,\dfrac{M_z}{M_{pl,z,d}} + 0,95\left(\dfrac{N}{N_{pl,d}}\right)^2 + 0,75\left(\dfrac{V_y}{V_{pl,y,d}}\right)^2 \leq 1$

2.2.4 Nachweisschema für I-Profile mit N, V_z, V_y, M_y, M_z

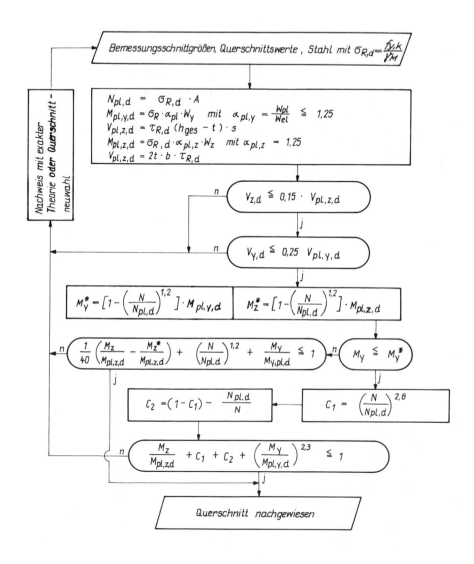

2.2.5 Schnittgrößen im vollplastischen Zustand für gewalzte I-Profile aus St 37

h	IPE			HEA			HEB			HEM		
	$M_{pl,y,d}$	$V_{pl,d}$	$N_{pl,d}$	$M_{pl,y,d}$	$V_{pl,d}$	$N_{pl,d}$	$M_{pl,y,d}$	$V_{pl,d}$	$N_{pl,d}$	$M_{pl,y,d}$	$V_{pl,d}$	$N_{pl,d}$
100	860	48,7	225	1 811	55,4	463	5 149	151,2	1 161	2 274	68,0	567
120	1 327	63,0	288	2 605	66,8	552	7 636	187,4	1 449	3 604	89,2	742
140	1 929	78,8	358	3 783	86,3	685	10 780	226,0	1 759	5 367	112,9	938
160	2 701	96,1	439	5 367	108,1	847	14 710	276,9	2 119	7 724	148,1	1 185
180	3 630	114,8	521	7 069	122,1	988	19 290	321,5	2 465	10 520	177,7	1 425
200	4 800	135,1	622	9 382	147,4	1 174	24 790	368,5	2 858	14 010	209,7	1 704
220	6 240	156,7	729	12 390	175,5	1 403	30 980	417,8	3 251	18 070	244,1	1 985
240	7 985	179,8	853	16 230	206,0	1 676	46 250	539,6	4 364	23 000	280,9	2 313
260	–	–	–	20 070	224,4	1 894	54 980	583,9	4 800	27 970	305,5	2 575
270	10 560	216,0	1 001	–	–	–	–	–	–	–	–	–
280	–	–	–	24 260	259,0	2 123	64 580	645,5	5 236	33 470	346,5	2 858
300	13 700	258,7	1 174	30 200	295,5	2 465	89 020	796,2	6 611	40 760	389,4	3 251
320	–	–	–	35 520	333,9	2 705	96 870	843,9	6 807	46 690	433,9	3 513
330	17 540	300,9	1 366	–	–	–	–	–	–	–	–	–
340	–	–	–	40 360	375,2	2 902	103 000	891,5	6 895	52 360	481,4	3 731
360	22 260	350,0	1 586	45 380	418,8	3 120	108 700	939,1	6 960	58 470	531,4	3 949
400	28 540	418,7	1 844	55 850	514,1	3 469	121 800	1 037	7 113	70 690	639,4	4 320
450	37 140	515,6	2 156	70 250	607,0	3 884	138 300	1 159	7 309	86 840	747,7	4 756
500	48 000	621,9	2 530	85 960	705,9	4 320	154 900	1 280	7 505	105 200	862,1	5 215
550	60 660	745,0	2 924	100 800	812,5	4 625	173 000	1 407	7 724	122 200	984,4	5 542
600	76 800	878,2	3 404	116 900	925,2	4 931	190 000	1 534	7 942	140 100	1 113	5 891
650	–	–	–	134 000	1 044	5 280	210 800	1 661	8 160	159 700	1 248	6 240
700	–	–	–	153 600	1 211	5 673	230 000	1 788	8 356	181 500	1 431	6 676
800	–	–	–	189 800	1 440	6 240	272 300	2 047	8 815	223 000	1 691	7 287
900	–	–	–	236 100	1 733	7 004	315 000	2 301	9 251	271 800	2 016	8 095
1 000	–	–	–	279 700	1 993	7 571	361 000	2 561	9 687	324 200	2 307	8 727

Grundlagen

$$M_{\text{pl,y,d}} = 2 \cdot S_y \cdot f_{y,k} / \gamma_M \qquad \text{in kNcm}$$

$$V_{\text{pl,d}} = (n-t) \cdot S \cdot f_{y,k} / (\gamma_M \cdot \sqrt{3}) \qquad \text{in kN}$$

$$N_{\text{pl,d}} = A \cdot f_{y,k} / \gamma_M \qquad \text{in kN}$$

Für St 52 gelten die 1,5-fachen Werte

2.2.6 Formeln zur Berechnung der Schnittgrößen im vollplastischen Zustand

	$M_{\text{pl,y,d}} = \left[b \cdot t\,(h_s + t) - \dfrac{s \cdot h_s^2}{4} \right] \dfrac{f_{y,k}}{\gamma_M}$ $M_{\text{pl,z,d}} = \dfrac{t \cdot b^2}{2} \cdot \dfrac{f_{y,k}}{\gamma_M}$	$V_{\text{pl,y,d}} = 2 \cdot b \cdot t\,\dfrac{f_{y,k}}{\sqrt{3} \cdot \gamma_M}$ $V_{\text{pl,z,d}} = s \cdot h \cdot \dfrac{f_{y,k}}{\sqrt{3} \cdot \gamma_M}$
	$M_{\text{pl,y,d}} = \Big\{ h_s \cdot \big[b_1 \cdot t_1 \cdot \beta + b_2 \cdot t_2\,(1-\beta) \big] + \dfrac{b_1 \cdot t_1^2}{2}$ $\qquad + \dfrac{b_2 \cdot t_2^2}{2} + \dfrac{s \cdot h_s^2}{2} \cdot \big[\beta^2 + (1-\beta)^2 \big] \Big\} \dfrac{f_{y,k}}{\gamma_M}$ $\text{mit } \beta = \dfrac{1}{2} \cdot \left(1 - \dfrac{b_1 \cdot t_1 - b_2 \cdot t_2}{h_s} \right)$ $M_{\text{pl,z,d}} = \dfrac{1}{4} \cdot (b_1^2 \cdot t_1 + b_2^2 \cdot t_2)\,\dfrac{f_{y,k}}{\gamma_M}$	$V_{\text{pl,y,d}} = (b_1 \cdot t_1 + b_2 \cdot t_2) \cdot \dfrac{f_{y,k}}{\sqrt{3} \cdot \gamma_M}$ $V_{\text{pl,z,d}} = s \cdot h \cdot \dfrac{f_{y,k}}{\sqrt{3} \cdot \gamma_M}$
$t \ll d$ 	$M_{\text{pl,d}} = t \cdot d^2 \cdot \dfrac{f_{y,k}}{\gamma_M}$	$V_{\text{pl,d}} = 2 \cdot d \cdot t \cdot \dfrac{f_{y,k}}{\sqrt{3} \cdot \gamma_M}$
$t \ll b,h$ 	$M_{\text{pl,y,d}} = t \cdot \left(\dfrac{h^2}{2} + h \cdot b \right) \cdot \dfrac{f_{y,k}}{\gamma_M}$ $M_{\text{pl,z,d}} = t \cdot \left(\dfrac{b^2}{2} + h \cdot b \right) \cdot \dfrac{f_{y,k}}{\gamma_M}$	$V_{\text{pl,y,d}} = 2 \cdot b \cdot t \cdot \dfrac{f_{y,k}}{\sqrt{3} \cdot \gamma_M}$ $V_{\text{pl,z,d}} = 2 \cdot h \cdot t \cdot \dfrac{f_{y,k}}{\sqrt{3} \cdot \gamma_M}$

Für alle Querschnitte gilt $N_{\text{pl,d}} = A \cdot f_{y,k} / \gamma_M$

2.3 Nachweisverfahren Plastisch-Plastisch

Bei einer Berechnung mit dem Nachweisverfahren Plastisch-Plastisch wird die Traglast des Gesamtsystems ermittelt.

Die Beanspruchungen S_d werden nach der Fließgelenk- bzw. Fließzonentheorie ermittelt. Die Berechnung der Beanspruchbarkeiten R_d erfolgt unter Ausnutzung plastischer Tragfähigkeiten.

Es ist für das Tragwerk nachzuweisen, daß das System im Gleichgewicht ist und die Beanspruchungen der Querschnitte nicht zu einer Überschreitung der Grenzwerte der Schnittgrößen im vollplastischen Zustand führen. Es werden dabei die plastischen Querschnittsreserven ausgenutzt. Die plastische Grenzlast ist dann erreicht, wenn das Tragwerk oder ein Teil desselben kinematisch geworden ist. Mit der Bildung von plastischen Gelenken erfolgt in der Regel eine Schnittkraftumlagerung. Generell sind im Bereich der Fließgelenke bzw. der Fließzonen die Relationen b/t für Gurte und Stege nach DIN 18 800 T.1, Tab. 18 einzuhalten.

Außerhalb dieser Bereiche sind entsprechend den Gegebenheiten die geforderten b/t-Verhältnisse für die Nachweisform Elastisch-Elastisch bzw. Elastisch-Plastisch einzuhalten. Bei unverschieblichen Systemen darf die Lage der Fließgelenke beliebig angenommen werden, wenn überall die b/t-Relationen für das Nachweisverfahren Plastisch-Plastisch nicht überschritten werden. Üblicherweise wird bei diesen Nachweisverfahren mit Einwirkungen oder Schnittgrößen gerechnet.

Die plastische Grenzlast ist unabhängig von der Belastungsgeschichte, Eigenspannungszustände brauchen nicht berücksichtigt zu werden.

Die Verformung unter einer ausgebildeten Fließgelenkkette ist nur bedingt berechenbar, da die Konstruktion keine Formsteifigkeit mehr besitzt. Dagegen ist es möglich, die Verformung dann zu ermitteln, wenn sich das letzte Fließgelenk zwar ausgebildet, aber noch nicht verdreht hat.

Die Anwendung dieses Traglastverfahrens beschränkt sich auf statisch unbestimmte Systeme. Bei statisch bestimmter Lagerung ist mit Bildung des ersten Fließgelenkes eine Gelenkkette vorhanden und damit die Traglast erreicht.

Folgende Voraussetzungen sind bei Anwendung des Traglastverfahrens im Stahlbau erforderlich:

– Die statischen Gleichgewichtsbedingungen müssen immer erfüllt sein.

– Die Werkstoffe haben eine ausgeprägte Fließzone.

– Außerhalb der Fließgelenke verhält sich das Tragwerk weiterhin elastisch.

– Bis zur Ausbildung des zuletzt entstehenden Fließgelenkes ist noch die Kontinuität der geometrischen Form vorhanden.

– Die Systeme bleiben eben, anderenfalls besteht die Forderung, noch zusätzlich weitere Nachweise zu führen.

– Für ein Tragwerk muß die jeweils ungünstigste Fließgelenkkette ermittelt werden. Jeder Belastungskombination ist ein bestimmter Plastizierungsmechanismus zugeordnet. In der Regel liefert das gleichzeitige Wirken aller Lasten die maßgebende Fließgelenkkette für den Versagenszustand. Das Superpositionsgesetz gilt jedoch generell nicht.

– Die Materialdicken müssen so groß sein, daß die örtliche Stabilität für die Ausbildung von plastischen Gelenken gewährleistet ist. Bei der Berechnung von Stabsystemen sind ggf. geometrische Imperfektionen in Form von Stabverdrehungen zu berücksichtigen, sobald sie zu einer Vergrößerung der Beanspruchung führen. Die entsprechenden Relationen können DIN 18 800 T.1, Element 730 entnommen werden. Die geometrischen Imperfektionen können alternativ auch in Ersatzbelastungen umgewandelt werden.

Zur Berechnung der Grenzlast für das Nachweisverfahren Plastisch-Plastisch werden in der Praxis verschiedene Verfahren angewendet, die in [3] konzeptionell gegliedert sind.

– Schrittweise Berechnung der plastischen Grenztragfähigkeit

Dieses Verfahren ist zwar relativ anschaulich, erweist sich aber in der Anwendung bei größeren Systemen als zu umständlich und nicht praktikabel. Die Reihenfolge der Arbeitsschritte erläutert das Prinzip:

● Laststeigerung bis Fließbeginn an einer Querschnittsstelle.

● Laststeigerung bis zur Ausbildung eines plastischen Gelenkes an dieser Stelle.

● Weitere Lasterhöhung und Bildung von plastischen Gelenken, bis sich eine Fließgelenkkette einstellt.

– Statische Methode

Die statische Methode eignet sich für Systeme, bei denen die Anzahl der überzähligen Größen klein ist. Alle Zustände, in denen das System im Gleichgewicht ist und $M \leq M_{pl}$ beträgt, sind zulässig. Bis zum Erreichen der kinematischen Kette kann die Last gesteigert werden. Im Grenzzustand ist die kinematische Kette gerade noch nicht vorhanden.

Die geometrische Form des Momentenschaubildes der elastischen Beanspruchung bleibt qualitativ erhalten. Die Einhaltung der Gleichgewichtsbedingung ermöglicht die Berechnung der Traglast.

– Kinematische Methode

Für komplizierte Systeme bildet die kinematische Methode die günstigste Berechnungsgrundlage. Sie ist eine Anwendung des Prinzips der virtuellen Verschiebungen. Als Folge des Prinzips der virtuellen Verschiebungen sind die Summen der virtuellen Arbeiten in den plastischen Gelenken gleich den Summen der virtuellen Arbeiten der äußeren Kräfte. Alle Zustände, bei denen das System im Gleichgewicht ist und am letzten Gelenk, welches entsteht, die Verdrehung noch nicht erfolgt ist, sind kinematisch zulässig.

Bei der kinematischen Methode ist die plastische Traglast erreicht, wenn auch die Tragfähigkeitsbedingung erfüllt ist. Die kinematische Last ist größer als die Grenzlast. Es werden eine Reihe von Ketten gebildet:
Trägerketten: Fließgelenke treten in den Endquerschnitten und im Feld auf.
Rahmenketten: Fließgelenke treten in den Stabknoten auf und können dadurch ein Rahmenfeld oder ein Stockwerk kinematisch werden lassen.
Zwischen Rahmen- und Knotenketten ist die Bildung kombinierter Ketten möglich.
Knotenverdrehungen: Fließgelenke an den 3 Anschlußstäben führen zur Kettenbildung.

Die Anzahl der unabhängigen Ketten m ergibt sich aus der Differenz der Zahl der möglichen Fließgelenke p und der Anzahl der statisch unbestimmten Größe n.

Rahmenketten und Knotenverdrehungen stellen sich bei Rahmen ein. Durchlaufträger bilden Trägerketten.

Für den Stabilitätsnachweis sind die Forderungen der DIN 18 800 T.2., Abschnitt 5.2 einzuhalten.

2.4 Beispiele zum Nachweis der Tragsicherheit

2.4.1 Querschnitt mit N, M_y und V_z

An einer Stelle eines Tragsystems entstehen die folgenden Schnittkräfte mit ihren Bemessungswerten:

$N_d = 500$ kN
$M_{y,d} = 5500$ kNcm
$V_{z,d} = 150$ kN

Als Profilquerschnitt ist ein IPE 300 nach Abb. 2.1 vorgesehen.

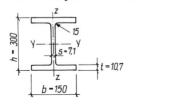

$A = 53,8$ cm^2
$I_y = 8\,360$ cm^4
$W_y = 557$ cm^3
$W_{pl} = 2 \cdot S_y$
$\quad = 2 \cdot 314 = 628$ cm^3
St 37; $\gamma_M = 1,1$

Abb. 2.1

● Lösung
Variante 1: Nachweisverfahren Elastisch-Elastisch nach Abschnitt 2.1
b/t-Verhältnisse (DIN 18 800 T.1, Tab. 12 u. 13)
Steg: $b/t = [300 - 2\,(10,7 + 15)\,]/7,1 = 35 < 133$
Gurt: $b/t = (150 - 2 \cdot 15 - 7,1)/2 \cdot 10,7 = 5,3 < 12,9$

Bei doppeltsymmetrischen I-Profilen darf das elastische Widerstandsmoment mit dem Formbeiwert α_{pl}^* vergrößert und eine Teilplastizierung in Anspruch genommen werden (siehe DIN 18 800 T.1, Element 750).

$\alpha_{pl,y}^* = 1,14$

$\sigma_x = \dfrac{500}{53,8} + \dfrac{5\,500}{1,14 \cdot 557} = 18,0$ kN/cm$^2 < \dfrac{24}{1,1} = 21,8$ kN/cm^2

$\dfrac{A_G}{A_{Steg}} = \dfrac{15 \cdot 1,07}{(30 - 1,07) \cdot 0,71} = 0,78 > 0,6$

Damit darf nach DIN 18 800 T.1, Element 752 die Schubspannung gleichmäßig über den Steg verteilt angenommen werden:

$\tau = \dfrac{150}{(30 - 1,07) \cdot 0,71} = 7,3$ kN/cm$^2 < \dfrac{24}{1,1 \cdot \sqrt{3}} = 12,6$ kN/cm^2

$\sigma_x > 0,5 \cdot \sigma_{R,d}$

$18,0$ kN/cm$^2 > 0,5 \cdot 21,8 = 10,9$ kN/cm^2

$\tau > 0,5 \cdot \tau_{R,d}$

$7,3$ kN/cm$^2 > 0,5 \cdot 12,6 = 6,3$ kN/cm^2

Damit ist der Nachweis der Vergleichsspannung σ_v erforderlich.

Die Normalspannung im Steg beträgt

$\sigma_1 = \dfrac{500}{53,8} + \dfrac{5\,500}{8\,360}\,(15 - 1,07) = 18,5$ kN/cm^2

σ_1 ist größer als σ_x. Die Plastizierungszone reicht somit bis zum Steg, und σ_x bleibt maßgebend.

$$\sigma_v = \sqrt{18{,}0^2 + 3 \cdot 7{,}3^2} = 22 \text{ kN/cm}^2 \; > \; \frac{24}{1{,}1} = 21{,}8 \text{ kN/cm}^2$$

Der Nachweis ist nicht erfüllt!

Variante 2: Nachweisverfahren Elastisch-Plastisch nach Abschnitt 2.2
b/t-Verhältnisse (DIN 18 800 T.1, Tab. 15)
Steg: $b/t = 35 \; < \; 74$
Gurt: $b/t = 5{,}3 \; < \; 10$

$$N_{pl,d} = \frac{24}{1{,}1} \cdot 53{,}8 = 1\,173{,}8 \text{ kN}$$

$$M_{pl,y,d} = \frac{24}{1{,}1} \cdot 1{,}14 \cdot 557 = 13\,854 \text{ kNcm}$$

$$V_{pl,z,d} = \frac{24}{1{,}1 \cdot \sqrt{3}} (30 - 1{,}07) \cdot 0{,}71 = 258{,}7 \text{ kN}$$

$$\frac{N}{N_{pl}} = \frac{500}{1\,173{,}8} = 0{,}425$$

$$\frac{M}{M_{pl}} = \frac{5\,500}{13\,854} = 0{,}397$$

$$\frac{V}{V_{pl}} = \frac{150}{258{,}7} = 0{,}580$$

$N\!: 0{,}1 \; < \; 0{,}425 \; < \; 1$
$V\!: 0{,}33 \; < \; 0{,}580 \; < \; 0{,}9$

$$\frac{5\,500}{1{,}25 \cdot 0{,}397} + \frac{0{,}88 \cdot 500}{1\,173{,}8} + 0{,}36 \cdot \frac{150}{258{,}7} \; < \; 1$$
$$0{,}90 \; < \; 1$$

Der Nachweis ist im Gegensatz zur Variante 1 erfüllt!

2.4.2 Eingespannter Träger, $l = 5$ m

Ein eingespannter Träger mit einer Streckenlast nach Abb. 2.2 ist nachzuweisen. Der Träger ist gegen seitliches Ausweichen gehalten. Als Profilquerschnitt ist ein IPE 240 nach Abb. 2.2 vorgesehen.

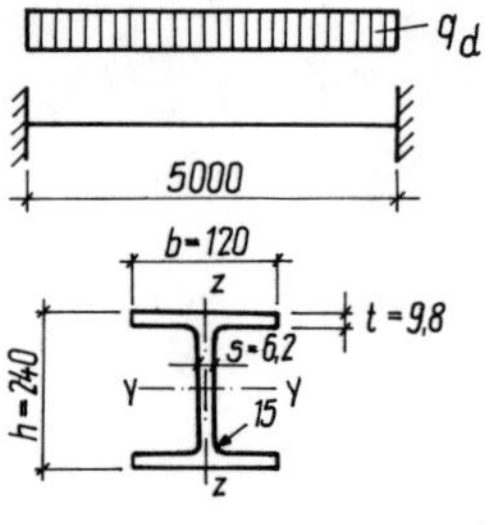

$A = 39{,}10 \text{ cm}^2$
$W_y = 324 \text{ cm}^3$
$I_y = 3\,890 \text{ cm}^4$
$W_{pl,y} = 2 \cdot S_y$
$\qquad = 2 \cdot 183 = 366 \text{ cm}^3$
St 37; $\gamma_M = 1{,}1$

Abb. 2.2

● Lösung

Variante 1: Nachweisverfahren Elastisch-Elastisch nach Abschnitt 2.1

b/t-Verhältnisse (DIN 18 800 T.1, Tab. 12 u. 13)

Steg: $b/t = [240 - 2\,(9,8 + 15)]/6,2 = 30,7 < 133$

Gurt: $b/t = (120 - 2 \cdot 15 - 6,2)/2 \cdot 9,8 = 4,3 < 12,9$

$q_{d1} = 0,339$ kN/cm

$$M_{y,d1} = 0,339 \cdot \frac{500^2}{12} = 7\,062,5 \text{ kNcm}$$

Nach DIN 18 800 T.1, Element 750 darf mit örtlich begrenzter Plastizierung gerechnet werden.

$\alpha_{pl,y}^* = 1,14$

$$\sigma_x = \frac{7\,062,5}{1,14 \cdot 324} = 19,12 \text{ kN/cm}^2 < \frac{24}{1,1} = 21,8 \text{ kN/cm}^2$$

$$\frac{A_G}{A_{Steg}} = \frac{12 \cdot 0,98}{(24 - 0,98) \cdot 0,62} = 0,82 > 0,6$$

Damit darf nach DIN 18 800 T.1, Element 752 die Schubspannung gleichmäßig über den Steg verteilt angenommen werden.

$$V_{z,d1} = 0,339 \cdot \frac{500}{2} = 84,75 \text{ kN}$$

$$\tau = \frac{84,75}{(24 - 0,98) \cdot 0,62} = 5,9 \text{ kN/cm}^2 < \frac{24}{1,1 \cdot \sqrt{3}} = 12,6 \text{ kN/cm}^2$$

$$\frac{\sigma}{\sigma_{R,d}} = \frac{19,12}{21,8} = 0,88 > 0,5$$

$$\frac{\tau}{\tau_{R,d}} = \frac{5,9}{12,6} = 0,47 < 0,5$$

Entsprechend DIN 18 800 T.1, Element 747, braucht bei $\sigma/\sigma_{R,d} \leqq 0,5$ oder $\tau/\tau_{R,d} \leqq 0,5$ ein Vergleichsspannungsnachweis nicht geführt zu werden.

Variante 2: Nachweisverfahren Elastisch-Plastisch nach Abschnitt 2.2

b/t-Verhältnisse (DIN 18 800 T.1, Tab. 15)

Steg: $b/t = 30,7 < 74$ mit $\alpha = 0,5$

Gurt: $b/t = 4,3 < 10$ mit $\alpha = 1$

α entspricht dem Spannungsverlauf im vollplastizierten Querschnittsteil.

$q_{d2} = 0,355$ kN/cm

$$M_{y,d2} = 0,355 \, \frac{500^2}{12} = 7\,395,8 \text{ kNcm}$$

$$M_{pl,y,d} = \frac{24}{1,1} \cdot 366 = 7\,985,5 \text{ kNcm}$$

$$M_{y,d2} < M_{pl,y,d}$$

$$V_{z,d2} = 0,355 \cdot \frac{500}{2} = 88,75 \text{ kN}$$

$$V_{pl,z,d2} = \frac{24}{1,1 \cdot \sqrt{3}} (24 - 0,98) \cdot 0,62 = 179,8 \text{ kN}$$

$$\frac{V_{z,d2}}{V_{pl,z,d2}} = \frac{88,75}{179,8} = 0,494 > 0,33$$

Damit ist eine vereinfachte Nachweisführung für die Interaktion möglich, da

$$0,33 < V/V_{pl} \leqq 0,9 \cdot 0,88 \cdot \frac{7\,395,8}{7\,985,5} + 0,37 \cdot \frac{88,75}{179,8} < 1$$
$$0,998 < 1$$

Variante 3: Nachweisverfahren Plastisch-Plastisch nach Abschnitt 2.3
Die Traglastberechnung wird für das System nach Abb. 2.2 nach der Methode der stufenweisen Belastungssteigerung durchgeführt. Diese Methode ist anschaulich, aber nur für einfache Systeme praktikabel.
b/t-Verhältnisse (DIN 18 800 T.1, Tab. 18)
Steg: $b/t = 30,7 < 64$ mit $\alpha = 0,5$
Gurt: $b/t = 4,3 < 9$ mit $\alpha = 1$

Stufenweise Belastungssteigerung
● Laststeigerung bis Fließbeginn (q' mit W_y)

$$q'_d = \frac{24}{1,1} \cdot \frac{324 \cdot 12}{500^2} = 0,339 \text{ kN/cm} \triangleq q_{d1}$$

$$M_F = 0,339 \cdot \frac{500^2}{12} = 7\,062,5 \text{ kNcm}$$

● Laststeigerung bis zur Bildung plastischer Gelenke an der Einspannstelle (q''_d mit W_{pl})

$$q''_d = \frac{24}{1,1} \cdot \frac{366 \cdot 12}{500^2} = 0,383 \text{ kN/cm}$$

$$M_{pl} = 0,383 \cdot \frac{500^2}{12} = 7\,979,2 \text{ kNcm}$$

● An den Einspannstellen hat sich jeweils ein Fließgelenk gebildet. Wenn die Last weiter gesteigert wird und in Feldmitte ebenfalls ein Fließgelenk entsteht, bildet der Träger eine Fließgelenkkette.

Die Einspannstellen nehmen keinen Momentenzuwachs mehr auf. Das Moment in Trägermitte betrug nach der Laststeigerung q''_d:

$$M_m = \frac{1}{2} \cdot 7\,979,2 = 3\,989,6 \text{ kNcm}$$

Da die weitere Laststeigerung sich an einem quasi 2-Stützträger vollzieht, ergibt sich

$$q'''_d = 0,383 + \frac{3\,989,6}{500^2} \cdot 8 = 0,511 \text{ kN/cm}$$

Für diese Streckenlast beträgt das Moment in Feldmitte:

$$M_{pl} = 0{,}383 \cdot \frac{500^2}{24} + 0{,}128 \cdot \frac{500^2}{8} = 7\,980 \text{ kNcm}$$

$$V_z = 0{,}511 \cdot \frac{500}{2} = 127{,}8 \text{ kN}$$

Entsprechend DIN 18 800 T.1, Element 757 darf die Interaktionsbeziehung nach Abschnitt 2.2 auch bei der Nachweisführung Plastisch-Plastisch angewendet werden. Entsprechend Variante 2 ergibt sich

$$0{,}88 \cdot \frac{7\,980}{7\,985{,}5} + 0{,}37 \frac{127{,}8}{179{,}8} < 1$$
$$1{,}14 > 1$$

Für diesen Fall läßt somit die Bemessung nach dem Nachweisverfahren Plastisch-Plastisch keine Laststeigerung zu.

2.4.3 Eingespannter Träger, $l = 11$ m

Profil IPE 240; St 37; $\gamma_M = 1{,}1$
Nachweisverfahren Plastisch-Plastisch
Lösung nach der statischen Methode
Lösungsschema nach Abb. 2.3 a bis 2.3 f
a. Statisches System
b. Statisch bestimmtes System wählen
c. Momentenverlauf an b. ermitteln
d. Momentenverlauf der Überzähligen vorgeben
e. Fließgelenkkette der denkbaren Versagensform festlegen
f. Ermittlung des Betrages M_{pl} entsprechend der geometrischen Relationen

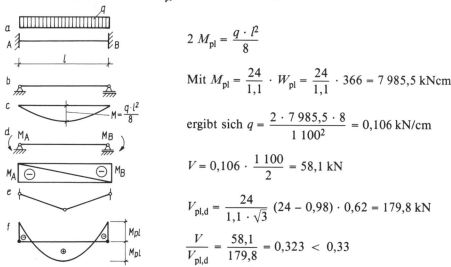

$$2\,M_{pl} = \frac{q \cdot l^2}{8}$$

$$\text{Mit } M_{pl} = \frac{24}{1{,}1} \cdot W_{pl} = \frac{24}{1{,}1} \cdot 366 = 7\,985{,}5 \text{ kNcm}$$

$$\text{ergibt sich } q = \frac{2 \cdot 7\,985{,}5 \cdot 8}{1\,100^2} = 0{,}106 \text{ kN/cm}$$

$$V = 0{,}106 \cdot \frac{1\,100}{2} = 58{,}1 \text{ kN}$$

$$V_{pl,d} = \frac{24}{1{,}1 \cdot \sqrt{3}} (24 - 0{,}98) \cdot 0{,}62 = 179{,}8 \text{ kN}$$

$$\frac{V}{V_{pl,d}} = \frac{58{,}1}{179{,}8} = 0{,}323 < 0{,}33$$

Abb. 2.3a bis 23 f

Nach DIN 18 800 T.1, Tab. 16 reduziert die Querkraft nicht die Tragfähigkeit im plastischen Zustand.

Die vorhandene Bemessungsstreckenlast darf $q = 0{,}106$ kN/cm nicht überschreiten.

2.4.4 Eingespannter Rahmen

Lösung nach der kinematischen Methode. Die äußeren Lasten nach Abb. 2.4 stellen Bemessungslasten incl. Ersatzlasten für Imperfektionen dar. Die Steifigkeiten in den Stielen und dem Riegel sind gleich.

H = 30 kN; IPE 360; St 37; γ_M = 1,1

q = 0,32 kN/cm

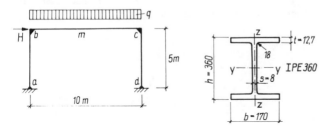

Abb. 2.4

Festlegen der möglichen Fließgelenke entsprechend Abb. 2.5

Abb. 2.5

Ermittlung der Anzahl der Ketten m und Darstellung in Abb. 2.6 a bis 2.6 c.

Statisch unbestimmte Größen $n = 3$

Anzahl der Fließgelenke $p = 5$

                                   $m = 2$

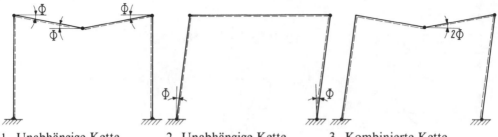

1. Unabhängige Kette (Trägerkette)	2. Unabhängige Kette (Rahmenkette)	3. Kombinierte Kette
Abb. 2.6 a	Abb. 2.6 b	Abb. 2.6 c

Berechnung des Eckmomentes M_b und Ermittlung des Momentenverlaufs

● Lösung für Vertikallast (Fall I)

Für dieses Belastungsbild braucht offensichtlich nur die Trägerkette nach Abb. 2.6 a analysiert zu werden.

In der Arbeitsgleichung muß die innere Arbeit der äußeren Arbeit entsprechen.

$$M_{pl} \left(\Phi + 2\ \Phi + \Phi \right) = 2 \cdot q \cdot \frac{l}{2} \cdot \frac{l}{4} \cdot \Phi$$

$$4\ M_{pl} \cdot \Phi = \frac{q \cdot l^2}{4} \cdot \Phi$$

$$M_{pl} = q \cdot \frac{l^2}{16} = 0{,}32 \cdot \frac{1000^2}{16} = 20 \cdot 10^3 \, \text{kNcm}$$

Damit ergibt sich der Momentenverlauf entsprechend Abb. 2.7.

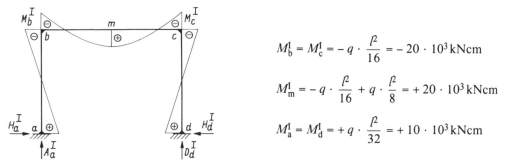

$$M_b^I = M_c^I = -q \cdot \frac{l^2}{16} = -20 \cdot 10^3 \, \text{kNcm}$$

$$M_m^I = -q \cdot \frac{l^2}{16} + q \cdot \frac{l^2}{8} = +20 \cdot 10^3 \, \text{kNcm}$$

$$M_a^I = M_d^I = +q \cdot \frac{l^2}{32} = +10 \cdot 10^3 \, \text{kNcm}$$

Abb. 2.7

Im Stiel entspricht dieser Verlauf jedoch einer elastischen Beanspruchung. Es handelt sich um eine Versagensform, bei der der Riegel statisch bestimmt, die Gesamtkonstruktion aber noch statisch unbestimmt ist.

$M = M_{pl}$ an der Stelle a bzw. d würde jedoch gegen die Annahme der Form der Fließgelenkkette von Abb. 2.6 a verstoßen. Die Momente M_a^I und M_d^I sind eindeutig geringer als M_b^I bzw. M_c^I, so daß die exakte Ermittlung der Einspannmomente ohne Bedeutung wäre, da M_b^I bzw. M_c^I für die Bemessung maßgebend ist.

Auflagerreaktionen

$$A_a^I = D_d^I = \frac{q \cdot l}{2} = \frac{0{,}32 \cdot 1000}{2} = 160 \, \text{kN} \,\hat{=}\, N$$

Wegen $M_b^I = H_a^I \cdot h - M_a^I$ ergibt sich

$$H_a^I = \frac{M_b^I + M_a^I}{h} \qquad H_a^I = H_d^I = \frac{20 \cdot 10^3 + 10 \cdot 10^3}{500} = 60 \, \text{kN} \,\hat{=}\, V$$

● Lösung für die Lastkombination Vertikal- und Horizontallast (Fall II)

In diesem Fall wären generell die Fließgelenkketten nach Abb. 2.6 a, 2.6 b und 2.6 c vorstellbar. Bei der gegebenen Geometrie und Belastung wird ein Versagen als kombinierte Kette (Abb. 2.6 c) untersucht.

Vor dem Aufstellen der Arbeitsgleichung muß die Lage des sich ausbildenden Gelenks im Riegel eingeschätzt werden. Wegen des Fehlens eines Gelenks an der Stelle b und bei Annahme von $M_b^I = 0$ bildet sich angenähert das System entsprechend Abb. 2.8 aus.

Grundlagen

Arbeitsgleichung

$$M_{pl} \cdot \Phi \left(1 + \frac{10}{6} + \frac{10}{6} + 1\right) = H \cdot h \cdot \Phi + q \cdot 0,6 \cdot l \cdot \frac{0,6}{2} \cdot l \cdot \frac{4}{6} \cdot \Phi + q \cdot 0,4\, l \cdot \frac{0,4}{2} \cdot l \cdot \Phi$$

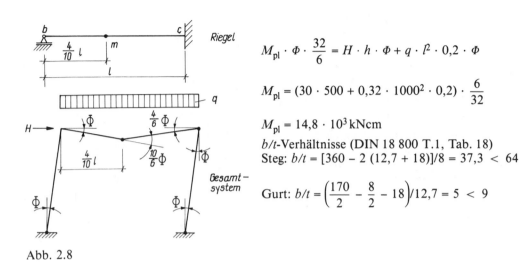

$$M_{pl} \cdot \Phi \cdot \frac{32}{6} = H \cdot h \cdot \Phi + q \cdot l^2 \cdot 0,2 \cdot \Phi$$

$$M_{pl} = (30 \cdot 500 + 0,32 \cdot 1000^2 \cdot 0,2) \cdot \frac{6}{32}$$

$$M_{pl} = 14,8 \cdot 10^3\,\text{kNcm}$$

b/t-Verhältnisse (DIN 18 800 T.1, Tab. 18)
Steg: $b/t = [360 - 2\,(12,7 + 18)]/8 = 37,3 \; < \; 64$

Gurt: $b/t = \left(\frac{170}{2} - \frac{8}{2} - 18\right)/12,7 = 5 \; < \; 9$

Abb. 2.8

Nachweisführung für Fall 1
$A = 72,7\,\text{cm}^2$; $W_{pl} = 1\,020\,\text{cm}^3$

vorh $M_{pl,d} = 20 \cdot 10^3\,\text{kNcm} \; < \; \frac{24}{1,1} \cdot 1020 = 22,3 \cdot 10^3\,\text{kNcm}$

Berücksichtigung des Einflusses der Normalkraft

vorh $N_d = 160\,\text{kN} \; < \; \frac{24}{1,1} \cdot 72,7 = 1\,575\,\text{kN}$

$$\frac{160}{1575} = 0,102 \approx 0,1$$

Unter der Wirkung der Normalkraft braucht entsprechend DIN 18 800 T.1, Tab. 16 $M_{pl,d}$ nicht reduziert zu werden.
Berücksichtigung des Einflusses der Querkraft

vorh $V_d = 60\,\text{kN} \; < \; \frac{24}{1,1 \cdot \sqrt{3}} \, (36 - 1,27) \cdot 0,8 = 350\,\text{kN}$

$$\frac{60}{350} = 0,17 \; < \; 0,33$$

Unter der Wirkung der Querkraft braucht ebenfalls entsprechend DIN 18 800 T.1, Tab. 16 $M_{pl,d}$ nicht reduziert zu werden.

Für den Stabilitätsnachweis sind noch zusätzlich Forderungen der DIN 18 800 T.2, Abschnitt 5.3.2 einzuhalten.

28

3 Schraubenverbindungen

Die Schraubenverbindungen bilden die wichtigste lösbare Verbindungsart des Stahlbaus. Dabei ist jedoch nur in wenigen Ausnahmefällen eine geplante Lösbarkeit erforderlich, vielmehr handelt es sich um die Möglichkeit, die Verbindung ohne großen technologischen Aufwand bei der Montage herzustellen. Unlösbare Verbindungen werden im Werkstattbereich bevorzugt, lösbare dagegen auf der Baustelle. Die Schrauben dienen zur Verbindung einzelner Bauteile innerhalb des Bauwerkes. Sie werden im Prinzip nicht zur Herstellung zusammengesetzter Gesamtquerschnitte, die aus einzelnen Blechen oder Walzprofilen bestehen, verwendet. Bei Schraubenverbindungen muß dem konstruktiven Korrosionsschutz erhöhte Aufmerksamkeit zuteil werden. Klaffen der zu verbindenden Konstruktionsteile darf nicht eintreten.

3.1 Schraubenwerkstoff

In DIN 18 800, Teil 1, Tabelle 2, sind für Schraubenwerkstoffe vier Festigkeitsklassen angegeben. Ihre Bezeichnung als Zahlenkombination, z. B. 10,9, ist so gewählt, daß die erste Zahl mit 100 multipliziert den charakteristischen Wert der Zugfestigkeit $f_{u,b,k} = 1\,000\ \text{N/mm}^2$ ergibt. Das Produkt aus beiden Zahlen mit 10 multipliziert ergibt den charakteristischen Wert der Streckgrenze $f_{y,b,k} = 10 \cdot 9 \cdot 10 = 900\ \text{N/mm}^2$. Die Schrauben aus dem Werkstoff 4.6 und 5.6 werden als normalfest und die Schrauben der Festigkeitsklassen 8.8 bzw. 10.9 als hochfest bezeichnet. Die Bruchdehnung beträgt bei den normalfesten Schrauben der Festigkeitsklasse 4.6 mindestens 22 % und bei 5.6 20 %, bei den hochfesten Schrauben liegen diese Werte in der Festigkeitsklasse 8.8 bei 12 % und in der Festigkeitsklasse 10.9 bei 9 %. Die hochfesten Schrauben haben eindeutig niedrigere Dehnsteifigkeiten. Der Einsatz des Schraubenwerkstoffs richtet sich nach dem Verwendungszweck und der gewählten Ausführungsart.

3.2 Schraubenarten

Nach dem Nennlochspiel werden Paßschrauben und nicht eingepaßte Schrauben (rohe Schrauben) unterschieden. Das Nennlochspiel Δd ist definiert als die Differenz zwischen dem Lochdurchmesser d_L in der Konstruktion und dem Schaftdurchmesser d_{sch} der Schraube. Die Paßschrauben füllen das gebohrte Loch annähernd vollständig aus. Der Grenzwert für das Nennlochspiel beträgt für Paßschrauben $\Delta d \leq 0,3$ mm, und bei rohen Schrauben ist $0,3 < \Delta d \leq 2$ mm. Bei den Paßschrauben entspricht somit der Schaftdurchmesser dem Lochdurchmesser, während bei den rohen Schrauben der Lochdurchmesser minus Δd (Regelfall $\Delta d = 1$ mm) den Schaftdurchmesser ergibt.

Die Schraubengröße wird nach dem Gewindedurchmesser in den Abstufungen M 12, M 16, M 20, M 22, M 24, M 27 etc. festgelegt. Der Schaftdurchmesser plus Δd ergibt den Lochdurchmesser.

Bei rohen Schrauben entspricht der Gewindedurchmesser dem Schaftdurchmesser. Bei Paßschrauben ergibt sich der Schaftdurchmesser als Gewindedurchmesser plus 1 mm. Beide Schraubenarten werden stets mit einer Unterlegscheibe auf der Seite der Mutter eingesetzt. Bei den Festigkeitsklassen 8.8, bzw. 10.9 sind auch kopfseitig Unterlegscheiben vorzusehen, auf die nur verzichtet werden darf, wenn die Schrauben nicht vorgespannt eingesetzt und das Nennspiel 2 mm beträgt. Die Schrauben sind meist Sechskantschrauben. In Sonderfällen kommen auch Schrauben mit Senkköpfen zum Einsatz.

3.3 Ausführungsformen der Schraubenverbindung

Schrauben dienen in allen Ausführungsformen zur Kraftübertragung bzw. zum Heften ohne konkrete Belastung. Die Kräfte können dabei senkrecht zur Schaftrichtung oder in Richtung des Schraubenschaftes wirken. Die Kraftübertragung senkrecht zur Schaftrichtung kann nach zwei Wirkungsprinzipien erfolgen.

Entweder erfolgt die Krafteintragung über die Leibung an der Schraubenlochwandung, oder die Schrauben werden vorgespannt. Im Bereich der Pressung in der Verbindungsfuge zwischen den Bauteilen erfolgt eine Kraftübertragung durch Reibung. Bei der Kraftübertragung an der Leibung sind zwei Versagenszustände möglich. Die Schraube kann in der Ebene der Verbindungsfuge abscheren bzw. das Grundmaterial an der Lochwandung zerquetschen. Entsprechend diesen Versagenszuständen wird die Ausführungsform als Scher-Lochleibungsverbindung (SL) bezeichnet.

Das Abscheren tritt bei dicken Blechen und kleinen Schraubendurchmessern ein, während die Lochleibungsspannung bei geringer Materialdicke und großen Schraubendurchmessern zum Versagen der Verbindung führt.

Die Berechnung der Lochleibungsspannung nach 3.5 setzt eine Materialdicke $t \geqq 3\,\text{mm}$ voraus. Im Bereich der Lochwandung treten Spannungsspitzen auf. Die Annahme einer gleichmäßigen Verteilung ist für die Berechnung vertretbar, da durch Plastizierung ein Abbau der Spannungsspitzen erfolgt.

Die Scher-Lochleibungsverbindung kann mit normal- oder auch hochfesten Schrauben ausgeführt werden. Wenn die Schrauben eine genügende Scherfestigkeit und die verbundenen Bleche eine ausreichende Lochleibungsfestigkeit aufweisen, besteht die Möglichkeit, daß das Material im Bereich der Schraubenlochschwächung reißt. Dieser dritte Versagenszustand ist beim Zugnachweis zu untersuchen bzw. durch Mindestrandabstände nach DIN 18 800 T.1, Tab. 7 abzusichern.

Bei einer Kraftübertragung durch Reibung muß die Schraube eine planmäßige Vorspannung und die Verbindungselemente eine notwendige Rauhigkeit aufweisen, damit eine gleitfeste Verbindung erreicht wird. Die Schraubenvorspannung kann über das aufgebrachte Drehmoment erreicht werden. Da die Eigendehnung der Schraube die Vorspannung reduziert, ist diese Ausführungsform den hochfesten Schrauben vorbehalten. Die Oberflächenbeschaffenheit der Berührungsflächen muß eine Mindestrauhigkeit aufweisen. Die gleitfeste, planmäßig vorgespannte Verbindung muß eine Reibungszahl $\mu = 0{,}5$ erreichen (DIN 18 800 T.7/05.83, Abschnitt 3.3.3.1).

Es ist darauf zu achten, daß die Berührungsflächen metallisch rein und frei von Verunreinigungen und Feuchtigkeit sind. Die Schrauben mit planmäßiger Vorspannung und gleitfester Reibfläche werden beim Einsatz von rohen Schrauben als GV-Verbindung (gleitfeste planmäßig vorgespannte Verbindung) und beim Einsatz von Paßschrauben unter den gleichen Bedingungen als GVP-Verbindung (gleitfeste planmäßig vorgespannte Paßverbindung) bezeichnet.

Sobald Schrauben mit planmäßiger Vorspannung ohne abgesicherte gleitfeste Reibfläche eingesetzt werden, ist bei der Verwendung roher Schrauben die Bezeichnung SLV (planmäßig vorgespannte Scher-Lochleibungsverbindung) bzw. beim Einsatz von Paßschrauben SLVP (planmäßig vorgespannte Scher-Lochleibungs-Paßverbindung) für die Ausführungsform anzuwenden. Für planmäßig vorgespannte Verbindungen sind Schrauben der Festigkeitsklasse 8.8 oder 10.9 zu verwenden.

Die Beanspruchung der Schrauben in Richtung des Schaftes entspricht einer Zugbelastung. Es können sowohl normal- als auch hochfeste Schrauben zur Übertragung von Zugkräften mittels Schrauben herangezogen werden. Der Bruch der Schraube erfolgt im Gewindebereich, so daß hier der Spannungsquerschnitt, der der Bruchfläche in einem Gewindegang entspricht, bei der Nachweisführung beachtet werden muß.

Zugbeanspruchte Verbindungen mit Schrauben der Festigkeitsklassen 8.8 oder 10.9 sind planmäßig vorzuspannen. Auf die Vorspannung darf nur verzichtet werden, wenn Verformungen beim Tragsicherheitsnachweis berücksichtigt werden und im Gebrauchszustand nicht stören.

Zugkräfte in vorgespannten Verbindungen reduzieren die Klemmkraft zwischen den Berührungsflächen, so daß die übertragbare Last bei zunehmender Zugkraft in einer Verbindung mit Beanspruchung sowohl in Schaft- als auch senkrecht zur Schaftrichtung reduziert werden muß.

3.4 Hinweise

Die Nachweisführung entsprechend dem Schema gilt nur für unmittelbare Laschen- und Stabanschlüsse mit höchstens $n = 8$ Schrauben, die hintereinander in Kraftrichtung angeordnet sind. Die Schrauben sind dabei ein- oder zweischnittig. Sobald mehr als zwei Scherflächen auftreten, kann jedoch die Rechnung analog durchgeführt werden.

Der Sonderfall einer einschnittig ungestützten Schraubenverbindung muß unter Berücksichtigung von DIN 18 800 T.1, Element 807 berechnet werden. Da diese Konstruktionsform jedoch relativ selten im Stahlbau auftritt, wurde sie nicht in das Nachweisschema aufgenommen. Eine Anpassung ist jedoch ohne Schwierigkeit möglich. Die Schraubenabstände, die die optimalen Werte für die größtmögliche Beanspruchung ergeben, können DIN 18 800 T.1, Tab. 8 entnommen werden.

Für Schraubenverbindungen beim Berechnungsverfahren Plastisch-Plastisch sind zusätzliche Festlegungen nach DIN 18 800 T.1, Element 808 zu beachten. Sobald alle Schrauben eines Anschlusses die gleiche Beanspruchung erfahren, wird in der Praxis häufig die Beanspruchbarkeit einer Schraube ermittelt und die erforderliche Anzahl berechnet. Bei Bedarf kann das Nachweisschema diesbezüglich umgestellt werden.

Erfolgt eine ungleichmäßige Beanspruchung der Schrauben einer Verbindung, z. B. durch ein Moment, wird der Nachweis für die am ungünstigsten beanspruchte Schraube geführt.

Die Ermittlung dieser Schraubenkraft erfolgt jeweils beim Stoß bzw. Anschluß des entsprechenden Bauteils. Bei Schrauben mit Senkköpfen ist bei der Berechnung der Grenzlochleibungskraft DIN 18 800 T.1, Element 806 zu beachten. Weiterhin wird für diese Schraubenart das Nennlochspiel Δd auf 1 mm begrenzt. Sobald der Gewindeteil des Schaftes bei einer zweischnittigen Verbindung nur in einer von beiden Scherfugen liegt, ist die Grenzabscherkraft als Summe beider Grenzabscherkräfte zu ermitteln. Das Arbeitsschema ist diesbezüglich entsprechend abzuändern.

3.5 Nachweisschema für Schraubenverbindungen – Beanspruchung rechtwinklig zur Schaftrichtung

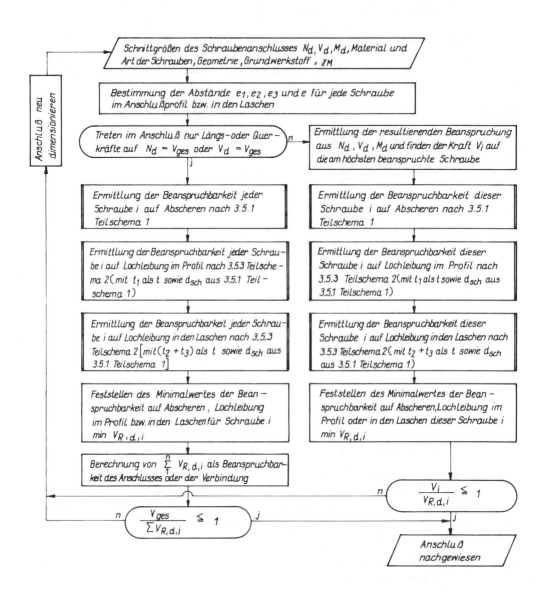

3.5.1 Ermittlung der Beanspruchbarkeit auf Abscheren

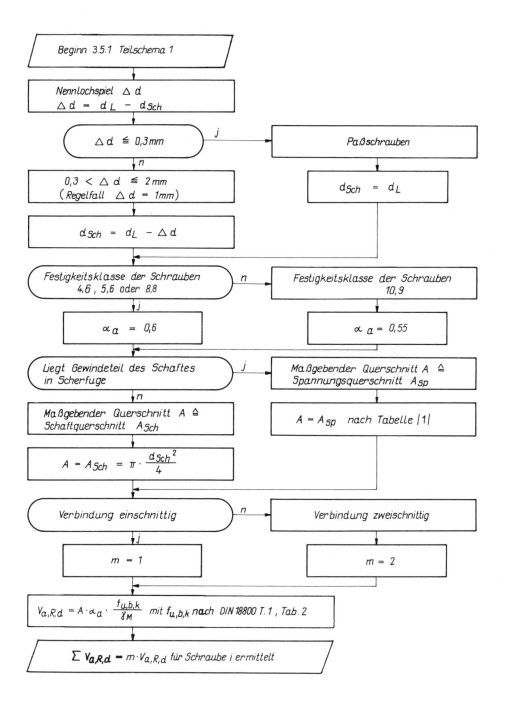

3.5.2 Tabelle zur Ermittlung der Beanspruchbarkeit $V_{a,R,d}$ je Scherfläche einer Schraube in kN

Schaft ⌀ [mm]		M 12		M 16		M 20		M 22		M 24		M 27		M 30	
		SL 12	SLP 13	SL 16	SLP 17	SL 20	SLP 21	SL 22	SLP 23	SL 24	SLP 25	SL 27	SLP 28	SL 30	SLP 31
4.6	$V_{a,R,d}$	24,7	29,0	43,7	49,5	68,5	75,5	82,9	90,6	98,8	107,1	124,8	134,4	154,2	164,7
5.6	$V_{a,R,d}$	30,8	36,3	54,8	61,9	85,6	94,4	103,6	113,2	123,5	133,9	156,0	168,8	192,8	205,8
10.9	$V_{a,R,d}$	56,5	66,5	100,1	113,5	157,0	173,0	190,0	207,5	226,5	245,5	286,0	308,0	353,4	377,4

(Spaltenüberschrift: Schraubengröße und Art)

Das Gewinde reicht nicht bis in die Scherfuge.

$$V_{a,R,d} = \frac{\pi \cdot d_{Sch}^2}{4} \cdot \alpha_a \cdot \frac{f_{u,b,k}}{\gamma_M}$$

3.5.3 Ermittlung der Beanspruchbarkeit auf Lochleibung

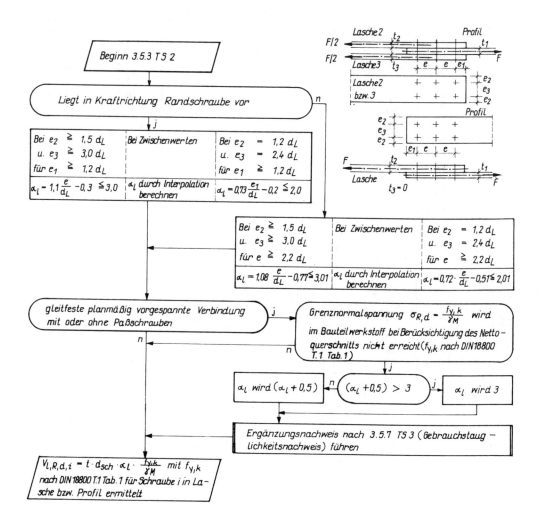

3.5.4 Tabelle zur Ermittlung der Beanspruchbarkeit $V_{l,R,d}$ (Lochleibung) für 1 cm Bohrtiefe St 37 in kN

Randschraube in Kraftrichtung; $e_2 \geqq 1,5\, d_L$ und $e_3 \geqq 3d_L$

Schrauben-größe	Art	e_1/d_L	1,2	1,5	2,0	2,5	3,0
		d_{sch} α_L	1,02	1,35	1,90	2,45	3,00
M 12	SL	12	26,7	35,3	49,7	64,1	78,5
	SLP	13	28,9	38,3	53,9	69,5	85,1
M 16	SL	16	35,6	47,1	66,3	85,5	104,7
	SLP	17	37,8	50,1	70,5	90,9	111,3
M 20	SL	20	44,5	58,1	82,9	106,9	130,9
	SLP	21	46,7	61,9	87,1	112,3	137,5
M 22	SL	22	49,0	64,8	91,2	117,6	144,0
	SLP	23	51,2	67,7	95,3	122,9	150,5
M 24	SL	24	53,4	70,7	99,5	128,3	157,1
	SLP	25	55,6	73,6	103,6	133,6	163,6
M 27	SL	27	60,1	79,5	111,9	144,3	176,7
	SLP	28	62,3	82,5	116,1	149,7	183,3

Mittlere Schraube in Kraftrichtung; $e_2 \geqq 1,5\, d_L$ und $e_3 \geqq 3\, d_L$

Schrauben-größe	Art	e/d_L	1,5	2,0	2,5	3,0	3,5
		d_{sch} α_L	0,85	1,39	1,93	2,47	3,01
M 12	SL	12	22,3	36,4	50,5	64,7	78,8
	SLP	13	24,1	39,4	54,7	70,1	85,4
M 16	SL	16	29,7	48,5	67,4	86,2	105,1
	SLP	17	31,5	51,6	71,6	91,6	111,6
M 20	SL	20	37,1	60,7	84,2	107,8	131,3
	SLP	21	38,9	63,7	88,4	113,2	137,9
M 22	SL	22	40,8	66,7	92,6	118,6	144,5
	SLP	23	42,7	69,8	96,9	123,9	151,0
M 24	SL	24	44,5	72,8	101,1	129,3	157,6
	SLP	25	46,4	75,8	105,3	134,7	164,2
M 27	SL	27	50,1	81,9	113,7	145,5	177,3
	SLP	28	51,9	84,9	117,9	150,9	183,9

3.5.5 Grenzlochleibungskraft $V_{l,R,d}$ für Schrauben mit einem Lochabstand e in Kraftrichtung für St 37

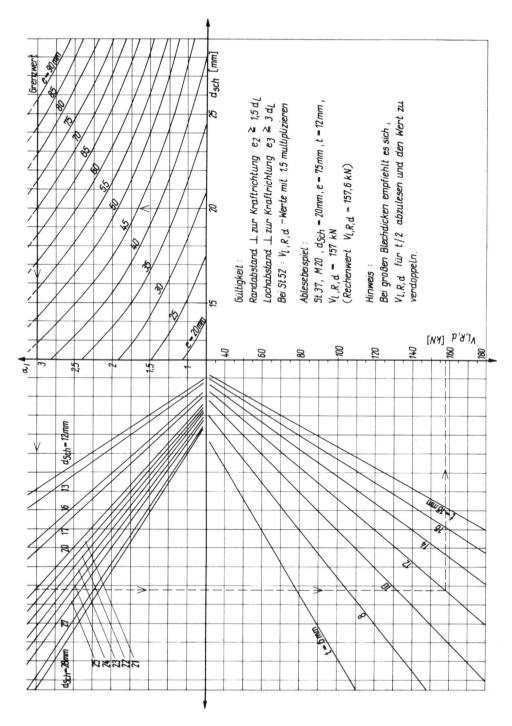

Gültigkeit:
Randabstand ⊥ zur Kraftrichtung $e_2 \gtrsim 1{,}5\,d_L$
Lochabstand ⊥ zur Kraftrichtung $e_3 \gtrsim 3\,d_L$
Bei St 52 : $V_{l,R,d}$ –Werte mit 1,5 multiplizieren

Ablesebeispiel:
St 37, M 20, $d_{Sch} = 20mm$, $e = 75mm$, $t = 12mm$,
$V_{l,R,d} = 157\ kN$
(Rechenwert $V_{l,R,d} = 157{,}6\ kN$)

Hinweis :
Bei großen Blechdicken empfiehlt es sich,
$V_{l,R,d}$ für $t/2$ abzulesen und den Wert zu
verdoppeln.

3.5.6 Grenzlochleibungskraft $V_{l,R,d}$ für Schrauben mit einem Randabstand e_1 in Kraftrichtung für St 37

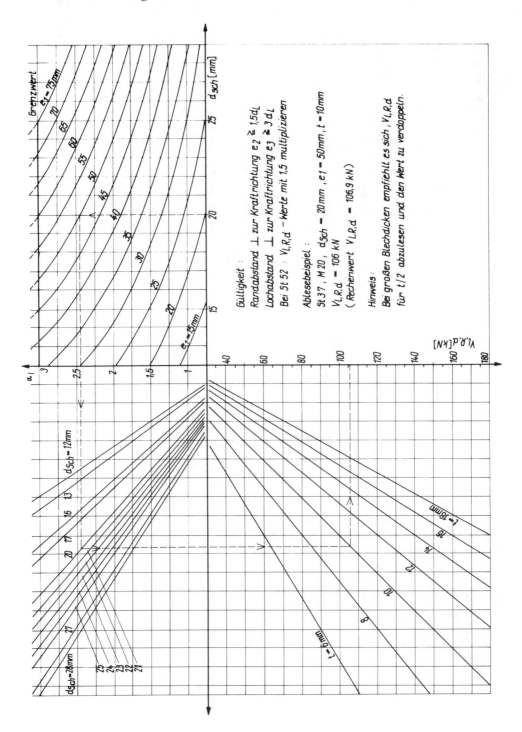

Gültigkeit :
Randabstand ⊥ zur Kraftrichtung $e_2 \geqq 1,5 d_L$
Lochabstand ⊥ zur Kraftrichtung $e_3 \geqq 3 d_L$
Bei St 52 : $V_{l,R,d}$ - Werte mit 1,5 multiplizieren

Ablesebeispiel :
St 37 , M 20 , d_{sch} = 20 mm , e_1 = 50 mm , t = 10 mm
$V_{l,R,d}$ = 106 kN
(Rechenwert $V_{l,R,d}$ = 106,9 kN)

Hinweis :
Bei großen Blechdicken empfiehlt es sich, $V_{l,R,d}$
für $t/2$ abzulesen und den Wert zu verdoppeln.

3.5.7 Ergänzungsnachweis für gleitfeste, planmäßig vorgespannte Schrauben

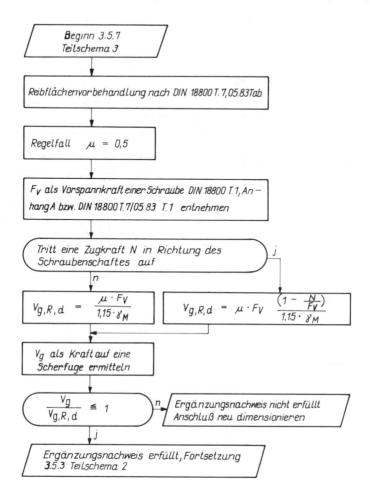

3.6 Nachweisschema für Schraubenverbindungen – Beanspruchung auf Zug in Schaftrichtung und auf Abscheren

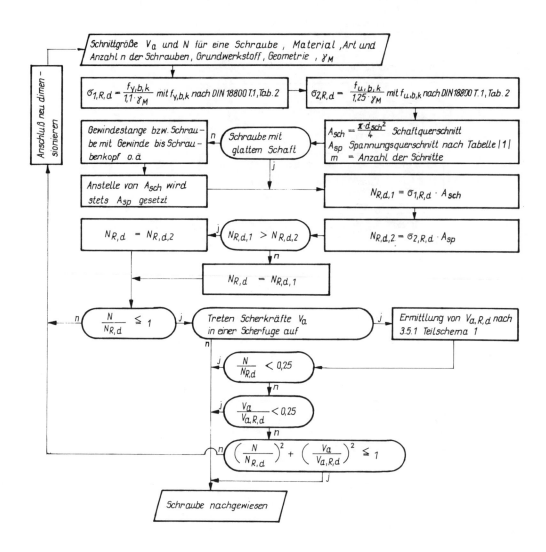

3.6.1 Tabelle zur Ermittlung der Grenzzugkraft $N_{R,d}$ für eine Schraube in kN

Schrauben- größe	d_{Sch} mm	A_{Sp} cm^2	A_{Sch} cm^2	Festigkeitsklasse		
				4.6 $N_{R,d}$	5.6 $N_{R,d}$	10.9 $N_{R,d}$
M 12	12	0,843	1,13	22,4	28,0	61,3
	13	0,843	1,33	24,5	30,7	61,3
M 16	16	1,57	2,01	39,9	49,8	114,2
	17	1,57	2,27	45,0	56,3	114,2
M 20	20	2,45	3,14	62,2	77,9	178,2
	21	2,45	3,46	68,6	85,8	178,2
M 22	22	3,03	3,80	75,4	94,2	220,4
	23	3,03	4,15	82,3	102,9	220,4
M 24	24	3,53	4,52	89,7	112,1	256,7
	25	3,53	4,91	97,4	121,7	256,7
M 27	27	4,59	5,73	113,6	142,1	333,8
	28	4,59	6,16	122,2	152,7	333,8
M 30	30	5,61	7,07	140,2	175,3	408,0
	31	5,61	7,55	149,7	187,2	408,0

$$N_{R,d} = \min \begin{cases} A_{Sch} \dfrac{f_{y,b,k}}{1.1 \cdot \gamma_M} \\[2ex] A_{Sp} \dfrac{f_{u,b,k}}{1.25 \cdot \gamma_M} \end{cases}$$

3.7 Beispiele für Schraubenverbindungen

3.7.1 Zugbandstoß

Nachweis der Schraubenverbindung des in Abb. 3.1 dargestellten Zugbandstoßes.
Scher-Lochleibungsverbindung M 20; FK 5.6; $\Delta d < 0{,}3$ mm (Paßschrauben); St 52;
$\gamma_M = 1{,}1; f_{y,k} = 360$ N/mm^2; $f_{u,b,k} = 500$ N/mm^2; $N_d = 800$ kN

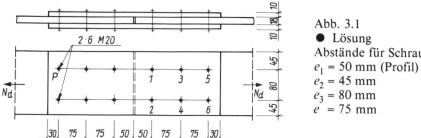

Abb. 3.1

Abb. 3.1
● Lösung
Abstände für Schraube 1
$e_1 = 50$ mm (Profil)
$e_2 = 45$ mm
$e_3 = 80$ mm
$e = 75$ mm

Abstände für Schrauben 2 bis 6 siehe Abb. 3.1
Im Anschluß tritt nur N_d auf.

Anschlüsse

Schraube 1:
Abscheren siehe 3.5.1
$\Delta d < 0,3$ mm ≈ 0
$d_{sch} = d_L = 21$ mm
Festigkeitsklasse 5.6 mit $\alpha_a = 0,6$
Das Gewinde reicht nicht bis zur Scherfuge.

$$A = A_{sch} = \frac{\pi \cdot 2,1^2}{4} = 3,46 \text{ cm}^2$$

$$m = 2$$

$$V_{a,R,d1} = 3,46 \cdot 0,6 \cdot \frac{50}{1,1} = 94,4 \text{ kN}$$

$$\sum V_{a,R,d1} = 2 \cdot 94,4 = 188,8 \text{ kN}$$

Lochleibung siehe 3.5.3
Randschraube für Profil $e_1 = 50$ mm
$e_2 \geq 1,5 \ d_L \quad 45$ mm $> 1,5 \cdot 21 = 32$ mm
$e_3 \geq 3 \quad d_L \quad 80$ mm $> 3 \quad \cdot 21 = 63$ mm
$e_1 \geq 1,2 \ d_L \quad 50$ mm $> 1,2 \cdot 21 = 25$ mm

$$\alpha_1 = 1,1 \cdot \frac{50}{21} - 0,3 = 2,32 \ < \ 3; \ t_1 = 1,8 \text{ cm}$$

$$V_{l,R,d1} \text{ (Profil)} = 1,8 \cdot 2,1 \cdot 2,32 \cdot \frac{36}{1,1} = 287,0 \text{ kN}$$

Mittelschraube für Lasche $e = 75$ mm
$e_2 = 45$ mm (unverändert)
$e_3 = 80$ mm (unverändert)
$e \geq 2,2 \ d_L \rightarrow 75$ mm $> 2,2 \cdot 21 = 46$ mm

$$\alpha_1 = 1,08 \cdot \frac{75}{21} - 0,77 = 3,09 \ > \ 3,01 \ \rightarrow \ \alpha_1 = 3,01;$$

$$t_2 + t_3 = 1,0 + 1,0 = 2,0 \text{ cm}$$

$$V_{l,R,d1} \text{ (Lasche)} = 2,0 \cdot 2,1 \cdot 3,01 \cdot \frac{36}{1,1} = 413,7 \text{ kN}$$

Der Minimalwert aus den Werten
$\sum V_{a,R,d1} = 188,8$ kN;
$V_{l,R,d1}$ (Profil) = 287,0 kN;
$V_{l,R,d1}$ (Lasche) = 413,7 kN
ergibt die Beanspruchbarkeit der Schraube 1
$V_{R,d1} = 188,8$ kN

Schraube 2:
gleiche Werte wie Schraube 1
$V_{R,d2} = 188,8$ kN

Schraube 3:
Abscheren siehe 3.5.1
Werte bleiben unverändert!
$\sum V_{a,R,d3} = 188,8$ kN

Lochleibung siehe 3.5.3
Mittelschraube für Profil $e = 75$ mm
e_2 und e_3 unverändert
$e \geq 2,2\,d_L$ 75 mm $>$ 2,2 · 21 = 46 mm

$$\alpha_l = 1,08\,\frac{75}{21} - 0,77 = 3,09 \; > \; 3,01$$

$\alpha_l = 3,01$
$t_1 = t = 18$ mm

$$V_{l,R,d3}\,(\text{Profil}) = 1,8 \cdot 2,1 \cdot 3,01 \cdot \frac{36}{1,1} = 372,4\,\text{kN}$$

Mittelschraube für Lasche $e = 75$ mm
siehe Schraube 1
$V_{l,R,d3}$ (Lasche) = 413,7 kN
Somit beträgt der Minimalwert $V_{R,d3} = 188,8$ kN

Schraube 4:
gleiche Werte wie Schraube 3
$V_{R,d4} = 188,8$ kN

Schraube 5:
Abscheren siehe 3.5.1
Werte bleiben unverändert
$\sum V_{a,R,d5} = 188,8$ kN
Lochleibung siehe 3.5.3
Mittelschraube für Profil $e = 75$ mm
siehe Schraube 3
$V_{l,R,d5}$ (Profil) = 372,4 kN
Randschraube für Lasche $e_1 = 30$ mm
$e_1 \geq 1,2\,d_L$ 30 mm $>$ 1,2 · 21 = 25 mm

$$\alpha_l = 1,1 \cdot \frac{30}{21} - 0,3 = 1,27 \; < \; 3$$

$$V_{l,R,d5}\,(\text{Lasche}) = 2 \cdot 2,1 \cdot 1,27 \cdot \frac{36}{1,1} = 174,6\,\text{kN}$$

Somit beträgt der Minimalwert $V_{R,a5} = 174,6$ kN

Schraube 6:
gleiche Werte wie Schraube 5
$V_{R,d6} = 174,6$ kN

Beanspruchbarkeit der Verbindung

$$\sum_{1}^{6} V_{R,di} = 4 \cdot 188,8 + 2 \cdot 174,6 = 1104,4\,\text{kN}$$

$$\frac{V_{ges}}{\sum V_{R,di}} = \frac{800}{1104,4} = 0,724 \; < \; 1$$

Anschluß nachgewiesen!

3.7.2 Trägeranschluß

Nachweis des geschraubten Anschlusses eines Querträgers an einen Hauptträger nach Abb. 3.2
Scher-Lochleibungsverbindung; M 24; FK 4.6; $\Delta d = 1$ mm (rohe Schrauben)

St 37; $\gamma_M = 1,1$; $f_{y,k} = 240$ N/mm^2; $f_{u,b,k} = 400$ N/mm^2; $Q_d = 200$ kN

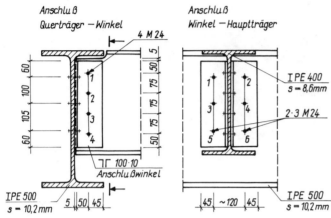

Abb. 3.2

● Lösung
– Anschluß Querträger – Winkel
Schraubenabstände
Anschlußwinkel (Lasche)
$e_1 = 50$ mm $> 1,2 \cdot 25 = 30$ mm (in Vertikalrichtung)
$e_1 = 45$ mm > 30 mm (in Horizontalrichtung)
$e_2 = 45$ mm $> 1,5 \cdot 25 = 37,5$ mm
$e_3 \approx 0$
IPE 400 (Profil)
$e_1 = 55$ mm $> 1,2 \cdot 25 = 30$ mm (in Vertikalrichtung)
$e_1 = 50$ mm > 30 mm (in Horizontalrichtung)
$e_2 = 45$ mm $> 37,5$ mm
$e_3 = 0$

Es tritt eine Außermittigkeit auf.
$M_d = 200 \cdot 5,5 = 1\,100$ kNcm

Aus der Querkraft ergibt sich eine Vertikalkomponente und aus dem Moment eine Horizontalkomponente für die Schrauben.

Die größte resultierende Beanspruchung V_i ergibt sich für die Schraube 1. Das Moment wird nach dem f-Verfahren ($f = 0,9$) auf die Schrauben aufgeteilt.

$$V_1 = \sqrt{\left(\frac{200}{4}\right)^2 + \left(\frac{1100}{3 \cdot 7,5} \cdot 0,9\right)^2} = 66,6 \text{ kN}$$

Beanspruchung auf Abscheren nach 3.5.1
$d_{Sch} = d_L = 24$ mm
$\alpha_a = 0,6$
Das Gewinde reicht nicht bis in die Scherfuge.

$$A_{\text{Sch}} = A = \frac{\pi \cdot 2{,}4^2}{4} = 4{,}52 \text{ cm}^2$$

$$m = 2$$

$$V_{\text{a,R,d1}} = 4{,}52 \cdot 0{,}6 \cdot \frac{40}{1{,}1} = 98{,}6 \text{ kN}$$

$$\sum V_{\text{a,R,d1}} = 2 \cdot 98{,}6 = 197{,}2 \text{ kN}$$

Lochleibung im Profil (Randschraube) nach 3.5.3
min $e_1 = 50$ mm

$$\alpha_1 = 1{,}1 \cdot \frac{50}{25} - 0{,}3 = 1{,}9 \; < \; 3$$

$$V_{\text{l,R,d1}} \text{ (Profil)} = 0{,}86 \cdot 2{,}4 \cdot 1{,}9 \cdot \frac{24}{1{,}1} = 85{,}6 \text{ kN}$$

Lochleibung im Winkel (Randschraube)
min $e_1 = 45$ mm $> 1{,}2 \cdot 25 = 30$ mm

$$\alpha_1 = 1{,}1 \cdot \frac{45}{25} - 0{,}3 = 1{,}68 \; < \; 3$$

$$V_{\text{l,R,d1}} \text{ (Lasche)} = 2 \cdot 2{,}4 \cdot 1{,}68 \cdot \frac{24}{1{,}1} = 175{,}9 \text{ kN}$$

Der Minimalwert beträgt:
$V_{\text{R,d1}} = 85{,}6$ kN

$$\frac{V_1}{V_{\text{R,d1}}} = \frac{66{,}6}{85{,}6} = 0{,}78 \; < \; 1$$

Der Anschluß ist nachgewiesen.
– Anschluß Winkel – Hauptträger
Schraubenabstände
Abstände für Schraube 1
$e_1 = \quad 60$ mm $> 1{,}2 \cdot 25 = 30$ mm (für Winkel)
$e_2 = \quad 45$ mm $> 1{,}5 \cdot 25 = 37{,}5$ mm
$e_3 \approx 120$ mm $> 3 \quad \cdot 25 = 75$ mm
$e \approx 100$ mm $> 2{,}2 \cdot 25 = 55$ mm

Abstände der weiteren Schrauben siehe Abb. 3.2.
Es tritt keine Außermittigkeit auf.
Abscheren
$d_{\text{Sch}} = 24$ mm
$A_{\text{Sch}} = 4{,}52$ cm^2
$\alpha_{\text{a}} = 0{,}6; \; m = 1$

$$V_{\text{a,R,d1}} = 4{,}52 \cdot 0{,}6 \cdot \frac{40}{1{,}1} = 98{,}6 \text{ kN}$$

$$\sum V_{\text{a,R,d1}} = 98{,}6 \text{ kN}$$

Lochleibung im Profil (Mittelschraube)

$$\alpha_l = 1,08 \cdot \frac{100}{25} - 0,77 = 3,55 > 3 \rightarrow \alpha_l = 3$$

$$V_{l,R,d1} \text{ (Profil)} = 1,02 \cdot 2,4 \cdot 3 \cdot \frac{24}{1,1} = 160,2 \text{ kN}$$

Lochleibung im Winkel (Randschraube) $\triangleq$ Lochleibung in Lasche

$$\alpha_l = 1,1 \cdot \frac{60}{25} - 0,3 = 2,34 < 3,0$$

$$V_{l,R,d1} \text{ (Lasche)} = 1,0 \cdot 2,4 \cdot 2,34 \cdot \frac{24}{1,1} = 122,5 \text{ kN}$$

Somit beträgt der Minimalwert $V_{R,d1} = 98,6$ kN.
Die Schrauben 2, 5 u. 6 entsprechen Schraube 1.

Schraube 3:
Abscheren (entspricht Schraube 1)
$\sum V_{a,R,d3} = 98,6$ kN
Lochleibung im Profil (Mittelschraube) (entspricht Schraube 1)
$V_{l,R,d3}$ (Profil) = 160,2 kN
Lochleibung im Winkel (Mittelschraube)

$$\alpha_l = 1,08 \cdot \frac{100}{25} - 0,77 = 3,55$$

$$V_{l,R,d3} \text{ (Winkel)} = 1,0 \cdot 2,4 \cdot 3,55 \cdot \frac{24}{1,1} = 185,9 \text{ kN}$$

Der Minimalwert bleibt unverändert
$$\overset{6}{\underset{1}{\sum}} V_{R,d,i} = 6 \cdot 98,6 \text{ kN} = 591,6 \text{ kN}$$

$$\frac{V_{ges}}{\overset{6}{\underset{1}{\sum}} V_{R,d,i}} = \frac{200}{591,6} = 0,34 < 1$$

Der Anschluß ist nachgewiesen!

3.7.3 Angehängter Träger

Nachweis der Schrauben für die Aufhängung eines Trägers nach Abb. 3.3. Die Schrauben werden durch $F = 100$ kN und $H = 10$ kN auf Zug und Abscheren beansprucht. Infolge H_d tritt im Anschluß ein Moment $M = 10 \cdot 20$ kNcm auf. Für die Aufteilung des Momentes auf die Schrauben wird der Druckpunkt in der Schraube liegend angenommen ($\triangleq \approx b/4$). Es ergeben sich die Schnittkräfte für den Anschluß:

$$V_{ges} = 10 \text{ kN}; \quad N = \frac{100}{4} + \frac{200}{2 \cdot 5,6} = 42,9 \text{ kN}$$

M 16; FK 4.6; $\Delta d \leq 0,3$ mm (Paßschrauben)
St 37, $\gamma_M = 1,1$; $f_{y,k} = 240$ N/mm^2; $f_{u,b,k} = 400$ N/mm^2

● Lösung

$$\sigma_{1,R,d} = \frac{24}{1,1 \cdot 1,1} = 19,8 \text{ kN/cm}^2 \qquad \sigma_{2,R,d} = \frac{40}{1,25 \cdot 1,1} = 29,1 \text{ kN/cm}^2$$

Die Schraube hat einen Schaft. Der Gewindebereich endet außerhalb der Scherbeanspruchung.

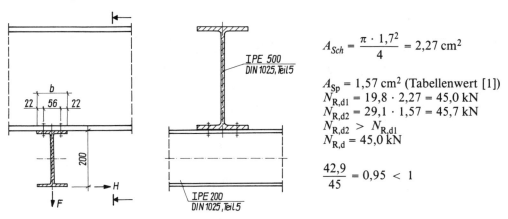

$$A_{Sch} = \frac{\pi \cdot 1,7^2}{4} = 2,27 \text{ cm}^2$$

$A_{Sp} = 1,57 \text{ cm}^2$ (Tabellenwert [1])
$N_{R,d1} = 19,8 \cdot 2,27 = 45,0 \text{ kN}$
$N_{R,d2} = 29,1 \cdot 1,57 = 45,7 \text{ kN}$
$N_{R,d2} > N_{R,d1}$
$N_{R,d} = 45,0 \text{ kN}$

$$\frac{42,9}{45} = 0,95 < 1$$

Abb. 3.3

Es treten Scherkräfte auf. V_a für jede Schraube 2,5 kN.

$d_{Sch} = d_L = 17 \text{ mm}$

$\alpha_a = 0,6$

$$A = \frac{\pi \cdot 1,7^2}{4} = 2,27 \text{ cm}^2$$

$$V_{a,R,d} = 2,27 \cdot 0,6 \cdot \frac{40}{1,1} = 49,5 \text{ kN}$$

$$\frac{V_a}{V_{a,R,d}} = \frac{2,5}{49,5} = 0,05 < 0,25$$

Eine Interaktion zwischen N und V ist nicht erforderlich. Der Anschluß ist nachgewiesen!

3.7.4 Trägerstoß

Es ist der Nachweis für den in Abb. 3.4 dargestellten Trägerstoß zu führen. Das Schraubengewinde reicht nicht bis in die Verbindungselemente. Scher-Lochleibungsverbindung; M 24; FK 4.6, $\Delta d = 1$ mm (rohe Schrauben)
St 37; $\gamma_M = 1,1$; $f_{y,k} = 240 \text{ N/mm}^2$; $f_{u,b,k} = 400 \text{ N/mm}^2$

$M_d = M = 40\,000 \text{ kNcm}$; $V_d = V = 120 \text{ kN}$
$N_d = N = 300 \text{ kN}$ (Zug)

Für alle Schrauben ist $e_2 \geq 1,5 \, d_L$ und $e_3 \geqq 3 \, d_L$

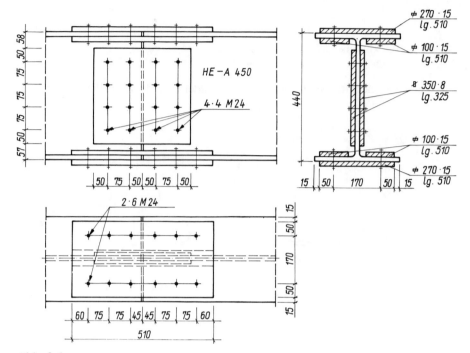

Abb. 3.4

Querschnittswerte
HEA 450
$A = 178$ cm^2
$I_y = 63\,720$ cm^4
$h = 440$ mm
$b = 300$ mm
$s = 11,5$ mm
$t = 21$ mm
Steglaschen (SL)
□ 350×8 lg. 315 (beidseitig)
$A_{SL} = 2 \cdot 32,5 \cdot 0,8 = 52$ cm^2
Gurtlasche (GL) oberseitig
□ 270×15 lg. 510
Gurtlasche (GL) unterseitig
2 □ 100×15 lg. 510
$A_{GL} = 27 \cdot 1,5 + 10 \cdot 1,5 \cdot 2 = 70,5$ cm^2

● Lösung
Variante 1
Aufteilung der Bemessungsschnittkräfte nach dem Steifigkeitsverhältnis von Steg zu Gurt

$$I_{Steg} = \frac{(44 - 2 \cdot 2,1)^3}{12} \cdot 1,15 = 6\,042 \text{ cm}^4$$

$I_{Gurt} \approx 63\,720 - 6\,042 = 57\,678$ cm^4; $I_{ges} = I_{Steg} + I_{Gurt}$
$A_{Gurt} = 30 \cdot 2,1 = 63$ cm^2
$A_{Steg} \approx 178 - 2 \cdot 63 = 52$ cm^2; $A_{ges} = A_{Steg} + A_{Gurt} \cdot 2$

– Steglaschenanschluß

$$M_{Steg} = M \cdot \frac{I_{Steg}}{I_{ges}} + V \cdot e$$

$$= 40\,000\,\frac{6\,042}{63\,720} + 120\left(5 + \frac{7,5}{2}\right)$$

$$= 3\,793 + 1\,050 = 4\,843 \text{ kNcm}$$

$$N_{Steg} = N\,\frac{A_{Steg}}{A_{ges}} = 300 \cdot \frac{52}{478} = 87,6 \text{ kN}$$

$$V_{Steg} = V = 120 \text{ kN}$$

Ermittlung der Beanspruchungen für die Schrauben:
Durch die Momentenbelastung werden die Schrauben im Stegbereich unterschiedlich beansprucht. Es wird nur die Schraube mit der maximalen Beanspruchung nachgewiesen.

$n = 8$

$$V_S = \frac{120}{8} = 15 \text{ kN (Querkraftanteil)}$$

$$H_{SN} = \frac{87,6}{8} = 11 \text{ kN (Normalkraftanteil)}$$

Das Schraubenbild hat ein h/b-Verhältnis von $3 \cdot 75/75 = 3$, so daß die Komponente H_M nach
dem f-Verfahren ermittelt werden darf. Bei $h/b < 3$ müßte die Kraft nach dem I_p-Verfahren
ermittelt werden.

$$H_M = \frac{M_{Steg}}{h_1} \cdot f = \frac{4\,843}{3 \cdot 7,5} \cdot 0,45 = 96,9 \text{ kN}$$

$$R = \sqrt{(96,9 + 11)^2 + 15^2} = 108,9 \text{ kN} = V_1 = V_a$$

Diese Kraft muß von der äußersten Schraube im Steg übertragen werden.
Nachweis nach 3.5
Abscheren siehe 3.5.1
$d_{sch} = 24$ mm
$\alpha_a = 0,6$

$$A = A_{sch} = \frac{\pi \cdot 2,4^2}{4} = 4,52 \text{ cm}^2$$

$m = 2$

$f_{u,b,k} = 40$ kN/cm²

$$V_{a,R,d} = 4,52 \cdot 0,6 \cdot \frac{40}{1,1} = 98,7 \text{ kN}$$

(Dieser Wert kann auch 3.5.2 entnommen werden)

$$\Sigma V_{a,R,d} = 2 \cdot 98,7 = 197,4 \text{ kN}$$

Anschlüsse

Lochleibung im Profilsteg (1) nach 3.5.3
Die Schraube mit der ungünstigsten Beanspruchung ist im Steg eine Randschraube mit
$e_1 = 50$ mm in horizontaler Richtung.

$$\alpha_1 = 1{,}1 \cdot \frac{50}{25} - 0{,}3 = 1{,}9 \; < \; 3{,}0$$

$$V_{1,R,d1} = 1{,}15 \cdot 2{,}4 \cdot 1{,}9 \cdot \frac{24}{1{,}1} = 114{,}4 \text{ kN}$$

(Dieser Wert kann auch 3.5.5 entnommen werden, $V_{1,R,d1} = 115$ kN)
Lochleibung in den Laschen (2) $e_1 = 50$ mm

$$\alpha_1 = 1{,}1 \cdot \frac{50}{25} - 0{,}3 = 1{,}9 \; < \; 3{,}0$$

$$V_{1,R,d2} = 1{,}6 \cdot 2{,}4 \cdot 1{,}9 \cdot \frac{24}{1{,}1} = 159{,}2 \text{ kN}$$

Der Minimalwert ergibt sich mit $V_{R,d} = 114{,}4$ kN.
Nachweis Schraube im Steg:

$$\frac{108{,}9}{114{,}4} = 0{,}95 \; < \; 1$$

– Gurtanschluß
$M_{Gurt} = 40\,000 - 3\,793 = 36\,207$ kNcm

$$N_{Gurt} = \frac{300}{2} - 87{,}6 = 62{,}4 \text{ kN}$$

Der Abstand der Flanschmitten beträgt $h_F = 44 - 2{,}1 = 41{,}9$ cm.
Damit ergibt sich im Obergurt

$$N_D = - \; \frac{36\,207}{41{,}9} + 62{,}4 = 801{,}7 \text{ kN (Druck)}$$

und im Untergurt

$$N_Z = + \; \frac{36\,207}{41{,}9} + 62{,}4 = 926{,}5 \text{ kN (Zug)}$$

Die Beanspruchung der Schrauben ist gleichmäßig.
Es muß die Summe der Beanspruchbarkeiten nach 3.5 ermittelt werden ($n = 6$).
Abscheren
Gegenüber dem Steg tritt keine Veränderung auf.
$\Sigma \, V_{a,R,d\,1..6} = 197{,}4$ kN
Lochleibung
Schrauben 1 und 2
Randschraube in den Laschen; $e_1 = 60$ mm

$$\alpha_l = 1,1 \cdot \frac{60}{25} - 0,3 = 2,34 \ < \ 3,0$$

$$V_{l,R,d\ 1/2} = 3 \cdot 2,4 \cdot 2,34 \cdot \frac{24}{1,1} = 367,6 \text{ kN}$$

bzw.
Mittelschraube in dem Gurt; $e = 75$ mm

$$\alpha_l = 1,08 \cdot \frac{75}{25} - 0,77 = 2,47 \ < \ 3.0$$

$$V_{l,R,d\ 1/2} = 2,1 \cdot 2,4 \cdot 2,47 \cdot \frac{24}{1,1} = 271,6 \text{ kN}$$

Für Schrauben 1 und 2 ist Abscheren maßgebend.

Schrauben 3 und 4
Mittelschraube in den Laschen; $e = 75$ mm

$$\alpha_l = 1,08 \cdot \frac{75}{25} - 0,77 = 2,47 \ < \ 3.0$$

$$V_{l,R,d\ 3/4} = 3 \cdot 2,4 \cdot 2,47 \cdot \frac{24}{1,1} = 388 \text{ kN}$$

bzw.
Mittelschraube in dem Gurt; $e = 75$ mm
$$V_{l,R,d\ 3/4} \ \hat{=} \ V_{l,R,d\ 1/2} = 271,6 \text{ kN}$$

Für Schrauben 3 und 4 ist ebenfalls Abscheren maßgebend.

Schrauben 5 und 6
Mittelschraube in den Laschen; $e \approx 75$ mm
$$V_{l,R,d\ 5/6} \ \hat{=} \ V_{l,R,d\ 3/4} = 388 \text{ kN}$$
Randschraube in dem Gurt; $e_1 = 45$ mm

$$\alpha_l = 1,1 \cdot \frac{45}{25} - 0,3 = 1,68 \ < \ 3.0$$

$$V_{l,R,d\ 5/6} = 2,1 \cdot 2,4 \cdot 1,68 \cdot \frac{24}{1,1} = 187,4 \text{ kN}$$

Für Schrauben 5 und 6 ist Lochleibung im Gurt maßgebend.

Damit ergibt sich die Beanspruchbarkeit des Gurtstoßes:
$$\sum V_{R,d} = 4 \cdot 197,4 + 2 \cdot 184,7 = 1\,159 \text{ kN}$$
Nachweis:

$$\frac{N_z}{\sum V_{R,d}} = \frac{926,5}{1\,159} = 0,80 \ < \ 1$$

Anschlüsse

– Für das Grundmaterial genügt in der Regel der Flächenvergleich

Obergurt (o)

$A_{Go} = 30 \cdot 2{,}1 = 63 \text{ cm}^2$

$A_{GLo} = 27 \cdot 1{,}5 + 2 \cdot 10 \cdot 1{,}5 = 70{,}5 \text{ cm}^2 > 63 \text{ cm}^2$

Steg

$A_S \approx (44 - 2 \cdot 2{,}1) \cdot 1{,}15 = 45{,}8 \text{ cm}^2$

$A_{SL} \approx 2 \, (32{,}5 - 2 \cdot 2{,}1) \cdot 0{,}8 = 45{,}3 \text{ cm}^2 \approx 45{,}8 \text{ cm}^2$

Untergurt (u)

$A_{Gu} = 63 - 2 \cdot 2{,}1 \cdot 2{,}5 = 52{,}5 \text{ cm}^2$

$A_{GLu} = 70{,}5 - 4 \cdot 2{,}1 \cdot 1{,}5 = 55{,}5 \text{ cm}^2 > 52{,}5 \text{ cm}^2$

Die Beanspruchung im Zuggurt ist am ungünstigsten.

Nachweis nach 5.2

$A = 30 \cdot 2{,}1 = 63 \text{ cm}^2$

$A_{Netto} = 52{,}5 \text{ cm}^2$

Es tritt keine Außermittigkeit im Anschluß auf.

$$\frac{A}{A_{Netto}} = \frac{63}{52{,}5} = 1{,}2$$

$$\sigma = \frac{926{,}5}{63} = 14{,}7 \text{ kN/cm}^2 < \frac{24}{1{,}1} = 21{,}8 \text{ kN/cm}^2$$

Der Trägerstoß ist nachgewiesen.

● Lösung

Variante 2

Vereinfachte Verteilung der Schnittgrößenanteile nach DIN 18 800 T.1, Element 801

$$\text{Zuggurt: } N_z = \frac{300}{2} + \frac{40\,000}{(44 - 2{,}1)} = 1\,105 \text{ kN}$$

$$\text{Druckgurt: } N_D = \frac{300}{2} - \frac{40\,000}{(44 - 2{,}1)} = -804{,}7 \text{ kN}$$

Steg: $V_{St} = V = 120 \text{ kN}$

Voraussetzung für diese Vereinfachung ist, daß in den Flanschen die Beanspruchbarkeit nicht überschritten wird.

Der Zuggurt ist am ungünstigsten beansprucht.

Nachweis nach 5.2

$$\frac{A}{A_{Netto}} = 1{,}2 \text{ (vgl. Variante 1)}$$

$$\sigma = \frac{1105}{63} = 17{,}5 \text{ kN/cm}^2 < \frac{24}{1{,}1} = 21{,}8 \text{ kN/cm}^2$$

Die Variante 2 darf bei einer Nachweisführung ebenfalls angewendet werden.

– Steglaschenanschluß nach 3.5

Abscheren siehe 3.5.1

Keine Veränderung zu Variante 1

$\sum V_{a,R,d} = 197{,}4 \text{ kN}$

Lochleibung im Profilsteg siehe 3.5.3
$e = 75$ mm

$$\alpha_l = 1{,}08 \cdot \frac{75}{25} - 0{,}77 = 2{,}47 \;<\; 3.0$$

$$V_{l,R,d1} = 1{,}15 \cdot 2{,}4 \cdot 2{,}47 \cdot \frac{24}{1{,}1} = 148{,}7 \text{ kN}$$

Lochleibung in den Laschen; $e_1 = 50$ mm

$$\alpha_l = 1{,}1 \cdot \frac{50}{25} - 0{,}3 = 1{,}9 \;<\; 3.0$$

$$V_{l,R,d2} = 1{,}6 \cdot 2{,}4 \cdot 1{,}9 \cdot \frac{24}{1{,}1} = 159{,}2 \text{ kN}$$

Der Minimalwert ergibt sich für Lochleibung im Profilsteg
$V_{R,d} = 148{,}7$ kN
Nachweis Schraube im Steg

$$\frac{\frac{120}{8}}{148{,}7} = 0{,}1 \;<\; 1$$

– Gurtanschluß
Die Beanspruchbarkeit der Verbindung kann Variante 1 entnommen werden.

Nachweis Schrauben im Gurt

$$\frac{1105}{1159} = 0{,}95 \;<\; 1$$

Alle weiteren Nachweise entsprechen Variante 1.

Die vereinfachte Verteilung der Schnittgrößenanteile führt nicht zu einer Überbeanspruchung und darf in diesem Fall angewendet werden.

4 Schweißverbindungen

Die Schweißverbindungen bilden die wichtigste unlösbare Verbindungsart des Stahlbaus.

Die Schweißnähte werden mittels Lichtbogen in Schmelzschweißverfahren hergestellt, dabei kommen sowohl Hand- als auch maschinelle Verfahren zum Einsatz.

Die Schweißverbindung ist in der Regel linienorientiert. Nur die Sonderform des Punktschweißens führt zu einer örtlich konzentrierten Krafteintragung, die deshalb nicht in diesem Abschnitt behandelt werden soll. Schweißnähte unterscheidet man hinsichtlich ihrer Art, Form und der Ausführung. Die Nahtarten teilen sich in die Hauptgruppen der Stumpf- und der Kehlnähte. Durch die Stumpfnähte laufen die Spannungstrajektorien ohne Richtungsänderung hindurch. Bei den Kehlnähten findet im Stoßbereich immer eine Umleitung der Spannungstrajektorien statt, da das aufeinandertreffende Grundmaterial als nicht verbunden angesehen wird.

Nach der Vorbereitung der Nahtflanken werden die Stumpfnähte in V-, X-, K- oder I-Nähte unterteilt. Weitere Varianten sind aus diesen Grundformen ableitbar. Bei den Kehlnähten findet in der Regel keine Fugenvorbereitung statt.

Generell ist das Nahtvolumen nach Möglichkeit zu minimieren, um die auftretenden Gefügeänderungen und die wirtschaftlichen Aufwendungen gering zu halten.

4.1 Stahlauswahl

Bei Schweißkonstruktionen ist die Stahlsorte entsprechend dem vorgesehenen Verwendungszweck und der Schweißeignung auszuwählen. Die beim Schweißen unvermeidbaren Gefügeänderungen im Werkstoff erfordern gezielte Maßnahmen zur Vermeidung von Sprödbrüchen.

Die Grundlage für die Wahl der Stahlgütegruppen bildet die DAST-Ri 009 Ausg. 4/73 „Empfehlungen zur Wahl der Stahlgütegruppen für geschweißte Stahlbauten". Sie beruht auf der gleichzeitigen Erfassung der wesentlichsten Einflußgrößen, von denen nach dem derzeitigen Erkenntnisstand die vornehmlich bei Zugbeanspruchung bestehende Sprödbruchgefahr abhängt. Es sind dies mehrachsige Spannungszustände, die Bedeutung des Bauteils innerhalb der Konstruktion, die Materialdicke, die Einsatztemperatur und etwaige Kaltverformungen. In Abhängigkeit von diesen Einflußkomponenten werden die Klassifizierungsstufen I bis V gebildet, auf deren Grundlage sich dann die Gütegruppenzahl (1 R, 2U, RR bzw. 3 RR) auswählen läßt.

Mit steigender Gütegruppenzahl verbessert sich die Schweißeignung und sinkt die Sprödbruchgefahr. Die Kerbschlagzähigkeit bildet die Einschätzungsgrundlage für eine direkte Bewertung der Sprödbruchneigung, sie ergibt für beruhigt vergossenen Stahl deutlich bessere Werte als für unberuhigt vergossenen. Der Nachweis der Sprödbruchsicherheit der geschweißten Stahlkonstruktion entspricht, von seiner Aussage her, einem Festigkeitsnachweis.

4.2 Maße und Querschnittswerte

4.2.1 Nahtdicke

Detaillierte Hinweise zur Nahtdicke können DIN 18 800 T.1, Tab. 19 entnommen werden. Die rechnerische Nahtdicke a wird von der Nahtart beeinflußt. Bei Stumpfnaht-Verbindungen entspricht a der Blechdicke. Bei einer Verbindung mit unterschiedlichen Materialdicken gilt $a = \min t$. Bei einer Stumpfnaht in Form der K-Naht ist für die Nahtdicke das anstoßende Blech maßgebend, unabhängig davon, ob dasselbe dicker oder dünner als das durchgehende ist. Bei nicht durchgeschweißten Stumpfnähten gilt als Nahtdicke der Abstand vom theoretischen Wurzelpunkt bis zur Nahtoberfläche als die Dicke. Bei Kehlnahtverbindungen entspricht a der bis zum theoretischen Wurzelpunkt, dem Schnittpunkt der Blechebenen, gemessenen Höhe des einschreibbaren gleichschenkligen Dreiecks. Bei tiefem Einbrand kann a bei Kehlnähten vergrößert werden. Für jedes teil- oder vollmechanisierte Schweißverfahren ist das Maß der Vergrößerung mittels Verfahrensprüfung festzulegen. Die Maßhaltigkeit der Nahtdicke ist schweißtechnologisch abzusichern. Dabei sind Dicken-Überschreitungen bis 25 % und stellenweise Unterschreitungen bis 5 % bei Stumpf- und bis 10 % bei Kehlnähten zulässig, sofern die geforderte Nahtdicke durchschnittlich erreicht wird.

Bei Stumpfnähten ist bei doppelter oder einfacher HY-Naht mit einem Öffnungswinkel $< 60°$ a um 2 mm zu vermindern. Ausnahmen diesbezüglich regelt DIN 18 800 T.1, Tab. 19.

4.2.2 Nahtlänge

Für die Festlegung der rechnerischen Schweißnahtlänge l gilt DIN 18 800 T.1, Element 820 und Tabelle 20. Die rechnerische Schweißnahtlänge entspricht in der Regel der Summe der geometrischen Längen. Bei Kehlnähten ist sie die Länge der Wurzellinien.

Kehlnähte dürfen beim Nachweis nur berücksichtigt werden, wenn $l = 6 a$, jedoch mindestens 30 mm beträgt.

In unmittelbaren Laschen- und Stabanschlüssen darf aufgrund der ungleichmäßigen Dehnungen in der Naht die einzelne Naht nur mit maximal $150 a$ angesetzt werden.

Bei einer kontinuierlichen Krafteinleitung über die Schweißnaht entfällt diese Längenbegrenzung.

Bei einer Reihe von unmittelbaren Stabanschlüssen entstehen häufig konstruktiv unvermeidbare Außermittigkeiten des Schweißnahtschwerpunktes zur Stabachse (z. B. beim Winkelanschluß geschlitzt oder schenkelparallel). Diese Momente dürfen vernachlässigt werden, wenn entsprechend DIN 18 800 T.1, Tab. 20 nur die Längen rechtwinklig oder parallel zur Stabachse angesetzt werden. Nahtbereiche, die – z. B. wegen erschwerter Zugänglichkeit – nicht einwandfrei ausgeführt werden können, dürfen bei der Berechnung nicht angesetzt werden.

4.2.3 Schweißnahtfläche

Die rechnerische Schweißnahtfläche A_w ist als Summe der Produkte der Einzellängen l und der zugehörigen Nahtdicken a zu bilden. Beim Nachweis sind nur die Flächen derjenigen Schweißnähte anzusetzen, die aufgrund ihrer Lage vorzugsweise imstande sind, die vorhandenen Schnittgrößen in der Verbindung zu übertragen. Für Kehlnähte ist die Schweißnahtfläche konzentriert zu der Wurzellinie anzunehmen. Diese Linie fixiert auch das Bezugsmaß bei der Berechnung von Flächen höherer Ordnung (Widerstandsmomente, Trägheitsmomente) des Schweißnahtquerschnitts.

4.3 Schweißnahtspannungen

Bei der Beanspruchung einer Schweißnaht durch Schnittkräfte entstehen in der Naht Normal- und/oder Schubspannungen. Die Normalspannungen wirken stets rechtwinklig zur Schnittfläche.

Liegt die Schweißnaht in der Schnittfläche, entsteht somit eine Normalspannung und Dehnung senkrecht zur Naht. Durchdringt jedoch die Schweißnaht die Schnittfläche, dann ergibt sich eine Normalspannung und Dehnung parallel zur Naht.

Die Schubspannungen wirken dagegen in der Schnittfläche und führen zu Verschiebungen.

Die Schweißnahtspannungen in den Nähten werden ermittelt und mit Grenzschweißnahtspannungen verglichen.

Beim Anschluß oder Querstoß von Walzträgern mit I-Querschnitt und von I-Trägern mit ähnlichen Abmessungen darf auf einen Nachweis verzichtet werden, wenn die Nahtdicken den Forderungen der DIN 18 800 T.1, Tabelle 22 bzw. Element 833 entsprechen. Alle Nähte ohne besondere Angaben sind nicht geprüft.

Anschlüsse

Der Nachweis der Nahtgüte gilt als erbracht, wenn bei der Durchstrahlungs- oder Ultraschalluntersuchung bei mindestens 10 % der Nähte einwandfreier Befund festgestellt wird. Die Arbeit der beteiligten Schweißer ist gleichmäßig zu erfassen. Beim einwandfreien Befund muß nachgewiesen werden, daß weder Risse noch Bindefehler, Wurzelfehler und Einschlüsse vorhanden sind. Ausgenommen sind vereinzelte und unbedeutende Schlackeneinschlüsse und Poren.

4.4 Nachweisschema für Schweißverbindungen – Elastisch-Elastisch

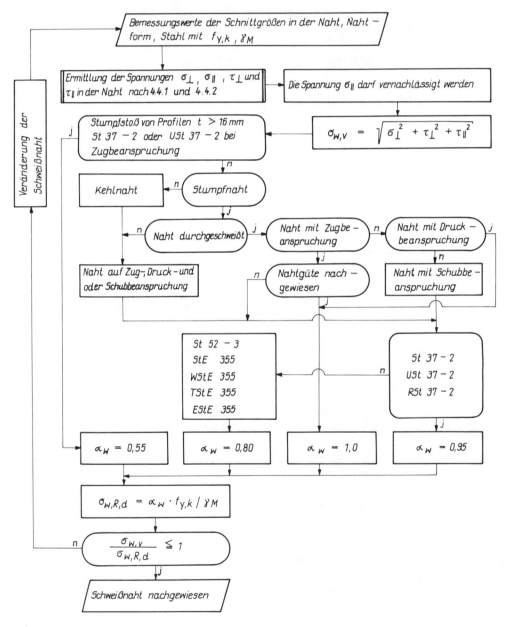

4.4.1 Ermittlung der Schweißnahtgeometrie

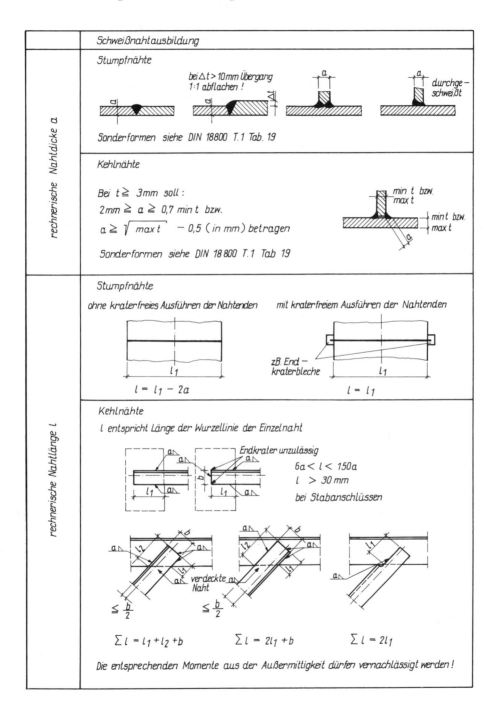

4.4.2 Ermittlung der Schweißnahtspannungen

Nahtform	Schweißnahtspannungen
Stumpfnaht 	Hinweis : Querschnittswerte entsprechend Schweißnahtform im Schnitt A–A $e \triangleq$ Abstand der untersuchten Nahtstelle vom Schwerpunkt $$\sigma_\perp = \frac{N_d}{A_W} + \frac{M_d}{I_W} \cdot e$$ $$\tau_\parallel = \frac{V_d \cdot S_W}{I_W \cdot \Sigma_a}$$
Stumpf – oder Kehlnaht 	$$\sigma_\perp = \frac{N_d}{A_W} + \frac{M_d}{I_W} \cdot e$$ $$\tau_\parallel = \frac{V_d \cdot S_W}{I_W \cdot \Sigma_a} \quad bzw.$$ bei I – Querschnitt siehe DIN 18800 T.1 Element 752 $$\tau_\parallel = \frac{V_d}{A_W \, Steg}$$ $$\sigma_\parallel = \frac{N_d}{A} + \frac{M_d}{I} \, z$$ $$\tau_\parallel = \frac{max \, V_d \cdot S}{I \cdot \Sigma_a} \quad bzw. \, bei \, I-Querschnitt \, s.o.$$ $$\tau_\parallel = \frac{max \cdot V_d}{A \, Steg}$$ $$\sigma_\perp = \frac{F_d}{\Sigma_a \cdot l} \quad (\, l \, nach \, DIN \, 18800 \, T.1 \, Element \, 744 \, bzw. Bild \, 16 \, ; \, ggf. Kontakt \, im \, Stegbereich \, beachten, s. \, DIN \, 18800 \, T.1 \, Element \, 837 \,)$$ $$\sigma_\parallel = \frac{M_d}{I} \cdot z$$ $$\tau_\parallel = \frac{max \, V_d \cdot S_6}{I \cdot \Sigma_a} \quad bzw. \, bei \, I-Querschnitt \, s.o$$ $$\tau_\parallel = \frac{max \cdot V_d}{A \, Steg}$$
Kehlnaht 	$$\tau_\perp = \frac{N_d}{A_W} + \frac{M_d}{I_W} \cdot \frac{l_W}{2} \quad ; \quad I_W = \frac{l_W^3 \cdot a_W}{12}$$ $$\tau_\parallel = \frac{V_d}{A_W}$$ $$\tau_\parallel = \frac{N_d}{A_W}$$

58

4.5 Beispiele für Schweißanschlüsse

4.5.1 Knotenblechanschluß

Es sind die erforderlichen Nachweise für die Schweißnähte des Anschlusses eines Stabes an ein Knotenblech und des Knotenblechs an einen Stützenflansch nach Abb. 4.1 zu führen.

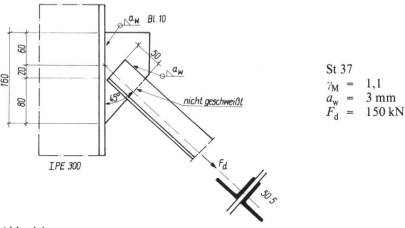

St 37
γ_M = 1,1
a_w = 3 mm
F_d = 150 kN

Abb. 4.1

● Lösung

– Anschluß des Stabes an das Knotenblech

$\sum l$ nach Teilschema 4.4.1

$\sum l = b + 2 \cdot l_1 = 50 + 2 \cdot 50 = 150$ mm

Die Außermittigkeit des Stabanschlusses braucht nach DIN 18 800 T.1, Element 823 nicht berücksichtigt zu werden.

$A_w = 2 \cdot 15 \cdot 0,3 = 9$ cm^2

$$\tau_{II} = \frac{150}{9} = 16,7 \text{ kN/cm}^2$$

In dieser Naht tritt nur eine Schubspannung auf.

$\sigma_{w,v} = \sqrt{16,7^2} = 16,7$ kN/cm^2

$\alpha_w = 0,95$

$$\sigma_{w,R,d} = 0,95 \cdot \frac{24}{1,1} = 20,7 \text{ kN/cm}^2$$

$$\frac{\sigma_{w,v}}{\sigma_{w,R,d}} = \frac{16,7}{20,7} = 0,81 \ < \ 1$$

Der Anschluß ist nachgewiesen!

– Anschluß des Knotenblechs an das Stützenprofil.
Im Anschluß entsteht eine Außermittigkeit. In der Naht betragen somit die Bemessungsschnittkräfte:

Anschlüsse

$$N_d = \frac{F_d}{\sqrt{2}} = \frac{150}{\sqrt{2}} = 106,1 \text{ kN} \qquad\qquad V_d = \frac{F_d}{\sqrt{2}} = 106,1 \text{ kN}$$

$M_d = 106,1 \cdot 2 = 212,2 \text{ kNcm}$
Querschnittswerte der Naht
$l_w = 16 \text{ cm}$
$A_w = 2 \cdot 0,3 \cdot 16 = 9,6 \text{ cm}^2$

$$I_w = 2 \cdot \frac{16^3 \cdot 0,3}{12} = 205 \text{ cm}^4$$

Nachweis des äußeren Nahtpunktes
Beim Rechteckquerschnitt treten an dieser Stelle nur Normalspannungen auf:

$$\sigma_\perp = \frac{106,1}{9,6} + \frac{212,2}{205} \cdot 8,0 = 19,4 \text{ kN/cm}^2$$

$\sigma_\perp \triangleq \sigma_{w,v}$
$\alpha_w = 0,95$

$$\sigma_{w,R,d} = 0,95 \cdot \frac{24}{1,1} = 20,7 \text{ kN/cm}^2$$

$$\frac{\sigma_{w,v}}{\sigma_{w,R,d}} = \frac{19,4}{20,7} = 0,94 \ < \ 1$$

Nachweis der Nahtmitte
An dieser Stelle tritt der Maximalwert der Schubspannung auf.

$$S_w = 2 \cdot 0,3 \cdot 8 \cdot \frac{8}{2} = 19,2 \text{ cm}^3$$

$$\tau_{II} = \frac{106,1 \cdot 19,2}{2 \cdot 0,3 \cdot 205} = 16,6 \text{ kN/cm}^2$$

$$\sigma_\perp = \frac{106,1}{9,6} = 11,1 \text{ kN/cm}^2$$

$$\sigma_{w,v} = \sqrt{16,6^2 + 11,1^2} = 20,0 \text{ kN/cm}^2$$

$\alpha_w = 0,95$

$$\sigma_{w,R,d} = 0,95 \cdot \frac{24}{1,1} = 20,7 \text{ kN/cm}^2$$

$$\frac{\sigma_{w,v}}{\sigma_{w,R,d}} = \frac{20,0}{20,7} = 0,97 \ < \ 1$$

Die Schweißnaht ist nachgewiesen.

4.5.2 Geschweißter biegesteifer Trägeranschluß

Für die Schweißnähte der biegesteifen Riegel-Stütze-Verbindung nach Abb. 4.2 sind die erforderlichen Nachweise zu führen.

St 52; $\gamma_M = 1{,}1$; $f_{y,k} = 360 \text{ N/mm}^2$
$a_w = 5$ mm (rundum geschweißt)
$M_d = M = 14\,000$ kNcm; $V_d = V = 270$ kN
$N_d = N = 350$ kN

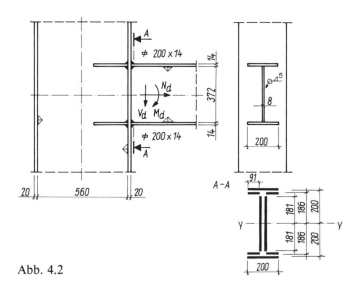

Abb. 4.2

● Lösung mit exakter Spannungsverteilung
Überprüfung des Verhältnisses Nahtdicke/Blechdicke entsprechend DIN 18 800 T.1, Element 833
Flansch:
$a_F = 5$ mm; $t_F = 14$ mm
5 mm $< 0{,}7 \cdot 14 = 9{,}8$ mm
Steg:
$a_S = 5$ mm; $t_s = 8$ mm
5 mm $< 0{,}7 \cdot 8 = 5{,}6$ mm

Die Schweißnaht entspricht nicht den Relationen, für die kein Tragsicherheitsnachweis geführt zu werden braucht.

Querschnittswerte
$A_{ws} = 36{,}2 \cdot 0{,}5 \cdot 2 = 36{,}2 \text{ cm}^2$
$A_w = 36{,}2 + 2 \cdot 20 \cdot 0{,}5 + 4 \cdot 9{,}1 \cdot 0{,}5 = 74{,}4 \text{ cm}^2$

$$I_{w,y} = 2 \cdot \frac{0{,}5 \cdot 36{,}2^3}{12} + 4 \cdot 18{,}6^2 \cdot 9{,}1 \cdot 0{,}5 + 2 \cdot 20^2 \cdot 20 \cdot 0{,}5 = 18\,250 \text{ cm}^4$$

Nachweis der Naht nach 4.4 u. 4.5 oberer Flansch:
An dieser Stelle tritt die größte Normalspannung auf.

$$\sigma_\perp = \frac{350}{74,4} + \frac{14\,000}{18\,250} \cdot 20 = 20,1 \text{ kN/cm}^2$$

Es treten am oberen Rand keine weiteren Spannungen auf.

$$\sigma_{w,v} = \sigma_\perp = 20,1 \text{ kN/cm}^2$$

$$\alpha_w = 0,8$$

$$\sigma_{w,R,d} = 0,8 \cdot \frac{36}{1,1} = 26,2 \text{ kN/cm}^2$$

$$\frac{20,1}{26,2} = 0,77 < 1$$

Oberes Stegnahtende (Stelle 1)
An dieser Stelle treten Schub- und Normalspannungen auf.

$$\tau_{II} = \frac{270}{36,2} = 7,5 \text{ kN/cm}^2$$

Die Annahme gleichmäßig verteilter Schubspannungen ist nach DIN 18 800 T.1, Element 752 nur bei $A_G/A_S > 0,6$ berechtigt.

$$A_G = 74,4 - 36,2 = 38,2 \text{ cm}^2$$
$$A_S = 36,2 \text{ cm}^2$$

$$\frac{38,2}{36,2} = 1,06 > 0,6$$

Weiterhin tritt an dieser Stelle eine Normalspannung auf.

$$\sigma_{\perp 1} = \frac{350}{74,4} + \frac{14\,000}{18\,250} \cdot 18,1 = 18,6 \text{ kN/cm}^2$$

$$\sigma_{w,v} = \sqrt{18,6^2 + 7,5^2} = 20,1 \text{ kN/cm}^2$$

$$\alpha_w = 0,8$$

$$\sigma_{w,R,d} = 0,8 \cdot \frac{36}{1,1} = 26,1 \text{ kN/cm}^2$$

$$\frac{20,1}{26,2} = 0,77 < 1$$

Die Schweißnaht ist nachgewiesen. Eine Nachweisführung für den unteren Flansch ist nicht erforderlich, da die vorhandene Druckspannung geringer ist.

● Lösung mit vereinfachter Verteilung der Schnittgrößen
  (vgl. DIN 18 800 T.1, Element 801)

Zugflansch:

$$N_z = \frac{350}{2} + \frac{14\,000}{(40 - 1,4)} = 537,7 \text{ kN}$$

$$A_G = 0,5 \cdot 20 + 2 \cdot 0,5 \cdot 9,1 = 19,1 \text{ cm}^2$$

$$\sigma_\perp = \frac{537,7}{19,1} = 28,1 \text{ kN/cm}^2 = \sigma_{w,v}$$

$$\alpha_w = 0,8 \text{ (vgl. 4.4)}$$

$$\sigma_{w,R,d} = 0,8 \cdot \frac{36}{1,1} = 26,1 \text{ kN/cm}^2$$

$$\frac{28,1}{26,1} = 1,08 > 1.$$

Der Nachweis ist nicht erfüllt, das Näherungsverfahren führt in diesem Fall zu ungünstigeren Ergebnissen.

4.6 Punktschweißverbindungen

Mit der verstärkten Anwendung dünnwandiger kaltgeformter Profile als Bauteile und dem häufigen Einsatz von Blechkonstruktionen (z. B. im Anlagenbau) hat das Punktschweißen im Stahlbau an Bedeutung gewonnen. Die konstruktiven Besonderheiten und die erforderlichen Nachweise sind in der DASt-Richtlinie 016 „Bemessung und konstruktive Gestaltung von dünnwandigen kaltgeformten Bauteilen" zusammengefaßt. Die Materialdicken sind auf den Bereich 1,5 mm $\leq$ min $t \leq$ 4 mm begrenzt, wobei min t jeweils die geringste Einzelelementdicke in der Verbindung ist.

Als Schweißverfahren sind Widerstandspunktschweißen und Schmelzpunktschweißen zugelassen.

Beim Widerstandspunktschweißen werden die überlappt liegenden Bleche zwischen die Elektroden gebracht und durch diese zusammengepreßt. Nach Einwirkung der vollen Elektrodenkraft wird der Schweißstrom zugeschaltet. Die Schweißlinse entsteht im Kontaktbereich zwischen den Blechen. Die Schweißzeit hängt von der Materialdicke ab und liegt im Bereich einer Sekunde.

Beim Schmelzpunktschweißen wird einseitig eine Schweißpistole aufgesetzt. Das obenliegende Blech wird aufgeschmolzen. Schweißzeitbegrenzer steuern diesen Vorgang. Die Schweißzeit liegt hier zwischen 1 und 2 Sekunden. Das Schmelzpunktschweißen erfolgt unter Schutzgas. Dabei kommt sowohl das Wolfram-Inertgas-Schweißen als auch das CO_2-Schutzgas--Schweißen zur Anwendung.

Das Schmelzpunktschweißen hat gegenüber dem Widerstandspunktschweißen einige Vorteile. Die Kosten für die Schweißanlage sind geringer, die Anlage ist beweglicher und deshalb vielseitiger einsetzbar.

In Überlappungs- oder Laschenstößen sind Punktschweißverbindungen zulässig. Ebenfalls besteht die Möglichkeit, Biegeschub im Gurtanschlußbereich eines Biegeträgers zu übertragen. In Kraftrichtung sind mindestens 2 Schweißpunkte vorzusehen. Es dürfen nicht mehr als 3 Teile mit einem Schweißpunkt verbunden werden (z. B. Biegeträger-Halspunkte).

Die Eignung des Grundmaterials zum Punktschweißen muß vom Stahlhersteller gewährleistet werden. Die Einhaltung der Schweißparameter ist abzusichern.

Die Rand- und Mindestabstände sind in Abhängigkeit des Schweißlinsendurchmessers d_s festgelegt. Punktschweißverbindungen dürfen nicht planmäßig auf Zug beansprucht werden.

Die vorhandene Kraft im Schweißpunkt ergibt sich analog zur Ermittlung einer Schraubenkraft.

Im Anschluß oder Stoß beträgt

$$\text{vorh } F_d = \frac{N_d}{n}$$

mit n = Anzahl der Schweißpunkte einer Verbindung, bzw. bei Biegeschub im Gurtanschluß ergibt sich

$$\text{vorh } F_d = \frac{V \cdot S_y \cdot e}{I_y}$$

mit e als Schweißpunktabstand.

4.6.1 Nachweisschema für Punktschweißverbindungen

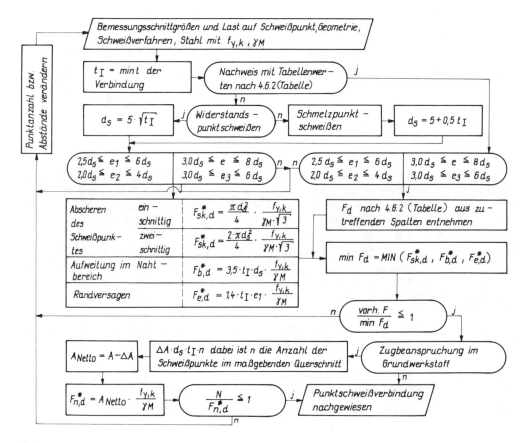

4.6.2 Tabelle für die Traglast von Schweißpunkten in Abhängigkeit von der Versagensform Schmelzpunktschweißen

t_1 mm	d_s mm	min e_1 mm	max e_1 mm	Abscheren des Schweißpunktes $F^*_{sk,d}$ 1-schnittig kN	2-schnittig kN	Aufweitung im Nahtbereich $F^*_{b,d}$ kN	Randversagen $F^*_{e,d}$ für min e_1 kN	für max e_1 kN
1,5	5,75	14,4	34,5	3,27	6,54	6,60	6,60	15,81
2	6,00	15,0	36,0	3,56	7,12	9,16	9,16	21,99
2,5	6,25	15,6	37,5	3,87	7,73	11,91	11,91	28,64
3	6,50	16,3	39,0	4,18	8,36	14,89	14,89	35,74
3,5	6,75	16,9	40,5	4,51	9,02	18,04	18,04	43,30
4	7,00	17,5	42,0	4,85	9,70	21,38	21,38	51,32

(Interpolation möglich)

Widerstandspunktschweißen

t_1 mm	d_s mm	min e_1 mm	max e_1 mm	Abscheren des Schweißpunktes $F^*_{sk,d}$ 1-schnittig kN	2-schnittig kN	Aufweitung im Nahtbereich $F^*_{b,d}$ kN	Randversagen $F^*_{e,d}$ für min e_1 kN	für max e_1 kN
1,5	6,12	15,3	36,7	3,71	7,41	7,01	7,01	16,82
2	7,07	17,7	42,4	4,95	9,89	10,80	10,80	25,90
2,5	7,91	19,8	47,5	6,19	12,38	15,10	15,10	43,53
3	8,66	21,7	52,0	7,42	14,84	19,84	19,84	47,65
3,5	9,35	23,4	56,1	8,65	17,30	25,02	25,02	59,98
4	10,00	25,0	60,0	9,89	19,79	30,55	30,55	73,31

(Interpolation möglich)

bei einschnittigen Verbindungen ist stets min $F = F^*_{sk,d}$
bei zweischnittigen Verbindungen ist bei $t \geqq 2$ mm stets min $F = F^*_{sk,d}$

4.6.3 Beispiel – punktgeschweißter Zugbandstoß

Es ist ein Zugband nach Abb. 4.3 mit einer Punktschweißverbindung zu stoßen. Die Schweißpunkte sollen im Schmelzschweißverfahren hergestellt werden. Die Verbindung besteht aus 9 einschnittigen Schweißpunkten.

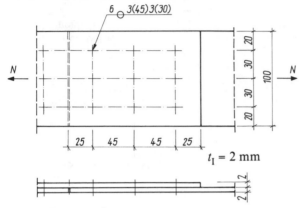

Abb. 4.3

Querschnitt
$A = 0,2 \cdot 10 = 2 \text{ cm}^2$

Abstände
$e = 45 \text{ mm}$
$e_1 = 25 \text{ mm}$
$e_2 = 20 \text{ mm}$
$e_3 = 30 \text{ mm}$
St 37; $\gamma_M = 1.1$
$N_d = N = 30 \text{ kN}$

Die Kraft im Schweißpunkt beträgt

$$\text{vorh } F = \frac{N}{9} = \frac{30}{9} = 3,33 \text{ kN}$$

● Lösung, Variante 1, Nachweis ohne Tabellenwerte 4.6.2

$t_I = 2 \text{ mm}$

Schmelzpunktschweißen
$d_s = 5 + 0,5 \cdot 2 = 6 \text{ mm}$
$15 \text{ mm} < e_1 = 25 \text{ mm} < 36 \text{ mm}$
$12 \text{ mm} < e_2 = 20 \text{ mm} < 24 \text{ mm}$
$18 \text{ mm} < e = 45 \text{ mm} < 48 \text{ mm}$
$18 \text{ mm} < e_3 = 30 \text{ mm} < 36 \text{ mm}$

Abscheren des Schweißpunktes – einschnittig

$$F^*_{sk,d} = \frac{\pi \cdot 0,6^2}{4} = \frac{24}{1,1 \cdot \sqrt{3}} = 3,56 \text{ kN}$$

Aufweitung des Nahtbereichs

$$F^*_{b,d} = 3,5 \cdot 0,2 \cdot 0,6 \cdot \frac{24}{1,1} = 9,16 \text{ kN}$$

Randversagen

$$F^*_{e,d} = 1,4 \cdot 0,2 \cdot 2,5 \cdot \frac{24}{1,1} = 15,27 \text{ kN}$$

Nachweis
min $F_d = 3,56 \text{ kN}$ für Abscheren

$$\frac{\text{vorh } F_d}{\text{min } F_d} = \frac{3,33}{3,56} = 0,94 < 1$$

Variante 2
Nachweis mit 4.6.1
Für Schmelzpunktschweißen mit $t_I = 2 \text{ mm}$ wird aus der Tabelle min $F_d = 3,56 \text{ kN}$ für einschnittiges Abscheren abgelesen.

Nachweis

$$\frac{\text{vorh } F_d}{\text{min } F_d} = \frac{3,33}{3,56} = 0,94 < 1$$

5 Zugstäbe

Zugstäbe sind gerade Stäbe. Die in ihrer Schwerachse wirkenden Normalkräfte verursachen Zugspannungen. Der Querschnitt dieser Bauelemente ist im Regelfall über die jeweilige Stablänge konstant. Wenn es aus konstruktiven Gründen nicht möglich ist, daß die Normalkraft mittig eingetragen werden kann, entstehen im Stab geringe Biegebeanspruchungen. Bei horizontal oder mit geringer Neigung eingebauten Stäben kann schon durch die Wirkung der Eigenmasse Biegebeanspruchung entstehen. Die Stäbe werden in beiden Fällen trotzdem als Zugstäbe betrachtet. Das Biegemoment ist jedoch bei den meisten Fällen für die Nachweisführung zu berücksichtigen. Ausnahmen regelt DIN 18 801.

5.1 Berechnungsvoraussetzungen

Bei der Berechnung der Zugstäbe wird von einer gleichmäßigen Verteilung der Normalspannung im Stabquerschnitt ausgegangen. Bei gelochten Stäben ist diese Verteilung jedoch nicht gegeben. Am Lochrand treten Spannungsspitzen auf, deren Maximalwert die mittlere Spannung um das Dreifache übersteigen kann. Durch plastischen Abbau der örtlichen Spannungsspitzen vor dem Versagenszustand ist die Zugrundelegung einer mittleren Spannung für die Nachweisführung vertretbar.

Bei der Berechnung von Zugstäben müssen die durch Bohrungen für Verbindungsmittel verursachten Querschnittschwächungen berücksichtigt werden. Für Stöße und Anschlüsse ist zu beachten, daß die Querschnittsschwächung nicht in den Stoß- und Anschlußlaschen größer ist als im Stab.

Für die Bemessung der Zugstäbe wird das Nachweisverfahren Elastisch-Elastisch angewendet. Bei reiner Zugbeanspruchung entsprechen die ermittelten Werte auch der Nachweisführung Elastisch-Plastisch. Als Grenzzustand der Tragfähigkeit wird beim Nachweisverfahren Elastisch-Elastisch der Beginn des Fließens angenommen. Der Querschnitt hat keine plastischen Reserven mehr, die beim Nachweisverfahren Elastisch-Plastisch genutzt werden könnten.

Häufig entsteht eine Biegebeanspruchung im Zugstab aus dem einseitigen Anschluß einfachsymmetrischer Profile, z. B. Winkelprofile. Es empfiehlt sich auch in diesem Fall der Nachweis mit dem Verfahren Elastisch-Elastisch. Werden bei der Berechnung der Beanspruchungen von Stäben mit Winkelprofil schenkelparallele Querschnittsachsen als Bezugsachsen anstelle der Trägheitshauptachsen benutzt, so sind die ermittelten Beanspruchungen entsprechend DIN 18 800 T.1, Element 751 um 30 % zu erhöhen. Der aufwendigere Nachweis mit Biegung um die Hauptachsen kann so entfallen. Die Biegezugspannungen entstehen bei diesen Anschlüssen stets an dem Profilrand auf der Seite der Anschlußebene. In der Regel liegt auf dieser Seite der kleinere Schwerpunktabstand. Sind Zugstäbe unsymmetrisch mit nur einer Schraube angeschlossen, so ist als Nettoquerschnitt für die Nachweisführung der zweifache Wert des kleineren Anteils vom Gesamtquerschnitt einzusetzen (siehe DIN 18 800 T.1, Element 743). Als wichtige Festlegung ist für Zugstäbe mit gebohrten Löchern die Absicherung gegen die Bruchfestigkeit erlaubt. Für Walzprofile mit geringem Lochabzug können dadurch etwas günstigere Verhältnisse entstehen.

Im Druckbereich und bei Schub darf der Lochabzug entfallen, wenn bei Schrauben das Lochspiel höchstens 1 mm beträgt, bei größerem Lochspiel die Tragwerksverformung nicht begrenzt werden muß oder die Löcher durch Niete ausgefüllt sind.

5.2 Nachweisschema für Zugstäbe

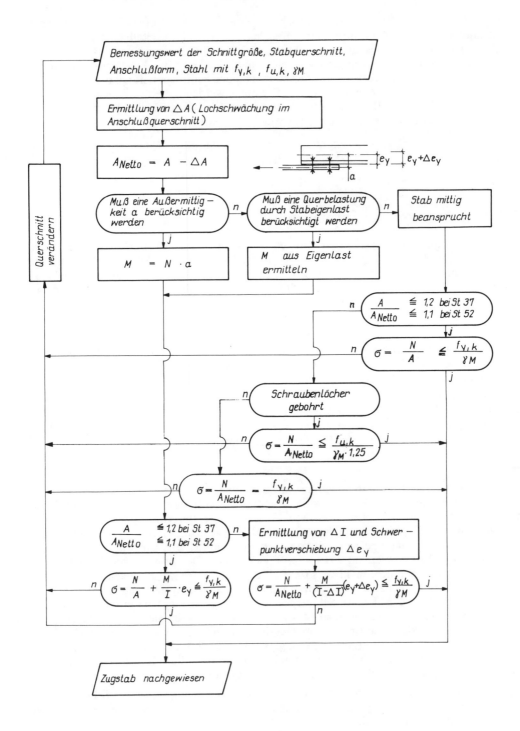

5.3 Beispiele für Zugstäbe

5.3.1 Zugstab mit mittigem Anschluß

Es ist der Nachweis für einen Zugstab zu führen, der mit Schrauben nach Abb. 5.1 an ein Knotenblech angeschlossen ist.

Scher-Lochleibungsverbindung
M 16; FK 4.6; Δd = 1,0 mm (rohe Schrauben)
St 37; γ_M = 1,1; Löcher gebohrt;
N_d = 700 kN; $f_{y,k}$ = 240 N/mm²; $f_{u,k}$ = 360 N/mm²

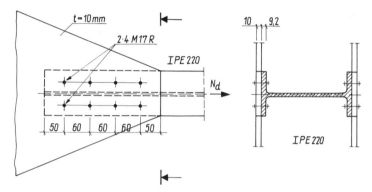

Abb. 5.1

● Lösung
Für den Stab entsteht keine außermittige Beanspruchung.

A = 33,4 cm²
ΔA = 4 · 0,92 · 1,7 = 6,26 cm²
A_{Netto} = 33,4 – 6,26 = 27,14 cm²

$$\frac{A}{A_{Netto}} = 1,23 \ > \ 1,2$$

Die Löcher sind gebohrt.

$$\sigma = \frac{700}{27,14} = 25,8 \ \text{kN/cm}^2 \ < \ \frac{36}{1,1 \cdot 1,25} = 26,2 \ \text{kN/cm}^2$$

Der Zugstab ist nachgewiesen.
Der Nachweis für den Anschluß kann nach Abschnitt 3 geführt werden.

5.3.2 Zugstab mit außermittigem Anschluß

Das außermittig angeschlossene Zugband nach Abb. 5.2 ist zu berechnen.
M 24; FK 5.6; $\Delta d < 0,3$ mm (Paßschrauben)
St 37; $\gamma_M = 1,1$; Löcher gebohrt;
$N_d = 390$ kN; $f_{y,k} = 240$ N/mm²

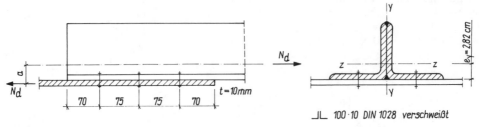

Abb. 5.2

● Lösung
Für den Stab entsteht eine außermittige Beanspruchung.

$$a = 2,82 + \frac{1,0}{2} = 3,32 \text{ cm}$$

$M_d = 390 \cdot 3,32 = 1\ 295$ kNcm

Querschnittswerte

$A = 38,4$ cm²
$I_y = 2 \cdot 177 = 354$ cm⁴
$\Delta A = 2,5 \cdot 1,0 \cdot 2 = 5$ cm²
$A_{\text{Netto}} = 38,4 - 5 = 33,4$ cm²

$$\frac{A}{A_{\text{Netto}}} = \frac{38,4}{33,4} = 1,12 < 1,2$$

Der Lochabzug darf unberücksichtigt bleiben.

$$\sigma = \frac{390}{38,4} + \frac{1\ 295}{354} \cdot 2,82 = 20,5 \text{ kN/cm}^2 < \frac{24}{1,1} = 21,8 \text{ kN/cm}^2$$

Das Zugband ist nachgewiesen. Der Nachweis des Anschlusses kann nach Abschnitt 3 geführt werden.

6 Knicklängenbeiwert β

Die DIN 18 800 T.2, orientiert beim Tragsicherheitsnachweis von stabilitätsgefährdeten Bauteilen auf eine Nachweisführung mit Schnittgrößen, die nach Theorie II. Ordnung ermittelt wurden. Dabei kann die detaillierte Nachweisführung auf der Grundlage der Verfahren Elastisch-Elastisch, Elastisch-Plastisch oder Plastisch-Plastisch durchgeführt werden.

Die Gefährdung eines Systems wird generell durch die Größe des Verzweigungslastfaktors η_{Ki} charakterisiert. Eine Stabilitätsgefährdung liegt nicht vor, wenn $\eta_{Ki} = N_{Ki}/N \geqq 10$ ist.

Gleichwertig mit der Forderung $\eta_{Ki} \geqq 10$ für die Anwendbarkeit der Theorie I. Ordnung ist das auf den Einzelstab bezogene Kriterium

$$\varepsilon \leqq \frac{1}{\beta} \quad \text{mit } \varepsilon = l \cdot \sqrt{\frac{N}{(E \cdot I)_d}} \quad \text{und } \beta = \frac{s_k}{l}$$

Dabei ist $\pi^2 \approx 10$ gesetzt.

Die Nachweisführung nach Theorie II. Ordnung erfordert die Festlegung von Vorverformungen. Somit treten Verzweigungsfälle theoretisch nicht mehr auf. Trotzdem erweist sich die Bezugnahme auf die Knicklänge s_K, die über die Verzweigungslast η_{Ki} berechnet werden kann, für den Nachweis der Tragsicherheit als sehr anwendungsfreundlich. Es wurde deshalb in der DIN 18 800 T.2 für die praktische Rechnung die Möglichkeit gegeben, die Schnittkräfte nach Theorie I. Ordnung zu ermitteln und den Stabilitätsnachweis an einem Ersatzstab mit der Knicklänge s_K zu führen. Die Knicklänge s_K ergibt sich durch Multiplikation der Stablänge l mit dem Knicklängenbeiwert β. Die Knicklängen einzelner Stäbe können in der Systemebene und senkrecht dazu sehr unterschiedliche Verformungsfiguren aufweisen. Damit treten auch verschiedene β-Werte auf.

Die Knicklänge entspricht der geometrischen Interpretation der Knickfigur und wird durch die Entfernung zweier benachbarter Wendepunkte bestimmt. Dabei wird vorausgesetzt, daß keine Steifigkeitssprünge auftreten und die äußeren Kräfte richtungstreu wirken.

Der Knicklängenbeiwert β wird für die Nachweisführung nach Abschnitt 7 bis 12 benötigt.

6.1 Ermittlung der Knicklängenbeiwerte mit Formeln

Das Nachweisschema nach 6.3 gilt für die Ermittlung des Knicklängenbeiwertes β für besonders häufig vorkommende Fälle von Stützen, Fachwerkstäben und Rahmenstielen der Abb. 6.1. Die Berechnungsgleichungen gehen auf die DIN 4114 zurück. Dabei stellen die Stäbe 1 bis 4 die Elementarfälle dar, deren Lösung schon *Euler* behandelte. Die angegebenen Formeln der β-Werte gelten für das Knicken in der dargestellten Ebene.

In der DIN 4114 sind noch weitere Rahmenformen mit den entsprechenden Berechnungsgleichungen enthalten. Weiterhin bietet die Literatur noch eine Vielzahl von speziellen Lösungsfällen an. Als Auswahl kann genannt werden [4], [5], [6] und [7].

In Fachwerken wird die Knicklänge durch die konstruktive Ausbildung beeinflußt. Häufig müssen die Stabenden als elastisch gelagert betrachtet werden. Diese Lagerung beeinflußt ebenfalls die Knicklänge.

Weiterhin treten bei Stäben, die sich in der Fachwerkebene kreuzen, rechtwinklig dazu Veränderungen der Knicklänge ein. In DIN 18 800 T.2, 5.1.2 sind für diese Fälle weitere Berechnungsgleichungen enthalten.

Die Knicklänge von Endportalen in Bögen mit Windverbänden kann nach DIN 18 800 T.2, Element 606 berechnet werden.

Der Vorteil der Ermittlung von β mit Berechnungsgleichungen liegt bei deren einfacher Handhabung. Für komplizierte Systeme bereitet das Aufstellen der Berechnungsgleichungen beachtliche Schwierigkeiten und führt zu Ergebnissen, die kaum verallgemeinerungsfähig sind.

6.2 Ermittlung der Knicklängenbeiwerte mit Diagrammen

Die Erläuterung der Diagramme und die Beispiele sind in Anlehnung an [8] formuliert worden.

6.2.1 Unverschiebliche Systeme

Die Definition der Unverschieblichkeit ist in DIN 18 800 T.2, Element 512 festgelegt.

Wirken bei der Aufnahme von horizontalen Lasten in Stabwerken der Rahmen und die aussteifenden Bauteile zusammen, so ist der Rahmen als unverschieblich anzusehen, wenn die Steifigkeit der Aussteifungselemente (z. B. Wandscheiben oder Verbände) mindestens 5mal so groß ist wie die Steifigkeit des Rahmens im betrachteten Stockwerk.

$$S_{Ausst} \geqq 5\, S_{Ra}$$

Diese Bedingung braucht vereinfachend nur auf das unterste Stockwerk angewendet zu werden, wenn dessen Steifigkeitsverhältnisse nicht wesentlich von denen der weiteren Stockwerke abweichen.

Die Berechnung der Steifigkeit der Aussteifungselemente ist nach DIN 18 800 T.2, Tab. 17 bzw. Element 513 möglich.

Der Tragsicherheitsnachweis darf am unverschieblichen System durch den Nachweis nach 7. ersetzt werden. Die Knicklängen, die dafür benötigt werden, sind nach 6.4.1 zu ermitteln.

Bei der Biegeknickuntersuchung für unverschiebliche Rahmen nach 8. darf für Momentenanteile aus Querlasten auf Riegeln beim Nachweis der Stiele der Momentenbeiwert β_m für Biegeknicken nach DIN 18 800 T.2, Tab. 11 verwendet werden.

Beim Nachweis der Riegel darf das Biegemoment mit dem Faktor $(1 - 0.8/\eta_{Ki})$ abgemindert werden, sofern im Riegel keine oder nur geringe Druckkräfte vorhanden sind.

Für die Ermittlung der Knicklängen nach 6.4.1 sind Hilfswerte c_o u. c_u erforderlich. Für dargestellte Sonderfälle können die Werte berechnet und β aus dem Diagramm abgelesen werden.

Sind die Systeme komplizierter als die in den Sonderfällen dargestellten Rahmen, dann ist die Berechnung von c_o und c_u unter Berücksichtigung von Hilfswerten möglich. Die abliegenden Riegelenden können gelenkig gelagert, eingespannt oder eingespannt und gleichzeitig vertikal verschieblich (halber Symmetriestab) sein. Die Lagerung wird durch unterschiedliche α-Werte erfaßt. Die Berechnung der exakten β-Werte erfolgt iterativ. Hierzu wird das System in Teilsysteme zerlegt, die mit den Voraussetzungen des Diagramms übereinstimmen. Dabei werden an den abliegenden Endpunkten der geteilten Stäbe jeweils Gelenke vorgesehen. Die Steifigkeit wird so verteilt, bis die $\eta_{Ki,r}$-Werte aller Teilsysteme gleich sind. Dieser Ausgleich erfordert in der Regel die schrittweise Annäherung und somit eine Rechnung mit verschiedenen Steifigkeitsverteilungen.

Wenn bei der Iteration die gesamte Steifigkeit einem Stab zugeordnet wurde, ist eine weitere Verteilung nicht mehr möglich. Falls dann die η_{Ki}-Werte noch zu große Unterschiede aufweisen, muß β_r korrigiert werden.

Der neue β_r-Wert ergibt sich aus $\sqrt{\eta_{Ki,r}/\min \eta_{Ki}} \cdot \beta_r$.

Diese Regel gilt auch für verschiebliche Systeme.

6.2.2 Verschiebliche Systeme

Die Mehrzahl der im Stahlbau auftretenden verschieblichen Systeme sind Stockwerkrahmen.

Für Stockwerkrahmen mit beliebiger Stockwerks- und Felderzahl, mit gelenkig gelagerten oder starr eingespannten Fußpunkten, mit innerhalb eines Stockwerks gleich langen Stielen sowie mit ausschließlich horizontal verschieblichen Knoten darf für die Ermittlung der Schnittgrößen die Theorie I. Ordnung angewendet werden, wenn in jedem Stockwerk r die Bedingung $\eta_{Ki,r} \geqq 10$ erfüllt ist.

Gleichungen zur Ermittlung von $\eta_{Ki,r}$ bietet DIN 18 800 T.2, Element 519.

Eine vereinfachte Berechnung ist für η_{Ki} bzw. β mittels 6.5.1 und des angegebenen Diagramms möglich.

Der Tragsicherheitsnachweis für verschiebliche Stabwerke darf durch den Nachweis der einzelnen Stäbe des Systems nach 7 erbracht werden, wobei die Knicklänge s_K am Gesamtsystem zu ermitteln ist. Behalten in Sonderfällen die am Rahmen angreifenden Druckkräfte ihre Richtung während des Ausknickens nicht bei, so ist dies bei der Berechnung der Knicklängen der Stäbe zu berücksichtigen. Die Ermittlung der Knicklängenbeiwerte an verschieblichen Systemen ist für die in 6.5.1 dargestellten Sonderfälle mit den angegebenen Gleichungen für c_o und c_u direkt möglich. Für kompliziertere Systeme ist das Diagramm ebenfalls anwendbar. Sind die Fußpunkte nicht drehelastisch durch Riegel eingespannt, dann müssen alle Fußpunkte gleich gelagert sein. Die Näherung setzt in den parallel-liegenden Stielen im Verzweigungsfall gleiche Biegelinien voraus. Für die Riegel entstehen für diesen Fall antimetrische Biegelinien mit entgegengesetzt gleichen Endmomenten.

Da die Steifigkeit aller Stiele bei der Berechnung der Hilfswerte addiert wird, ergibt sich mit c_o und c_u ein Knicklängenbeiwert β, der auf einen Ersatzstiel mit einer fiktiven Steifigkeitssumme bezogen ist. Der β_j-Wert des Einzelstiels muß errechnet werden.

$$\beta_j = \sqrt{\frac{N \cdot K_j}{N_j \cdot K_s}} \cdot \beta$$

K_j und K_s im Teilschema definiert.

Stabilitätsnachweise

Die Zerlegung in Teilsysteme und die Aufteilung der Steifigkeiten erfolgt analog zu den unverschieblichen Systemen, ebenfalls die iterative Annäherung der η_{Ki}-Werte.

Treten angehängte Pendelstäbe auf, dann ist nach [8] eine Näherungsrechnung möglich. Zu den Formeln muß $N = \sum N_j$ ersetzt werden durch

$$\sum N_j + \sum \frac{l_s}{l_i} \cdot N_i$$

N_i entspricht dabei der Last auf der Pendelstütze und l_i deren Länge.

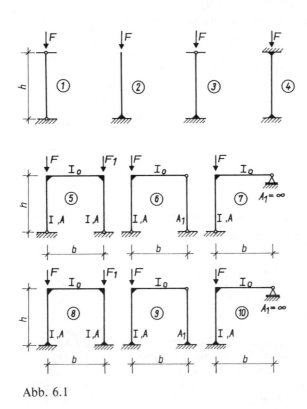

Abb. 6.1

6.3 Schema zur Ermittlung von β mit Formeln

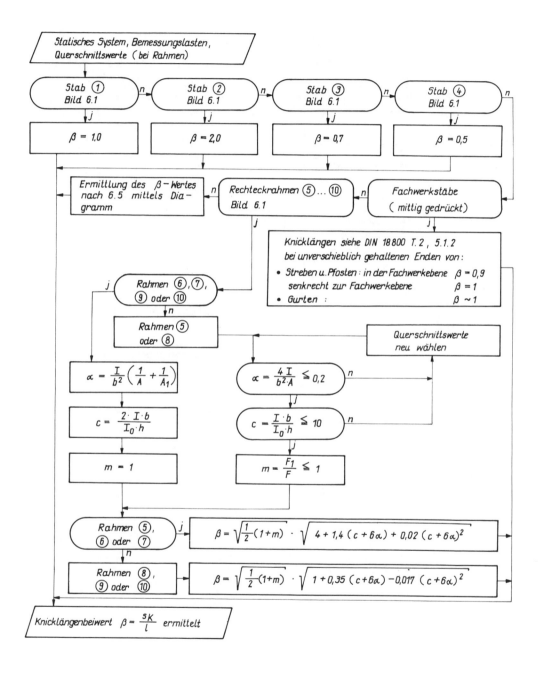

6.4 Schema für die Ermittlung der Knicklängenbeiwerte von unverschieblichen Systemen

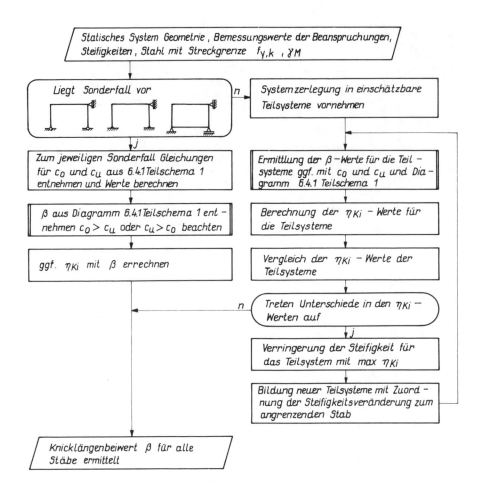

6.4.1 Diagramm für die Ermittlung der Knicklängenbeiwerte von unverschieblichen Systemen

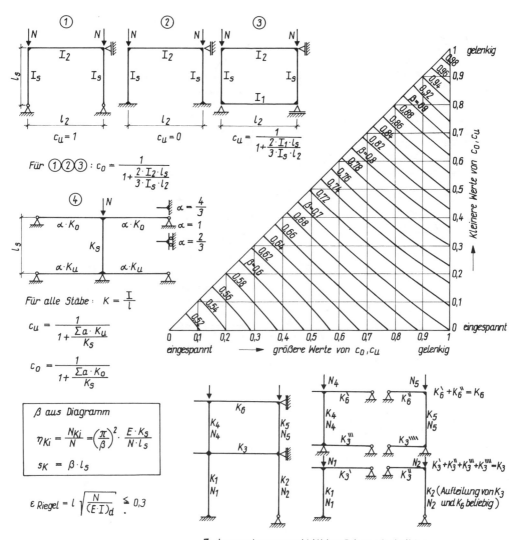

Zerlegung eines unverschieblichen Rahmens in einstielige Teilrahmen, für die das Diagramm angewendet werden kann

6.5 Schema für die Ermittlung der Knicklängenbeiwerte von verschieblichen Systemen

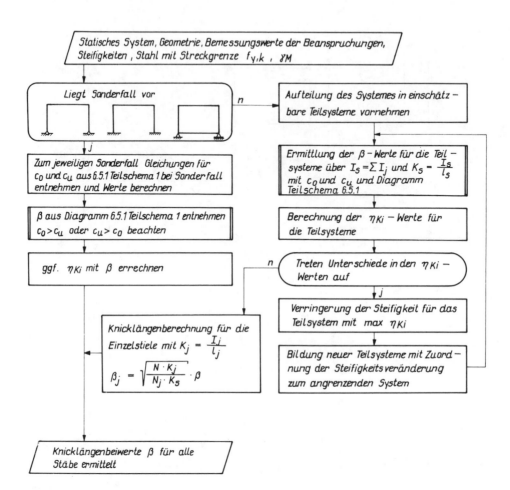

Statisches System, Geometrie, Bemessungswerte der Beanspruchungen, Steifigkeiten , Stahl mit Streckgrenze $f_{y,k}$, γ_M

Liegt Sonderfall vor   n   →   Aufteilung des Systemes in einschätzbare Teilsysteme vornehmen

j

Zum jeweiligen Sonderfall Gleichungen für c_0 und c_u aus 6.5.1 Teilschema 1 bei Sonderfall entnehmen und Werte berechnen

Ermittlung der β - Werte für die Teilsysteme über $I_s = \sum I_j$ und $K_s = \dfrac{I_s}{l_s}$ mit c_0 und c_u und Diagramm Teilschema 6.5.1

β aus Diagramm 6.5.1 Teilschema 1 entnehmen $c_0 > c_u$ oder $c_u > c_0$ beachten

Berechnung der η_{Ki} - Werte für die Teilsysteme

ggf. η_{Ki} mit β errechnen   n   Treten Unterschiede in den η_{Ki} - Werten auf

j

Verringerung der Steifigkeit für das Teilsystem mit max η_{Ki}

Knicklängenberechnung für die Einzelstiele mit $K_j = \dfrac{I_j}{l_j}$

$$\beta_j = \sqrt{\frac{N \cdot K_j}{N_j \cdot K_s}} \cdot \beta$$

Bildung neuer Teilsysteme mit Zuordnung der Steifigkeitsveränderung zum angrenzenden System

Knicklängenbeiwerte β für alle Stäbe ermittelt

6.5.1 Diagramm für die Ermittlung der Knicklängenbeiwerte von verschieblichen Systemen

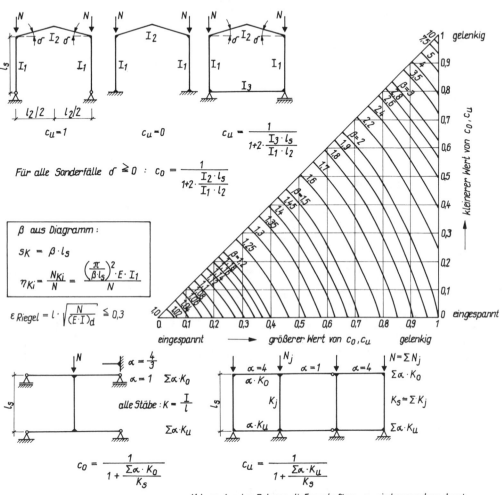

$$c_u = 1 \qquad c_u = 0 \qquad c_u = \frac{1}{1 + 2 \cdot \frac{I_3 \cdot l_s}{I_1 \cdot l_2}}$$

Für alle Sonderfälle $\sigma \gtrless 0$: $c_0 = \dfrac{1}{1 + 2 \cdot \dfrac{I_2 \cdot l_s}{I_1 \cdot l_2}}$

β aus Diagramm:

$$s_K = \beta \cdot l_s$$

$$\eta_{Ki} = \frac{N_{Ki}}{N} = \frac{\left(\frac{\pi}{\beta \cdot l_s}\right)^2 \cdot E \cdot I_1}{N}$$

$$\varepsilon_{Riegel} = l \cdot \sqrt{\frac{N}{(E \cdot I)_d}} \leq 0,3$$

kleinerer Wert von c_0, c_u

größerer Wert von c_0, c_u

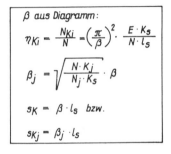

$$c_0 = \frac{1}{1 + \frac{\sum \alpha \cdot K_0}{K_s}}$$

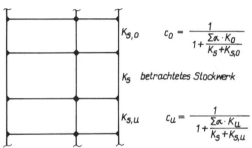

$$c_u = \frac{1}{1 + \frac{\sum \alpha \cdot K_u}{K_s}}$$

Mehrgeschossiger Rahmen: die Formeln für c_0, c_u sind zu ersetzen durch

β aus Diagramm:

$$\eta_{Ki} = \frac{N_{Ki}}{N} = \left(\frac{\pi}{\beta}\right)^2 \cdot \frac{E \cdot K_s}{N \cdot l_s}$$

$$\beta_j = \sqrt{\frac{N \cdot K_j}{N_j \cdot K_s}} \cdot \beta$$

$$s_K = \beta \cdot l_s \quad bzw.$$

$$s_{Kj} = \beta_j \cdot l_s$$

$$c_0 = \frac{1}{1 + \frac{\sum \alpha \cdot K_0}{K_s + K_{s,0}}}$$

K_s betrachtetes Stockwerk

$$c_u = \frac{1}{1 + \frac{\sum \alpha \cdot K_u}{K_s + K_{s,u}}}$$

6.6 Beispiele für die Ermittlung der Knicklängenbeiwerte β

6.6.1 Rahmenformeln [19]

Ermittlung der Knicklängenbeiwerte für den Stiel eines Zweigelenkrahmens nach Abb. 6.2. Senkrecht zur Rahmenebene erfolgt eine unverschiebliche Halterung der Riegelknoten durch Verbände. Die Berechnung erfolgt mit Rahmenformeln.

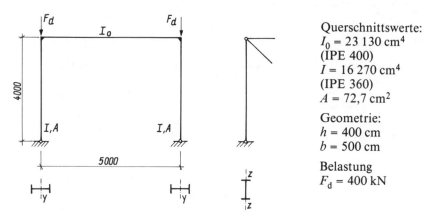

Querschnittswerte:
I_0 = 23 130 cm⁴
(IPE 400)
I = 16 270 cm⁴
(IPE 360)
A = 72,7 cm²

Geometrie:
h = 400 cm
b = 500 cm

Belastung
F_d = 400 kN

Abb. 6.2

● Lösung
β_y-Wert in der Rahmenebene
Rahmenform 5

$$\alpha = \frac{4 \cdot 16\,270}{500^2 \cdot 72,7} = 0,004 < 0,2 \qquad c = \frac{16\,270 \cdot 500}{23\,130 \cdot 400} = 0,879 < 10 \qquad m = \frac{400}{400} = 1$$

$$\beta_y = \sqrt{\frac{1}{2}\,(1 + 1)} \cdot \sqrt{4 + 1,4\,(0,879 + 0,004) + 0,02\,(0,879 + 0,004)^2} = 2,29$$

β_z-Wert senkrecht zur Rahmenebene
$\beta_z = 1$

6.6.2 Rahmenformeln nach DIN 18 800 T.2

Beispiel analog 6.6.1

Berechnung mittels Diagramm 6.5.1
● Lösung
Das System ist verschieblich und als Sonderfall in 6.5.1 enthalten.
c_u für gelenkige Lagerung
$c_u = 1$

$$c_o = \cfrac{1}{1 + \cfrac{23\,130 \cdot 400}{16\,270 \cdot 500}} \qquad c_o = 0,305 \qquad \beta_y \text{ aus Diagramm ablesen}$$
$$\beta_y = 2,27$$

80

6.6.3 Durchlaufende Stütze

Ermittlung der β-Werte für eine dreifeldrige Durchlaufstütze nach Abb. 6.3 für Ausweichen in der Systemebene.

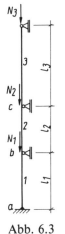

Stütze IPE 240
$I_y = 3\,890\ \text{cm}^4$
$A = 39,1\ \text{cm}^2$
$l_1 = 530\ \text{cm}$
$l_2 = 300\ \text{cm}$
$l_3 = 405\ \text{cm}$
$N_1 = N_{d1} = 100\ \text{kN}$
$N_2 = N_{d2} = 300\ \text{kN}$
$N_3 = N_{d3} = 200\ \text{kN}$

Das System ist unverschieblich.

Abb. 6.3

● Lösung nach 6.4

1. Näherung
System nach Abb. 6.4 mit der Anordnung von Gelenken in den Knoten b und c.

Die Lagerung entspricht den *Euler*fällen

Stab 3 mit $\beta_3 = 1$
Stab 2 mit $\beta_2 = 1$
Stab 1 mit $\beta_1 = 0,7$

Somit ergibt sich

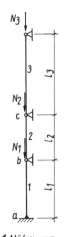

1. Näherung

Abb 6.4

$$N_{Ki3} = \frac{\pi^2 \cdot 21\,000 \cdot 3\,890}{(1 \cdot 405)^2} = 4\,915\ \text{kN}$$

$$\eta_{Ki3} = \frac{4\,915}{200} = 24,6$$

$$N_{Ki2} = \frac{\pi^2 \cdot 21\,000 \cdot 3\,890}{(1 \cdot 300)^2} = 8\,958\ \text{kN}$$

$$\eta_{Ki2} = \frac{8\,958}{500} = 17,9$$

$$N_{Ki1} = \frac{\pi^2 \cdot 21\,000 \cdot 3\,890}{(0,7 \cdot 530)^2} = 5\,858\ \text{kN}$$

$$\eta_{Ki1} = \frac{5\,858}{600} = 9,76$$

Stabilitätsnachweise

Bei dieser Näherung weist Stab 1 die geringsten und Stab 3 die größten Reserven auf.

Es wird deshalb z. B. 40 % der Steifigkeit des Stabes 3 dem Stab 2 und ebenso 40 % der Steifigkeit des Stabes 2 dem Stab 1 zugeordnet. Damit ergeben sich die Teilsysteme entsprechend Abb. 6.5 mit den neu festgelegten Steifigkeitsrelationen.

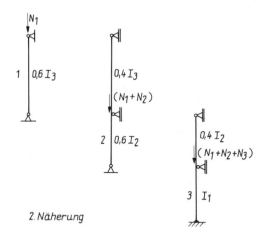

2. Näherung

Abb. 6.5

Stab 3 $\beta_3 = 1$
Stab 2

$$c_o = \cfrac{1}{1 + \cfrac{0,4\, I_3/l_3}{0,6\, I_2/l_2}} = \cfrac{1}{1 + \cfrac{0,4 \cdot 3890/405}{0,6 \cdot 3890/300}} = 0,669$$

$c_u = 1$ (gelenkige Lagerung)
$\beta_2 = 0,886$ nach Diagramm

Stab 1

$$c_0 = \cfrac{1}{1 + \cfrac{0,4 \cdot I_2/l_2}{I_1/l_1}} = \cfrac{1}{1 + \cfrac{0,4 \cdot 3890/300}{3890/530}} = 0,586$$

$c_u = 0$ (Einspannung)
$\beta_3 = 0,618$

$$N_{Ki3} = \frac{\pi^2 \cdot 21\,000 \cdot 0,6 \cdot 3890}{(1 \cdot 405)^2} = 2\,949\ \text{kN}$$

$$\eta_{Ki3} = \frac{2\,949}{200} = 14,8$$

82

$$N_{Ki2} = \frac{\pi^2 \cdot 21\,000 \cdot 0,6 \cdot 3\,890}{(0,866 \cdot 300)^2} = 6\,847\text{ kN}$$

$$\eta_{Ki2} = \frac{6\,847}{500} = 13,7$$

$$N_{Ki1} = \frac{\pi^2 \cdot 21\,000 \cdot 3\,890}{(0,618 \cdot 530)^2} = 7\,515\text{ kN}$$

$$\eta_{Ki1} = \frac{7\,515}{600} = 12,5$$

3. Näherung

Die Verteilung der Steifigkeit wird entsprechend Abb. 6.6 weiter verändert.

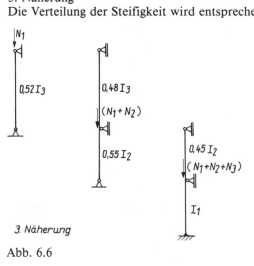

3. Näherung

Abb. 6.6

Stab 3 $\quad \beta_3 = 1$
Stab 2

$$c_o = \frac{1}{1 + \dfrac{0,48\ I_3/405}{0,55\ I_2/300}} = 0,607$$

$c_u = 1$
$\beta_2 = 0,881$

Stab 1

$$c_o = \frac{1}{1 + \dfrac{0,45\ I_2/300}{I_1/530}} = 0,557$$

$c_u = 0$
$\beta_1 = 0,612$

$$N_{Ki3} = \frac{\pi^2 \cdot 21\,000 \cdot 0,52 \cdot 3\,890}{(1 \cdot 405)^2} = 2\,556\ \text{kN}$$

$$\eta_{Ki3} = \frac{2\,556}{200} = 12,78$$

$$N_{Ki2} = \frac{\pi^2 \cdot 21\,000 \cdot 0,55 \cdot 3\,890}{(0,881 \cdot 300)^2} = 6\,348\ \text{kN}$$

$$\eta_{Ki2} = \frac{6\,348}{500} = 12,70$$

$$N_{Ki1} = \frac{\pi^2 \cdot 21\,000 \cdot 3\,890}{(0,612 \cdot 530)^2} = 7\,663\ \text{kN}$$

$$\eta_{Ki1} = \frac{7\,663}{600} = 12,77$$

Die η_{Ki}-Werte entsprechen sich mit genügender Annäherung.
Die Stütze kann mit
$\beta_3 = 1$,
$\beta_2 = 0,881$,
$\beta_1 = 0,612$
nachgewiesen werden.

6.6.4 Stockwerkrahmen

Ermittlung der β-Werte für die Stiele des Rahmens nach Abb. 6.7 für Ausweichen in der Rahmenebene.

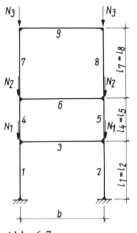

Stiel IPE 240
$I_1 = I_2 = I_4 = I_5 = I_7 = I_8 = 3\,890\ \text{cm}^4$
Riegel 3 IPE 270
$I_3 = 5\,790\ \text{cm}^4$
Riegel 6 IPE 240
$I_6 = 3\,890\ \text{cm}^4$
Riegel 9 IPE 270
$I_9 = 5\,790\ \text{cm}^4$
$l_1 = l_2 = 500\ \text{cm}$
$l_4 = l_5 = 300\ \text{cm}$
$l_7 = l_8 = 400\ \text{cm}$

$N_1 = 50\ \text{kN}$; $N_2 = 280\ \text{kN}$; $N_3 = 220\ \text{kN}$
$b = 600\ \text{cm}$

Das System ist verschieblich.

Abb. 6.7

● Lösung nach 6.5

1. Näherung
Das System wird nach Abb. 6.8 in Einzelsysteme je Stockwerk aufgeteilt. Für die Riegel ergibt sich $\alpha = 4$. Die Steifigkeit des Riegels 3 wurde halbiert und den Teilsystemen zugeordnet.

Oberer Rahmen

$$c_{\mathrm{o}} = \cfrac{1}{1 + \cfrac{4 \cdot \dfrac{5\,790}{600}}{\dfrac{3\,890}{400} + \dfrac{3\,890}{400}}}$$

$c_{\mathrm{o}} = 0{,}335$
$c_{\mathrm{u}} = 1$
$\beta_{7/8} = 2{,}3$

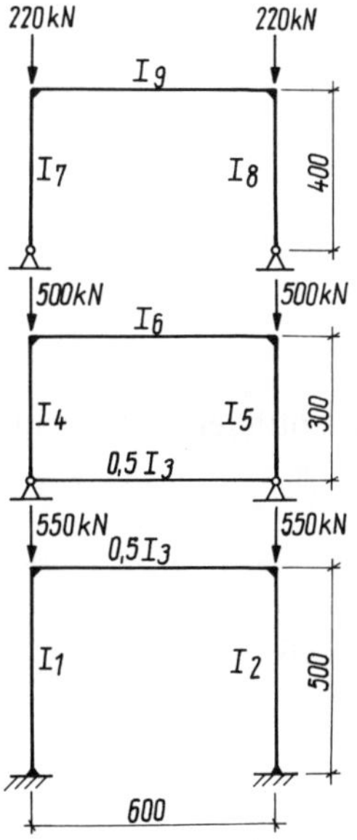

Mittlerer Rahmen

$$c_{\mathrm{o}} = \cfrac{1}{1 + \cfrac{4 \cdot \dfrac{3\,890}{600}}{2 \cdot \dfrac{3\,890}{300}}}$$

$c_{\mathrm{o}} = 0{,}5$

$$c_{\mathrm{u}} = \cfrac{1}{1 + \cfrac{4 \cdot \dfrac{0{,}5 \cdot 5\,790}{600}}{2 \cdot \dfrac{3\,890}{300}}}$$

$c_{\mathrm{u}} = 0{,}573$

$\beta_{4/5} = 1.57$

Unterer Rahmen

$$c_{\mathrm{o}} = \cfrac{1}{1 + \cfrac{4 \cdot 0{,}5 \cdot \dfrac{5\,790}{600}}{2 \cdot \dfrac{3\,890}{500}}} = 0{,}446$$

$c_{\mathrm{u}} = 0$
$\beta_{1/2} = 1{,}24$

1. Näherung

Abb. 6.8

Somit ergibt sich:

$$N_{Ki7/8} = \frac{\pi^2 \cdot 21\,000 \cdot 3\,890}{(2,3 \cdot 400)^2} = 952,6 \text{ kN}$$

$$\eta_{Ki7/8} = \frac{952,6}{220} = 4,33$$

$$N_{Ki4/5} = \frac{\pi^2 \cdot 21\,000 \cdot 3\,890}{(1,68 \cdot 300)^2} = 3\,174 \text{ kN}$$

$$\eta_{Ki4/5} = \frac{3\,174}{500} = 6,35$$

$$N_{Ki1/2} = \frac{\pi^2 \cdot 21\,000 \cdot 3\,890}{(1,24 \cdot 500)^2} = 2\,096 \text{ kN}$$

$$\eta_{Ki1/2} = \frac{2\,096}{550} = 3,81$$

2. Näherung
Die Steifigkeitsverteilung im Riegel 3 wird geändert, 18 % werden dem mittleren Teilsystem und 82 % dem unteren Teilsystem zugeordnet. Damit ergeben sich:

Oberer Rahmen

$$c_o = \cfrac{1}{1 + \cfrac{4 \cdot \cfrac{5\,790}{600}}{2 \cdot \cfrac{3\,890}{400}}} = 0,335$$

$$c_u = 1$$
$$\beta_{7/8} = 2,3$$

Mittlerer Rahmen

$$c_o = \cfrac{1}{1 + \cfrac{4 \cdot \cfrac{3\,890}{600}}{2 \cdot \cfrac{3\,890}{300}}} = 0,5$$

$$c_u = \cfrac{1}{1 + \cfrac{4 \cdot \cfrac{0,18 \cdot 5\,790}{600}}{2 \cdot \cfrac{3\,890}{300}}} = 0,789$$

$\beta_{4/5} = 2{,}03$

Unterer Rahmen

$$c_o = \cfrac{1}{1 + \cfrac{4 \cdot \cfrac{0{,}82 \cdot 5\,790}{600}}{2 \cdot \cfrac{3\,890}{500}}} = 0{,}33$$

$c_u = 0$
$\beta_{1/2} = 1{,}155$

$$N_{\text{Ki7/8}} = \frac{\pi^2 \cdot 21\,000 \cdot 3\,890}{(2{,}3 \cdot 400)^2} = 952{,}6 \text{ kN}$$

$$\tau_{\text{Ki7/8}} = \frac{952{,}6}{220} = 4{,}33$$

$$N_{\text{Ki4/5}} = \frac{\pi^2 \cdot 21\,000 \cdot 3\,890}{(2{,}03 \cdot 300)^2} = 2\,175 \text{ kN}$$

$$\eta_{\text{Ki4/5}} = \frac{2\,175}{500} = 4{,}35$$

$$N_{\text{Ki1/2}} = \frac{\pi^2 \cdot 21\,000 \cdot 3\,890}{(1{,}155 \cdot 500)^2} = 2\,420 \text{ kN}$$

$$\eta_{\text{Ki1/2}} = \frac{2\,420}{550} = 4{,}40$$

Die Annäherung der η_{Ki}-Werte ist genügend genau erreicht.
Da jedoch

$$K_s = \frac{2\,I_s}{l_s} \quad \text{und} \quad K_j = \frac{I_s}{l_s}$$

sowie $N = 2 \cdot N_j$ beträgt, bleiben die β-Werte für die Stiele unverändert.

Die Rahmenstiele können mit
$\beta_1 = \beta_2 = 1{,}155$,
$\beta_4 = \beta_5 = 2{,}03$,
$\beta_7 = \beta_8 = 2{,}30$
bemessen werden.

7 Mittig gedrückte einteilige Stäbe

Beim Versagen infolge Knicken treten Verschiebungen v und w in y- und z-Richtung oder Verdrehungen θ um die Stabachse x auf. Diese Verformungen können gleichzeitig vorkommen. Es kann Biegeknicken und Biegedrillknicken auftreten. Zur Vereinfachung dürfen Biegeknicken und Biegedrillknicken getrennt untersucht werden. Dabei ist außer dem Nachweis des Biegeknickens der Biegedrillknicknachweis für die aus dem Gesamtsystem herausgelöst gedachten Einzelstäbe zu führen. Die Stäbe sind unter den realen Randbedingungen durch die am Gesamtsystem ermittelten Stabendschnittgrößen und durch die jeweils am Stab vorhandenen Einwirkungen beansprucht.

Ausreichende Tragsicherheit kann wahlweise nach den Verfahren Elastisch-Elastisch, Elastisch-Plastisch oder Plastisch-Plastisch (siehe Abschnitt 2) nachgewiesen werden.

Nach DIN 18 800 T.2 dürfen vereinfachte Tragsicherheitsnachweise geführt werden. Bei veränderlichen Querschnitten oder veränderlichen Normalkräften sind die Steifigkeiten $(E \cdot I)_\text{d}$, die Normalkraft unter kleinster Verzweigungslast N_Ki und die dazugehörende Knicklänge s_K für die Stelle zu ermitteln, für die der Tragsicherheitsnachweis geführt wird. Im Zweifelsfall sind mehrere Stellen zu untersuchen. Für diese Fälle sind bei der Anwendung des Nachweisschemas 7.4 noch die nach DIN 18 800 T.2, Element 305 geforderten Zusatzbedingungen zu erfüllen.

Wirtschaftlich bemessen sind Stäbe, die bei einem Flächenminimum ihres Querschnittes gleiche Knicksicherheit in Richtung der beiden Hauptachsen haben. Werden zur Verkleinerung der zunächst maßgebenden Knicklänge Haltestäbe angeordnet, so sind diese mit 1/100 der größten Druckkraft des gestützten Stabes nachzuweisen [19].

Wenn die Grenzwerte grenz(b/t) und grenz(d/t) nach DIN 18 800 T.1 für dünnwandige Querschnitte nicht eingehalten sind, dann ist das Zusammenwirken von Knicken und Beulen zu berücksichtigen.

Der Bezugsschlankheitsgrad λ_a für Dicken $t > 40$ mm muß jeweils errechnet werden.

7.1 Biegeknicken

Beim Biegeknicken treten nur Verschiebungen v oder w auf. Die Verdrehungen θ um die Stabachse dürfen vernachlässigt werden.

In den Biegeknickuntersuchungen sind strukturelle und geometrische Imperfektionen enthalten, die in DIN 18 800 T.2, Element 201 erläutert werden. Die Form und Größe der Vorkrümmung ist in DIN 18 800 T.2, Element 204 geregelt. Der vereinfachte Tragsicherheitsnachweis erfaßt komplex diese Komponenten und wird in der Literatur als Ersatzstabverfahren bezeichnet. Die zu den Stäben bzw. Stabwerken gehörenden Knicklängen können über Knicklängenbeiwerte nach Abschnitt 6 ermittelt werden.

Der Tragsicherheitsnachweis ist für die maßgebende Ausweichrichtung zu führen. Es ist somit für jede Hauptachse der Abminderungsfaktor κ zu berechnen. Der Nachweis ist nur erforderlich, wenn von vornherein zu erkennen ist, daß der Einfluß der Verformungen vernachlässigt werden kann, oder wenn der Unterschied zwischen den maßgebenden Biegemomenten nach Theorie I. und II. Ordnung nicht größer als 10 % ist.

Die letzte Bedingung darf bei Stabtragwerken als erfüllt angesehen werden, wenn die Normalkräfte N des Systems nicht größer als 10 % der zur idealen Knicklast gehörenden Normalkräfte $N_\text{Ki,d}$ des Systems sind (bei Anwendung der Fließgelenktheorie ist hierbei das statische

System unmittelbar vor Ausbildung des letzten Fließgelenks zugrunde zu legen) oder wenn die bezogenen Schlankheitsgrade $\bar{\lambda}_K$ nicht größer als $0,3 \cdot f_{y,d}/\sigma_N$ mit $\sigma_N = N/A$ sind. Außerdem dürfen die mit dem Knicklängenbeiwert $\beta = s_K/l$ multiplizierten Stabkennzahlen $\varepsilon = l \sqrt{N_d/(E \cdot I)_d}$ aller Stäbe nicht größer als 1,0 sein.

Die Gleichungen, die zur Berechnung des Abminderungsfaktors κ in der DIN 18 800 T.2 angegeben sind, sind in 7.4.2 ausgewertet, und κ kann dort gegebenenfalls in Abhängigkeit von $\bar{\lambda}_K$ und der Knickspannungslinie entnommen werden.

Die b/t-Verhältnisse werden für den Stab nur beim Biegeknicken nachgewiesen. Der Biegedrillknicknachweis ist in der Regel der Nachweisführung nachgeordnet.

Bei der Berechnung von Stäben mit veränderlicher Normalkraft bzw. veränderlichen Querschnitten muß DIN 18 800 T.2, Element 305 beachtet werden.

7.2 Biegedrillknicken

Beim Biegedrillknicken treten Verschiebungen v, w und gleichzeitig Verdrehungen θ um die Stabachse auf. Diese Verdrehungen müssen berücksichtigt werden.

Biegedrillknicken ist für Stäbe mit einfachsymmetrischem Querschnitt nachzuweisen. Der Schubmittelpunkt fällt bei den Querschnitten dieser Stäbe auf der z-Achse nicht mit dem Schwerpunkt zusammen. Das Ausweichen erfolgt rechtwinklig zur z-Achse.

Bei mittig gedrückten Stäben mit doppeltsymmetrischen Querschnitten kann der Sonderfall des Drillknickens auftreten. Die Verschiebungen v und w sind dann Null. Der Querschnitt verdreht sich nur.

Die Biegedrillknickuntersuchung ist nicht erforderlich für:

- Stäbe mit Hohlquerschnitten;

- Stäbe, deren Verdrehung oder seitliches Ausweichen ausreichend behindert ist, in diesem Sinne wirkt eine ständig am Druckgurt anschließende Ausmauerung, deren Dicke nicht geringer als die 0,3-fache Querschnittshöhe ist;

- Walzträger mit I-Querschnitt und für I-Träger mit ähnlichen Abmessungen. Für diese Querschnitte wird das theoretisch mögliche Drillknicken als Sonderfall des Biegedrillknickens betrachtet.

Für Stäbe mit beliebiger, aber unverschieblicher Lagerung an den Enden, mit unveränderlichem Querschnitt und konstanter Normalkraft, ist ein Nachweis analog zum Biegeknicken zu führen. Bei der Berechnung des bezogenen Schlankheitsgrades $\bar{\lambda}_K$ ist dabei für N_{Ki} die Normalkraft unter der kleinsten Verzweigungslast für Biegedrillknicken anzusetzen. Der Abminderungsfaktor κ ist dabei für das Ausweichen rechtwinklig zur z-Achse zu ermitteln.

Verschiebungen und Verdrehungen der Endstirnflächen in ihrer Ebene müssen durch entsprechende Lagerung verhindert sein. Bei $\beta_z = \beta_0 = 1$, der „Gabellagerung" beider Stabenden, sind die Verdrehungen und Verschiebungen der Endstirnflächen in ihrer Ebene ausgeschlossen. Dagegen kann sich jede Endstirnfläche sowohl um ihre z-Achse als auch um ihre y-Achse frei verdrehen. Außerdem kann sich jede Endstirnfläche in Richtung der Stabachse frei verwölben.

Bei $\beta_z = 0,6$ und $\beta_0 = 0,5$ liegt dagegen volle Einspannung gegen Verbiegung um die z-Achse und Wölbbehinderung der Endstirnflächen vor. Praktisch ist die volle Einspannung gegen Verbiegen nicht zu realisieren, so daß mit $\beta_z = 0,6$ zu rechnen ist. Weichen die Randbedingungen des Stabes von denjenigen der Gabellagerung dadurch ab, daß die Stabenden gegen Verbiegen um die z-Achse elastisch eingespannt sind, so ist $0,6 < \beta_z < 1$. Besteht die

Abweichung darin, daß die Verwölbung der Endstirnflächen des Stabes verhindert ist, so ist $0,5 < \beta_0 < 1$. In praktischen Fällen darf oft angenommen werden, daß $0,6 < \beta_z < 1$ und $\beta_0 = 0,5$ ist.

Die Gefahr des Biegedrillknickens wird durch die Verkürzung der Knicklänge oder die Erhöhung der Drillsteifigkeit verringert.

7.3 Bezeichnungen

N	Absolutwert der Bemessungsdruckkraft
c	Drehradius
l	Netzlänge
l_0	für die Verdrehung maßgebender und nach der Zeichnung geschätzter Abstand der Anschlußnietgruppen oder Schweißanschlüsse an beiden Stabenden
z_M	auf den Schwerpunkt bezogene Ordinate des Schubmittelpunktes
A_1, A_2, A_3	Querschnittsteile nach Abb. 7.1
I_1, I_2, I_3	die auf die Symmetrieachse z-z bezogenen Flächenmomente der Flächen A_1, A_2, A_3
I_T	Torsionsflächenmoment 2. Grades
I_ω	auf den Schubmittelpunkt bezogener Wölbwiderstand
β_z	Einspannwert für Biegung um die z-Achse
β_0	Kennwert für Verwölbung der Endstirnfläche
λ_{vi}	ideeller Schlankheitsgrad.

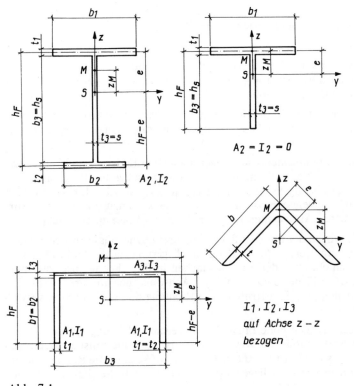

Abb. 7.1

7.4 Nachweisschema für mittig gedrückte einteilige Stäbe (Biegeknicken)

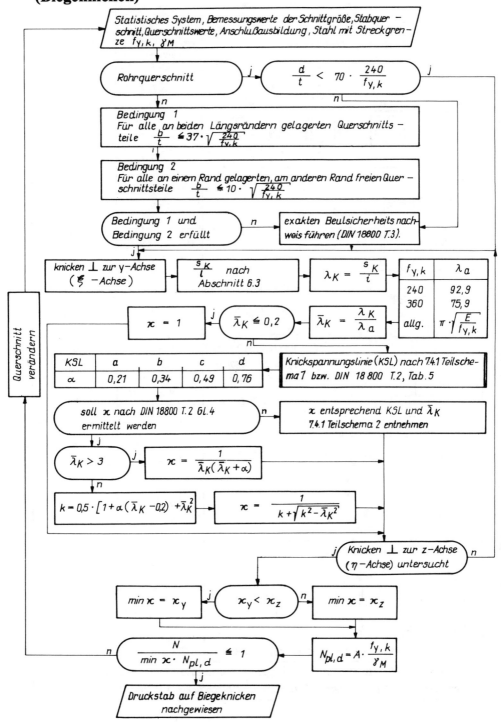

7.4.1 Ermittlung der Knickspannungslinie

	1	2	3
	Querschnitt	Ausweichen rechtwinklig zur Achse	Knickspan - nungslinie
1	Hohlprofile warm gefertigt	$y-y$ $z-z$	a
	kalt gefertigt	$y-y$ $z-z$	b
2	geschweißte Kastenquerschnitte	$y-y$ $z-z$	b
	$a \geqq min\,t$ und $h_y/t_y < 30$ $h_z/t_z < 30$	$y-y$ $z-z$	c
3	gewalzte I – Profile $h/b>1{,}2\,;\,t \leqq 40mm$	$y-y$ $z-z$	a b
	$h/b>1{,}2\,;\,40<t \leqq 80mm$ $h/b \leqq 1{,}2\,;\,t \leqq 80mm$	$y-y$ $z-z$	b c
	$t > 80\,mm$	$y-y$ $z-z$	d
4	geschweißte I – Querschnitte $t_i \leqq 40mm$	$y-y$ $z-z$	b c
	$t_i >40mm$	$y-y$ $z-z$	c d
5	U–, L–, T– und Vollquerschnitte	$y-y$ $z-z$	c
	und mehrteilige Stäbe nach DIN 18 800 T.2 Abschnitt 4.4		
6	Hier nicht aufgeführte Profile sind sinngemäß einzuordnen. Die Einordnung soll dabei nach den möglichen Eigenspannungen und Blechdicken erfolgen.		

7.4.2 Tabelle für die Abminderungsfaktoren κ

$\overline{\lambda}_K$	κ bei Knickspannungslinie			
	a	b	c	d
0,20	1,000	1,000	1,000	1,000
0,22	0,996	0,993	0,990	0,984
0,24	0,991	0,986	0,980	0,969
0,26	0,987	0,979	0,970	0,954
0,28	0,982	0,971	0,959	0,938
0,30	0,978	0,964	0,949	0,924
0,32	0,973	0,957	0,939	0,909
0,34	0,968	0,949	0,929	0,894
0,36	0,963	0,942	0,918	0,879
0,38	0,958	0,934	0,908	0,865
0,40	0,953	0,926	0,897	0,850
0,42	0,947	0,918	0,887	0,836
0,44	0,942	0,910	0,876	0,822
0,46	0,936	0,902	0,865	0,808
0,48	0,930	0,893	0,854	0,793
0,50	0,924	0,884	0,843	0,779
0,52	0,918	0,875	0,832	0,765
0,54	0,911	0,866	0,820	0,751
0,56	0,904	0,857	0,809	0,738
0,58	0,897	0,847	0,797	0,724
0,60	0,890	0,837	0,785	0,710
0,62	0,882	0,827	0,774	0,696
0,64	0,874	0,816	0,761	0,683
0,66	0,866	0,806	0,749	0,670
0,68	0,857	0,795	0,737	0,656
0,70	0,848	0,784	0,725	0,643
0,72	0,838	0,772	0,712	0,630
0,74	0,828	0,761	0,700	0,617
0,76	0,818	0,749	0,687	0,605
0,78	0,807	0,737	0,675	0,592
0,80	0,796	0,724	0,662	0,580
0,82	0,784	0,712	0,650	0,568
0,84	0,772	0,700	0,637	0,556
0,86	0,760	0,687	0,625	0,544
0,88	0,747	0,674	0,612	0,532
0,90	0,734	0,661	0,600	0,521
0,92	0,721	0,648	0,588	0,510
0,94	0,707	0,635	0,576	0,499
0,96	0,693	0,623	0,564	0,488
0,98	0,680	0,610	0,552	0,477
1,00	0,666	0,597	0,540	0,467
1,02	0,652	0,584	0,528	0,457
1,04	0,638	0,572	0,517	0,447
1,06	0,624	0,560	0,506	0,438
1,08	0,610	0,547	0,495	0,428
1,10	0,596	0,535	0,484	0,419
1,12	0,582	0,523	0,474	0,410
1,14	0,569	0,512	0,463	0,401
1,16	0,556	0,500	0,453	0,393
1,18	0,543	0,489	0,443	0,384
1,20	0,530	0,478	0,433	0,376

Abminderungsfaktoren κ (Fortsetzung)

$\overline{\lambda}_K$	κ bei Knickspannungslinie			
	a	b	c	d
1,22	0,518	0,467	0,424	0,368
1,24	0,505	0,457	0,415	0,360
1,26	0,493	0,447	0,406	0,353
1,28	0,482	0,437	0,397	0,346
1,30	0,470	0,427	0,389	0,338
1,32	0,459	0,417	0,380	0,332
1,34	0,448	0,408	0,372	0,325
1,36	0,438	0,399	0,364	0,318
1,38	0,428	0,390	0,357	0,312
1,40	0,418	0,382	0,349	0,306
1,42	0,408	0,373	0,342	0,299
1,44	0,399	0,365	0,335	0,294
1,46	0,390	0,357	0,328	0,288
1,48	0,381	0,350	0,321	0,282
1,50	0,372	0,342	0,314	0,277
1,52	0,364	0,335	0,308	0,271
1,54	0,356	0,328	0,302	0,266
1,56	0,348	0,321	0,296	0,261
1,58	0,341	0,314	0,290	0,256
1,60	0,333	0,308	0,284	0,251
1,62	0,326	0,302	0,279	0,246
1,64	0,319	0,296	0,273	0,242
1,66	0,312	0,290	0,268	0,238
1,68	0,306	0,284	0,263	0,233
1,70	0,299	0,278	0,258	0,229
1,72	0,293	0,273	0,253	0,225
1,74	0,287	0,267	0,248	0,221
1,76	0,281	0,262	0,243	0,217
1,78	0,276	0,257	0,239	0,213
1,80	0,270	0,252	0,234	0,209
1,82	0,265	0,247	0,230	0,206
1,84	0,260	0,243	0,226	0,202
1,86	0,255	0,238	0,222	0,199
1,88	0,250	0,234	0,218	0,195
1,90	0,245	0,229	0,214	0,192
1,92	0,240	0,225	0,210	0,189
1,94	0,236	0,221	0,207	0,186
1,96	0,231	0,217	0,203	0,183
1,98	0,227	0,213	0,200	0,180
2,00	0,223	0,210	0,196	0,177
2,05	0,213	0,200	0,188	0,170
2,10	0,204	0,192	0,180	0,163
2,15	0,195	0,184	0,173	0,157
2,20	0,187	0,176	0,166	0,151
2,25	0,179	0,169	0,160	0,145
2,30	0,172	0,163	0,154	0,140
2,35	0,165	0,156	0,148	0,135
2,40	0,158	0,151	0,142	0,130
2,45	0,152	0,145	0,137	0,126
2,50	0,147	0,140	0,132	0,121
2,55	0,141	0,135	0,128	0,117
2,60	0,136	0,130	0,123	0,113
2,65	0,131	0,125	0,119	0,110

Abminderungsfaktoren κ (Fortsetzung)

$\overline{\lambda}_K$	κ bei Knickspannungslinie			
	a	b	c	d
2,70	0,127	0,121	0,115	0,106
2,75	0,122	0,117	0,112	0,103
2,80	0,118	0,113	0,108	0,100
2,85	0,114	0,110	0,104	0,097
2,90	0,110	0,106	0,101	0,094
2,95	0,107	0,103	0,098	0,091
3,00	0,104	0,099	0,095	0,088

7.5 Nachweisschema für mittig gedrückte einteilige Stäbe (Biegedrillknicken)

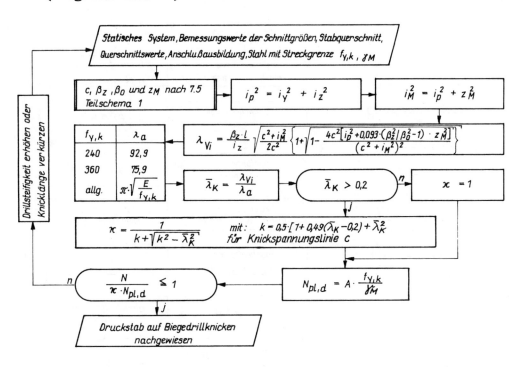

7.5.1 Ermittlung des Drehradius c und der Ordinate des Schubmittelpunktes

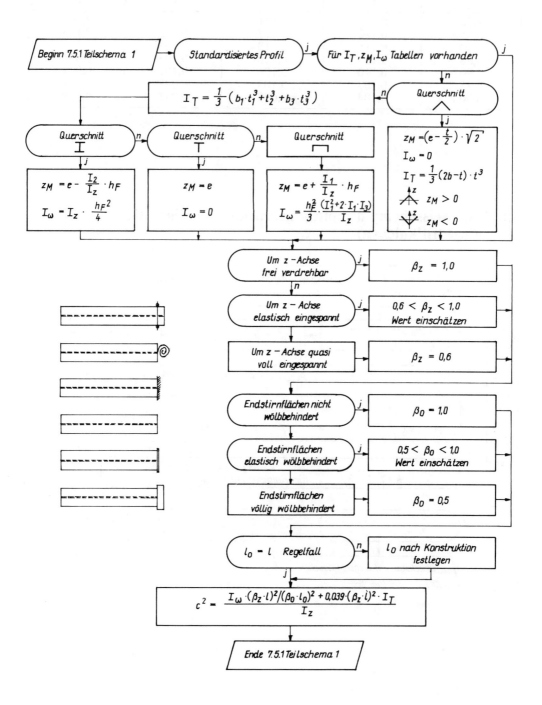

7.5.2 Diagramm zur Ermittlung der maßgebenden Versagensform bei L-Profilen nach [9]

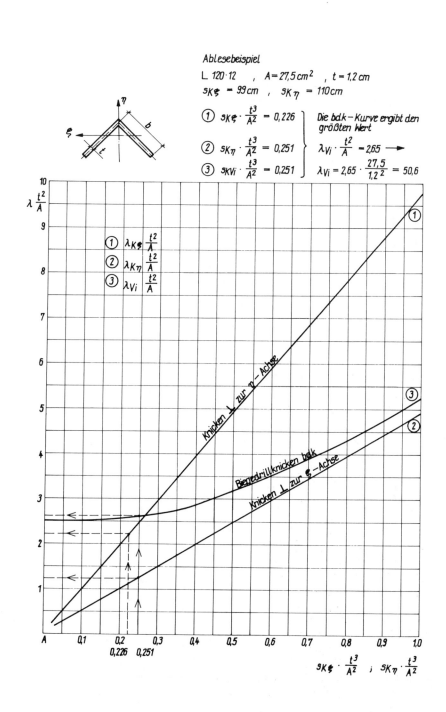

7.5.3 Diagramm zur Ermittlung der maßgebenden Versagensform bei T-Profilen nach [9]

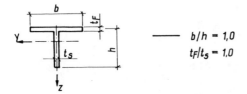

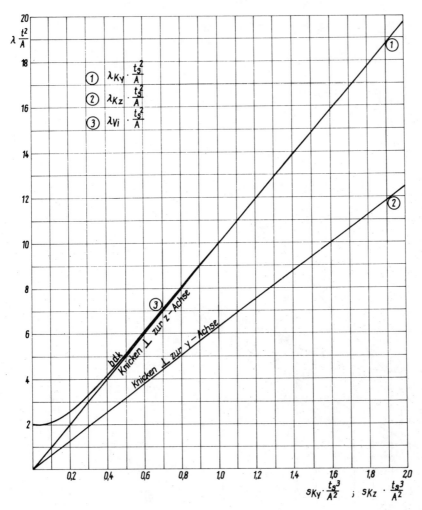

7.6 Beispiele für mittig gedrückte einteilige Stäbe

7.6.1 Stütze mit I-Querschnitt
Der doppeltsymmetrische I-Querschnitt einer Stütze nach Abb. 7.2 ist nachzuweisen. Konstruktionsbedingt ergeben sich in Richtung der Querschnittshauptachsen unterschiedliche Knicklängen.

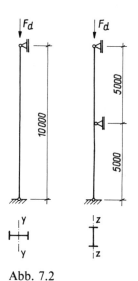

Querschnitt
□ 200 x 20
⎕ 200 x 10
□ 200 x 20

$a_w = 4$ mm
$A = 100$ cm^2
$i_y = 10,2$ cm
$i_z = 5,2$ cm
$l_y = 10\,000$ mm
$l_z = 2 \cdot 5\,000$ mm
St 37
$\gamma_M = 1,1$
$F_d = N_d = N = 1\,040$ kN

Abb. 7.2

● Lösung
b/t-Verhältnisse
Steg: $b/t = (200 - 2 \cdot 4)/10 = 19,2 < 37$

Gurt: $b/t = \left(100 - \dfrac{10}{2} - 4\right)/20 = 4,55 < 10$

Ausweichen ⊥ zur y-Achse
$s_{Ky}/l = \beta_y = 1$ (nach 6.3)
$s_{Ky} = 1\,000$ cm
$\lambda_{Ky} = 1\,000/10,2 = 98$
$\lambda_a = 92,9$
$\bar{\lambda}_{Ky} = 98/92,9 = 1,055 > 0,2$
Knickspannungslinie b
$\alpha = 0,34$
$\bar{\lambda}_{Ky} < 3$
$k = 0,5\,[1 + 0,34\,(1,055 - 0,2) + 1,055^2]$
$k = 1,202$

$$\kappa_y = \frac{1}{1,202 + \sqrt{1,202^2 - 1,055^2}} = 0,562$$

Stabilitätsnachweise

Ausweichen zur $\perp$ z-Achse

$s_{Kz}/l = \beta_z = 1$ (nach 6.3)

$s_{Kz} = 500$ cm

$\lambda_{Kz} = 500/5,2 = 96,7$

$\overline{\lambda}_{Kz} = 96,7/92,9 = 1,041 > 0,2$

Knickspannungslinie c

$\alpha = 0,49$

$\overline{\lambda}_{Kz} < 3$

$k = 0,5 \, [1 + 0,49 \, (1,041 - 0,2) + 1,041^2] = 1,248$

$$\kappa_z = \frac{1}{1,248 + \sqrt{1,248^2 - 1,041^2}} = 0,516$$

Drillknicken als Spezialfall des Biegedrillknickens braucht für I-Querschnitte nach DIN 18 800 T.2, Element 306 nicht untersucht zu werden.

$\kappa_z < \kappa_y \rightarrow \min \kappa = \kappa_z$

$$N_{pl,d} = 100 \cdot \frac{24}{1,1} = 2\,182 \text{ kN}$$

$$\frac{N_d}{N_{pl,a} \cdot \kappa} = \frac{1\,040}{2182 \cdot 0,516} = 0,924 < 1$$

Der Druckstab ist nachgewiesen!

7.6.2 Druckstab mit T-Querschnitt

Der einfachsymmetrische Druckstab O_2 einer Fachwerkkonstruktion nach Abb. 7.3 ist nachzuweisen. Alle Fachwerkknoten sind in der Ebene und auch senkrecht dazu gehalten.

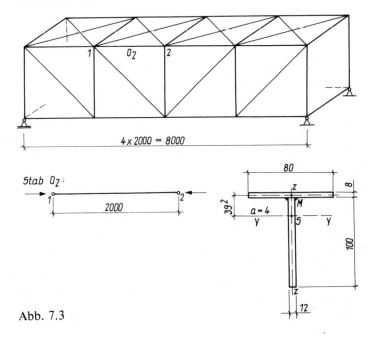

Abb. 7.3

Querschnitt: ☐ 80 · 8
⬚ 100 · 12

$A = 18,4 \text{ cm}^2$
$i_y = 3,47 \text{ cm}; I_y = 222 \text{ cm}^4$
$i_z = 1,36 \text{ cm}; I_z = 34,1 \text{ cm}^4$
$z_M = 3,52 \text{ cm};$
St 37; $\gamma_M = 1,1; N_d = |O_2| = 110 \text{ kN}$

● Lösung
Biegeknicken nach 7.4
b/t-Verhältnisse
Steg: $b/t = (100 - 4)/12 = 8 < 10$

Gurt: $b/t = \left(40 - \dfrac{12}{2} - 4\right)/8 = 3,75 < 10$

Ausweichen ⊥ zur y-Achse
$s_{Ky}/l = \beta_y = 1$ (nach 6.3)
$\lambda_{Ky} = 200/3,47 = 57,6$
$\lambda_a = 92,9$
$\bar{\lambda}_{Ky} = 57,6/92,9 = 0,620$

Knickspannungslinie c (nach 7.4.1)
$\alpha = 0,49$
$\bar{\lambda}_{Ky} < 3$
$k = 0,5 [1 + 0,49 (0,62 - 0,2) + 0,62^2] = 0,795$

$$\kappa_y = \frac{1}{0,795 + \sqrt{0,795^2 - 0,62^2}} = 0,774$$

Ausweichen ⊥ zur z-Achse
$s_{Kz}/l = \beta_z = 1$ (nach 6.3)
$s_{Kz} = 200 \text{ cm}$
$\lambda_{Kz} = 200/1,36 = 147$
$\lambda_a = 92,9$
$\bar{\lambda}_{Kz} = 147/92,9 = 1,582 > 0,2$

Knickspannungslinie c (nach 7.4.2)
$\alpha = 0,49$
$\bar{\lambda}_{Kz} < 3$
$k = 0,5 [1 + 0,49 (1,582 - 0,2) + 1,582^2] = 2,09$

$$\kappa_z = \frac{1}{2,09 + \sqrt{2,09^2 - 1,582^2}} = 0,289$$

$\kappa_z < \kappa_y \rightarrow \min \kappa = \kappa_z$

$$N_{pl,d} = 18,4 \cdot \frac{24}{1,1} = 401,5 \text{ kN}$$

$$\frac{N_d}{N_{pl,d} \cdot \kappa} = \frac{110}{401,5 \cdot 0,289} = 0,95 < 1$$

Biegedrillknicken nach 7.5
Ermittlung des Drehradius c, β_z, β_0, l, l_0 und z_M nach 7.5.1

$$I_T = \frac{1}{3} (10 \cdot 1,2^3 + 8 \cdot 0,8^3) = 7,13 \text{ cm}^{84}$$

$z_M = 3,92$ cm

$I_\omega = 0$

$\beta_z = \beta_0 = 1$ (Gabellagerung)

$l = l_0 = 200$ cm

$$c^2 = \frac{0,039 \cdot 200^2 \cdot 7,13}{34,1} = 326 \text{ cm}^2 \qquad \begin{aligned} i_p^2 &= 1,36^2 + 3,47^2 = 13,9 \text{ cm}^2 \\ i_M^2 &= 13,9 + 3,52^2 = 26,3 \text{ cm}^2 \end{aligned}$$

$$\lambda_{Vi} = \frac{1 \cdot 200}{1,36} \sqrt{\frac{326 + 26,3}{2 \cdot 326} \left\{ 1 + \sqrt{1 - \frac{4 \cdot 326 \cdot 13,9}{(326 + 26,3)^2}} \right\}} = 150$$

$\lambda_a = 92,9$

$$\bar{\lambda}_K = \frac{150}{92,9} = 1,615 > 0,2$$

$$k = 0,5 \left[1 + 0,49 \, (1,615 - 0,2) + 1,615^2 \right] = 2,151$$

$$\kappa = \frac{1}{2,151 + \sqrt{2,151^2 - 1,615^2}} = 0,280$$

$$N_{pl,d} = 18,4 \cdot \frac{24}{1,1} = 401,5 \text{ kN} \qquad \frac{N_d}{\kappa \cdot N_{pl,d}} = \frac{110}{0,280 \cdot 401,5} = 0,98 < 1$$

Der Druckstab ist auf Biegeknicken und Biegedrillknicken nachgewiesen. Der Nachweis für Biegedrillknicken ist maßgebend.

7.6.3 Der einfachsymmetrische Diagonalstab

Der einfachsymmetrische Diagonalstab einer Fachwerkkonstruktion nach Abb. 7.4 wird auf Druck beansprucht. Es ist der erforderliche Knicknachweis zu führen. Das System ist senkrecht zur Fachwerkebene gehalten.

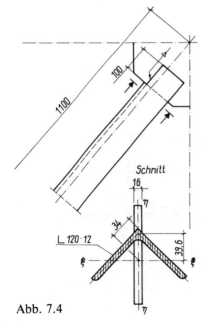

Abb. 7.4

Querschnittswerte

$\llcorner$ 120 · 12

A = 27,5 cm²

$I_\eta = 584$ cm⁴

$I_\xi = 152$ cm⁴

$i_\eta = 4,60$ cm

$i_\xi = 2,35$ cm

$e = 3,40$ cm

$V_1 = 4,80$ cm

St 37;

$\gamma_M = 1,1$

$N = N_d = 480$ kN

$l = 1\,100$ mm

● Lösung nach 7.4

b/t-Verhältnis für den Winkelschenkel

$$b/t = \frac{120 - 12 - 13}{12} = 7,9 \; < \; 10$$

β in der Fachwerkebene nach 6.3

$\beta_\xi = 0,9$

β senkrecht zur Fachwerkebene

$\beta_\eta = 1$

Knicken senkrecht zur ξ-Achse

$s_{K\xi} = 0,9 \cdot 110 = 99$ cm

$$\lambda_{K\xi} = \frac{99}{2,35} = 42,1 \qquad\qquad \overline{\lambda}_{K\xi} = \frac{42,1}{92,9} = 0,453$$

KSL c

$\kappa_\xi = 0,869$

Knicken senkrecht zur η-Achse

$s_{K\eta} = 110$ cm

$$\lambda_{K\eta} = \frac{110}{4,60} = 23,9 \qquad\qquad \overline{\lambda}_{K\eta} = \frac{23,9}{92,9} = 0,257$$

KSL c

$\kappa_\eta = 0,972$

Bei einfachsymmetrischen Profilen besteht besonders bei kurzen Stäben Biegedrillknick-gefahr für das Ausweichen senkrecht zur Symmetrieachse.

● Lösung nach 7.5

$$\eta_M = \left(3,40 - \frac{1,2}{2}\right) \cdot \sqrt{2} = 3,96 \text{ cm} \qquad I_T = \frac{1}{3}\left(2 \cdot 12 - 1,2\right) \cdot 1,2^3 = 13,1 \text{ cm}^4$$

$I_\omega = 0$

$\beta = \beta_0 = 1$

$l = l_0 = 110$ cm

$$c^2 = \frac{0,039 \cdot 110^2 \cdot 13,1}{584} = 10,6 \text{ cm}^2$$

$$i_p^2 = 4,6^2 + 2,35^2 = 26,7 \text{ cm}^2$$

$$i_M^2 = 26,7 + 3,96^2 = 42,4 \text{ cm}^2$$

$$\lambda_{Vi} = \frac{1 \cdot 110}{4,6} \sqrt{\frac{10,6 + 42,4}{2 \cdot 10,6}\left\{1 + \sqrt{1 - \frac{4 \cdot 10,6 \cdot 26,7}{(10,6 + 42,4)^2}}\right\}} = 50,3$$

$$\overline{\lambda}_{Ki} = \frac{50,3}{92,9} = 0,541$$

KSL c

$\kappa_{\mathrm{Vi}} = 0,820$

$\min \kappa = 0,820$

Biegedrillknicken ist maßgebend!

$$N_{\mathrm{pl,d}} = 27,5 \cdot \frac{24}{1,1} = 600 \, \mathrm{kN}$$

Nachweis:

$$\frac{480}{0,82 \cdot 600} = 0,98 < 1$$

Anschluß des Stabes nach 4.4

Stumpfnaht $a = 12 \, \mathrm{mm}$

$$\tau_{\mathrm{II}} = \frac{480}{2 \cdot 1,2 \cdot 10} = 20,0 \, \mathrm{kN/cm^2}$$

Im Anschluß entsteht ein Versatzmoment. Nach DIN 18 800 T.1, Element 823 darf das Versatzmoment bei der gewählten Anschlußausführung vernachlässigt werden.

$\sigma_{\mathrm{w,v}} = \tau_{\mathrm{II}} = 20 \, \mathrm{kN/cm^2}$

$\alpha_{\mathrm{w}} = 0,95$

$$\sigma_{\mathrm{w,R,v}} = 0,95 \cdot \frac{24}{1,1} = 20,7 \, \mathrm{kN/cm^2}$$

$$\frac{20}{20,7} = 0,97 < 1$$

Der Anschluß ist nachgewiesen.

Variante – Beispiel analog 7.6.3: Bemessung mit Hilfe des Diagramms 7.5.2

$\llcorner$ 120 · 12

$A = 27,5 \, \mathrm{cm^2}$; $d = 1,2 \, \mathrm{cm}$

$s_{\mathrm{K}\xi} = 99 \, \mathrm{cm}$; $s_{\mathrm{K}\eta} = 110 \, \mathrm{cm}$

Hilfswerte

$$s_{\mathrm{K}\xi} \cdot \frac{d^3}{A^2} = 99 \cdot \frac{1,2^3}{27,5^2} = 0,226 \qquad\qquad s_{\mathrm{k}\eta} \cdot \frac{d^3}{A^2} = 110 \, \frac{1,2^3}{27,5} = 0,251$$

$$\lambda_\xi \cdot \frac{1,2^2}{27,5} = 1,23$$

$$\lambda_\eta \cdot \frac{1,2^2}{27,5} = 2,18$$

$$\lambda_{\mathrm{vi}} \cdot \frac{1,2}{27,5} = 2,63$$

Der Maximalwert ergibt sich mit λ_{vi}, Biegedrillknicken ist die maßgebende Versagensform!

$$\lambda_{\mathrm{vi}} = 2,63 \cdot \frac{27,5}{1,2^2} = 50,2 \qquad\qquad (\text{vgl. } \lambda_{\mathrm{vi}} = 50,3)$$

8 Stäbe mit einachsiger Biegung ohne Normalkraft

Bei einer reinen Biegebeanspruchung liegt für das Ausweichen in der Momentenebene kein Stabilitätsproblem vor. Die Beanspruchbarkeit des Traggliedes kann durch eine Nachweisführung Elastisch-Elastisch oder Elastisch-Plastisch entsprechend 2 ermittelt werden. Dagegen muß der Gebrauchstauglichkeitsnachweis mit einer gegebenenfalls erforderlichen Begrenzung der Durchbiegung nach anderen Grund- oder Fachnormen beachtet werden.

Für Tragglieder mit der vorgegebenen Beanspruchung werden im Stahlbau häufig Vollwandträger eingesetzt, die besonders in der Lage sind, rechtwinklig zur Trägerachse auftretende Lasten durch Biegung in die Auflagerpunkte zu übertragen. Das Standardprofil ist der I-Querschnitt, bei dem als Schnittgrößen nur Biegemomente und Querkräfte entstehen. Das [-Profil wird ebenfalls als Biegeträger eingesetzt. Dabei ist jedoch zu beachten, daß bei diesem Profil der Schwerpunkt und der Schubmittelpunkt nicht identisch sind. Die Lasteintragung erfolgt in der Regel außerhalb des Schubmittelpunktes. Dadurch ergeben sich Torsionsbeanspruchungen, die zu Wölbnormalspannungen führen.

Biegeträger aus Walzprofilen werden als Deckenträger, Pfetten, Unterzüge oder ähnliche Tragglieder eingesetzt. Dabei sind auch Durchlaufsysteme möglich.

Neben den Walzträgern können die Querschnitte auch aus Gurt- und Stegblech zusammengesetzt und mit Halsnähten verbunden werden. Die Trägerhöhe unterliegt dann keinen Beschränkungen mehr. Für Blechträger ergibt sich eine wirtschaftliche Profilhöhe bei $l/h \approx 15$. Durchlaufträger ermöglichen größere l/h-Relationen. Das Stegblech ist möglichst dünn auszuführen. Die entstehende Beulgefährdung bildet jedoch eine Grenze.

Bei einer Lasteintragung in I-Träger an Stellen ohne Aussteifungen im Stegbereich ist die Grenzkraftermittlung nach DIN 18 800 T.1, Element 744 zu beachten.

8.1 Ausweichen senkrecht zur Momentenebene

Aus der Biegebeanspruchung ergibt sich im Obergurtbereich des Trägers eine Druckbeanspruchung. In der DIN 4114 und der Fachliteratur der vergangenen Jahrzehnte wurde das aus dieser Druckspannung resultierende Stabilitätsproblem als Kippen des Trägers bezeichnet. Der Ausweichvorgang führt zu einer seitlichen Verschiebung und Verdrehung des Querschnittes. Diesem Ausweichvorgang entspricht prinzipiell auch das Biegedrillknicken. Deshalb und in Anlehnung an den englischen Sprachgebrauch wird nunmehr auch bei einer Biegung ohne Normalkraft vom Biegedrillknicken gesprochen.

Die DIN 18 800 T.2 enthält im Element 310 ein Näherungsverfahren, das den Druckgurt als Druckstab betrachtet. Diese Berechnungsmöglichkeit war auch schon in ähnlicher Form in der DIN 4114 enthalten. Durch die Einbeziehung des Verhältnisses $M_{pl,y,d}/M_y$ in den Vergleich mit einem bezogenen Schlankheitsgrad $\bar{\lambda}$ ist jedoch der Genauigkeitsgrad dieser Näherung deutlich verbessert worden. Beim Näherungsverfahren charakterisiert der Trägheitsradius des Gurtes mit 1/5 der Stegfläche das Ausweichverhalten des Obergurtes. Es darf jedoch auch mit dem Trägheitsradius des Gesamtprofils gerechnet werden. Die Werte sind durchschnittlich 12–14 % kleiner. Damit ergibt sich eine größere Sicherheitsreserve. Der Näherungsnachweis ist im ersten Teil von 8.2 enthalten. Eine graphische Auswertungsmöglichkeit bietet das Diagramm 8.3. Sobald in diesem Diagramm das vorhandene Biegemoment vorh M_y geringer als das abgelesene Biegemoment max M_y ist, besteht für den Träger keine Biegedrillknickgefährdung.

Im 2. Teil des Arbeitsschemas 8.2 ist der exakte Biegedrillknicknachweis aufbereitet. Die Ermittlung von $M_{Ki,y}$ kann mit Hilfe der Diagramme 8.4 bei Lastangriff am Obergurt bzw. mit 8.5 bei Querbelastung im Schwerpunkt ermittelt werden. Der Abminderungsfaktor κ_M für Biegemomente M_y läßt sich in Abhängigkeit vom bezogenen Schlankheitsgrad $\bar{\lambda}_M$ für den Trägerbeiwert $n = 2,5$, wie er für gewalzte Träger ohne Ausklinkung maßgebend ist, nach Tabelle 8.6 ablesen. Für geschweißte Träger gilt Tabelle 8.7. Für andere Profilmöglichkeiten sind die n-Werte in DIN 18 800 T.2, Element 311 festgelegt.

Die Nachweisführung nach 8.2 schließt eine planmäßige Torsion aus. Bei der Ermittlung von $M_{Ki,y}$ kann die Berechnung des Drehradius c analog zum Biegedrillknicken des Druckstabes nach 7.5.1 erfolgen. Die Verwölbung der Endstirnfläche β_0 und die Einspannung um die z-Achse wird mit erfaßt. Werte für $M_{Ki,y}$ können auch [10] entnommen werden.

8.2 Nachweisschema für Stäbe mit einachsiger Biegung ohne Normalkraft

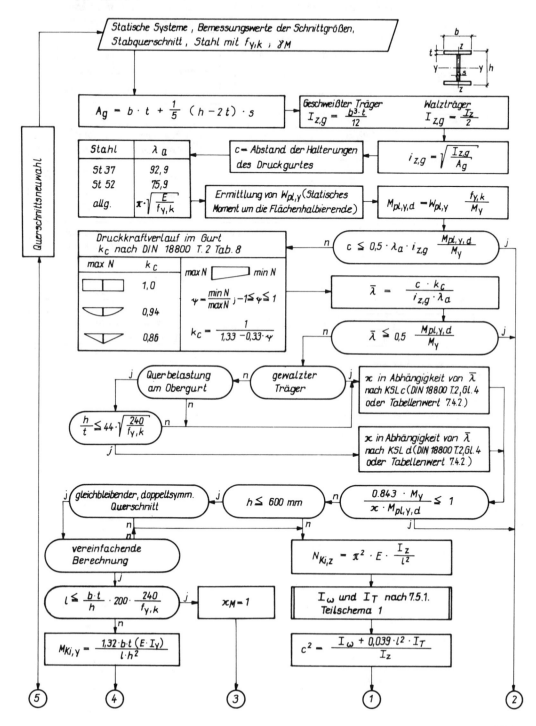

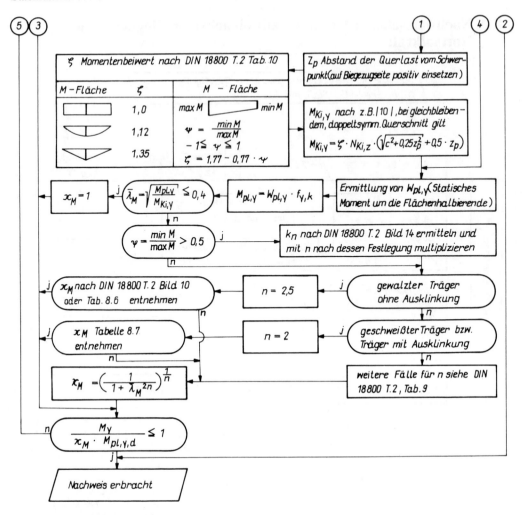

⑤ ③   ① ④ ②

ζ Momentenbeiwert nach DIN 18800 T.2 Tab.10

Z_p Abstand der Querlast vom Schwerpunkt (auf Biegezugseite positiv einsetzen)

M–Fläche	ζ	M – Fläche
▭	1,0	max M ▭ min M
▽	1,12	$\psi = \dfrac{min\,M}{max\,M}$
▽	1,35	$-1 \leq \psi \leq 1$
		$\zeta = 1,77 - 0,77 \cdot \psi$

$M_{Ki,y}$ nach z.B. |10|, bei gleichbleibendem, doppeltsymm. Querschnitt gilt
$$M_{Ki,y} = \zeta \cdot N_{Ki,z} \cdot \left(\sqrt{c^2 + 0,25 z_p^2} + 0,5 \cdot z_p\right)$$

$x_M = 1$ ← $\bar{\lambda}_M = \sqrt{\dfrac{M_{pl,y}}{M_{Ki,y}}} \leq 0,4$ ← $M_{pl,y} = W_{pl,y} \cdot f_{y,k}$ ← Ermittlung von $W_{pl,y}$ (Statisches Moment um die Flächenhalbierende)

$\psi = \dfrac{min\,M}{max\,M} > 0,5$ → k_n nach DIN 18800 T.2 Bild 14 ermitteln und mit n nach dessen Festlegung multiplizieren

x_M nach DIN 18800 T.2 Bild 10 oder Tab.8.6 entnehmen ← $n = 2,5$ ← gewalzter Träger ohne Ausklinkung

x_M Tabelle 8.7 entnehmen ← $n = 2$ ← geschweißter Träger bzw. Träger mit Ausklinkung

$x_M = \left(\dfrac{1}{1 + \lambda_M^{2n}}\right)^{\frac{1}{n}}$ ← weitere Fälle für n siehe DIN 18800 T.2, Tab.9

$\dfrac{M_y}{x_M \cdot M_{pl,y,d}} \leq 1$

Nachweis erbracht

8.3 Diagramm zur Ermittlung von max M_y nach der Druckstabanalogie

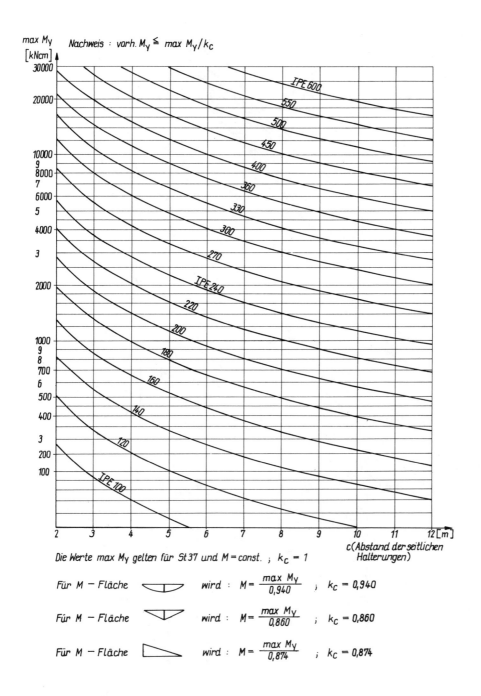

Die Werte max M_y gelten für St 37 und M = const. ; k_c = 1

Für M – Fläche ▽ wird : $M = \dfrac{max\ M_y}{0,940}$; $k_c = 0,940$

Für M – Fläche ▽ wird : $M = \dfrac{max\ M_y}{0,860}$; $k_c = 0,860$

Für M – Fläche ◁ wird : $M = \dfrac{max\ M_y}{0,874}$; $k_c = 0,874$

8.4 Diagramm zur Ermittlung von $M_{ki,y}$ mit $z_p = -\dfrac{h}{2}$

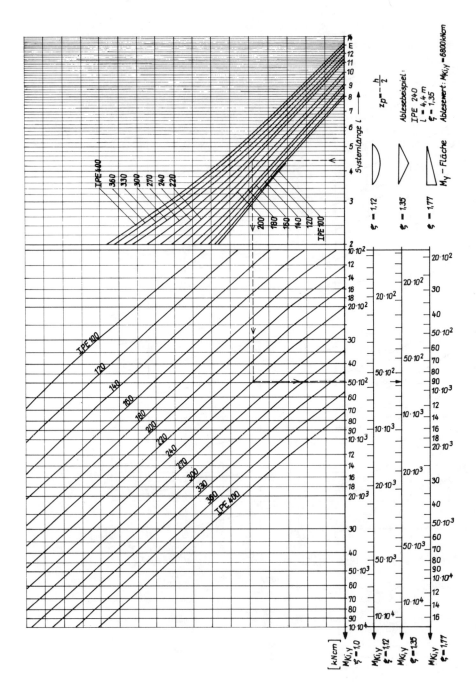

8.5 Diagramm zur Ermittlung von $M_{ki,y}$ mit $z_p = 0$

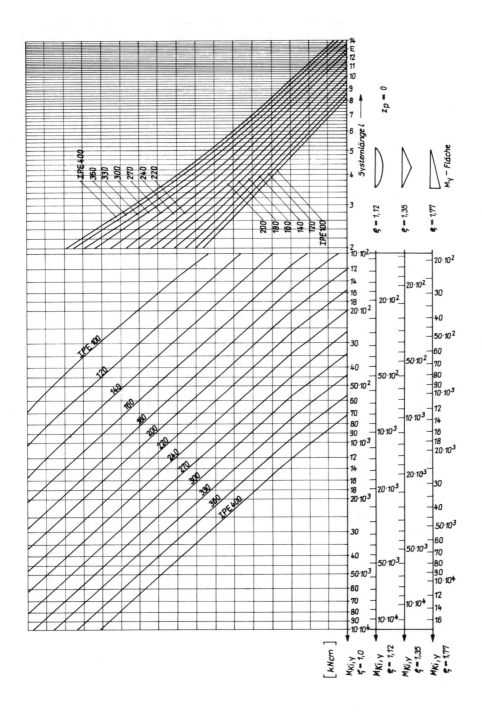

8.6 Abminderungsfaktor κ_M für Walzträger ohne Ausklinkung (n = 2,5)

$\overline{\lambda}_M$	κ_M	$\overline{\lambda}_M$	κ_M	$\overline{\lambda}_M$	κ_M	$\overline{\lambda}_M$	κ_M
0,40	0,996	1,20	0,607	2,00	0,247	2,80	0,127
0,42	0,995	1,22	0,592	2,02	0,242	2,82	0,125
0,44	0,993	1,24	0,578	2,04	0,238	2,84	0,124
0,46	0,992	1,26	0,565	2,06	0,233	2,86	0,122
0,48	0,990	1,28	0,551	2,08	0,229	2,88	0,120
0,50	0,988	1,30	0,538	2,10	0,225	2,90	0,119
0,52	0,985	1,32	0,525	2,12	0,220	2,92	0,117
0,54	0,982	1,34	0,512	2,14	0,216	2,94	0,115
0,56	0,979	1,36	0,500	2,16	0,213	2,96	0,114
0,58	0,975	1,38	0,488	2,18	0,209	2,98	0,112
0,60	0,970	1,40	0,477	2,20	0,205	3,00	0,111
0,62	0,966	1,42	0,465	2,22	0,201	3,02	0,109
0,64	0,960	1,44	0,454	2,24	0,198	3,04	0,108
0,66	0,954	1,46	0,444	2,26	0,194	3,06	0,107
0,68	0,947	1,48	0,433	2,28	0,191	3,08	0,105
0,70	0,940	1,50	0,423	2,30	0,188	3,10	0,104
0,72	0,932	1,52	0,413	2,32	0,185	3,12	0,103
0,74	0,923	1,54	0,404	2,34	0,182	3,14	0,101
0,76	0,914	1,56	0,394	2,36	0,179	3,16	0,100
0,78	0,904	1,58	0,385	2,38	0,176	3,18	0,099
0,80	0,893	1,60	0,377	2,40	0,173	3,20	0,098
0,82	0,881	1,62	0,368	2,42	0,170	3,22	0,096
0,84	0,870	1,64	0,360	2,44	0,167	3,24	0,095
0,86	0,857	1,66	0,352	2,46	0,165	3,26	0,094
0,88	0,844	1,68	0,344	2,48	0,162	3,28	0,093
0,90	0,831	1,70	0,337	2,50	0,159	3,30	0,092
0,92	0,817	1,72	0,329	2,52	0,157	3,32	0,091
0,94	0,802	1,74	0,322	2,54	0,154	3,34	0,090
0,96	0,788	1,76	0,315	2,56	0,152	3,36	0,088
0,98	0,773	1,78	0,309	2,58	0,150	3,38	0,087
1,00	0,758	1,80	0,302	2,60	0,147	3,40	0,086
1,02	0,743	1,82	0,296	2,62	0,145	3,42	0,085
1,04	0,727	1,84	0,290	2,64	0,143	3,44	0,084
1,06	0,712	1,86	0,284	2,66	0,141	3,46	0,083
1,08	0,697	1,88	0,278	2,68	0,139	3,48	0,083
1,10	0,681	1,90	0,273	2,70	0,137	3,50	0,082
1,12	0,666	1,92	0,267	2,72	0,135	3,52	0,081
1,14	0,651	1,94	0,262	2,74	0,133	3,54	0,080
1,16	0,636	1,96	0,257	2,76	0,131	3,56	0,079
1,18	0,621	1,98	0,252	2,78	0,129	3,58	0,078

8.7 Abminderungsfaktor κ_M für Walzträger mit Ausklinkung und Schweißträger (n = 2,0)

$\overline{\lambda}_M$	κ_M	$\overline{\lambda}_M$	κ_M	$\overline{\lambda}_M$	κ_M	$\overline{\lambda}_M$	κ_M
0,40	0,987	1,20	0,570	2,00	0,242	2,80	0,126
0,42	0,985	1,22	0,558	2,02	0,238	2,82	0,125
0,44	0,982	1,24	0,545	2,04	0,234	2,84	0,123
0,46	0,978	1,26	0,533	2,06	0,229	2,86	0,121
0,48	0,974	1,28	0,521	2,08	0,225	2,88	0,120
0,50	0,970	1,30	0,509	2,10	0,221	2,90	0,118
0,52	0,965	1,32	0,498	2,12	0,217	2,92	0,116
0,54	0,960	1,34	0,487	2,14	0,213	2,94	0,115
0,56	0,954	1,36	0,476	2,16	0,210	2,96	0,113
0,58	0,948	1,38	0,465	2,18	0,206	2,98	0,112
0,60	0,941	1,40	0,454	2,20	0,202	3,00	0,110
0,62	0,933	1,42	0,444	2,22	0,199	3,02	0,109
0,64	0,925	1,44	0,434	2,24	0,196	3,04	0,108
0,66	0,917	1,46	0,425	2,26	0,192	3,06	0,106
0,68	0,908	1,48	0,415	2,28	0,189	3,08	0,105
0,70	0,898	1,50	0,406	2,30	0,186	3,10	0,104
0,72	0,888	1,52	0,397	2,32	0,183	3,12	0,102
0,74	0,877	1,54	0,388	2,34	0,180	3,14	0,101
0,76	0,866	1,56	0,380	2,36	0,177	3,16	0,100
0,78	0,854	1,58	0,372	2,38	0,174	3,18	0,098
0,80	0,842	1,60	0,364	2,40	0,171	3,20	0,097
0,82	0,830	1,62	0,376	2,42	0,168	3,22	0,096
0,84	0,817	1,64	0,348	2,44	0,166	3,24	0,095
0,86	0,804	1,66	0,341	2,46	0,163	3,26	0,094
0,88	0,791	1,68	0,334	2,48	0,160	3,28	0,093
0,90	0,777	1,70	0,327	2,50	0,158	3,30	0,091
0,92	0,763	1,72	0,320	2,52	0,156	3,32	0,090
0,94	0,749	1,74	0,314	2,54	0,153	3,34	0,089
0,96	0,735	1,76	0,307	2,56	0,151	3,36	0,088
0,98	0,721	1,78	0,301	2,58	0,149	3,38	0,087
1,00	0,707	1,80	0,295	2,60	0,146	3,40	0,086
1,02	0,693	1,82	0,289	2,62	0,144	3,42	0,085
1,04	0,679	1,84	0,283	2,64	0,142	3,44	0,084
1,06	0,665	1,86	0,278	2,66	0,140	3,46	0,083
1,08	0,651	1,88	0,272	2,68	0,138	3,48	0,082
1,10	0,637	1,90	0,267	2,70	0,136	3,50	0,081
1,12	0,623	1,92	0,262	2,72	0,134	3,52	0,080
1,14	0,610	1,94	0,257	2,74	0,132	3,54	0,080
1,16	0,596	1,96	0,252	2,76	0,130	3,56	0,079
1,18	0,583	1,98	0,247	2,78	0,128	3,58	0,078

8.8 Beispiele für den Biegedrillknicknachweis bei Biegeträgern (Kippnachweis)

8.8.1 Exakter Nachweis (nach Arbeitsschema 8.2)

Die Trägerlage nach Abb. 8.1 hat die Lasten eines Behälters aufzunehmen. Der Träger ist über die Länge l = 4,40 m nicht gegen seitliches Ausweichen gehalten. Am Auflager liegt eine frei drehbare Lagerung vor, die Endstirnfläche ist nicht wölbbehindert (Gabellagerung).

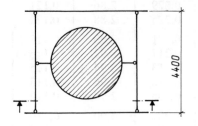 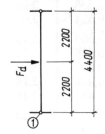

Querschnitt: IPE 240
A = 39,1 cm²;
I_y = 3 890 cm⁴; W_y = 324 cm³;
I_z = 284 cm⁴; $W_{pl,y}$ = 366 cm³
h = 240 mm; b = 120 mm;
t = 9,8 mm; s = 6,2 mm;
I_T = 12,9 cm⁴;
I_ω = 37 400 cm⁶;
$\beta = \beta_0 = 1$;
$l = l_0$ = 440 cm;
St 37; γ_M = 1,1
F_d = 45 kN

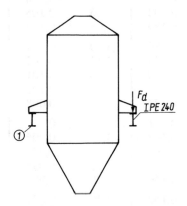

$$M_y = M_{y,d} = \frac{45 \cdot 440}{4} = 4\,950 \text{ kNcm}$$

$$V_z = V_{z,d} = \frac{45}{2} = 22,5 \text{ kN}$$

Abb. 8.1

● Lösung nach 8.2

$$A_g = 12 \cdot 0,98 + \frac{1}{5}(24 - 2 \cdot 0,98) \cdot 0,62 = 14,5 \text{ cm}^2$$

$$I_{z,g} = \frac{1}{2} \cdot 284 = 142 \text{ cm}^4$$

$$i_{z,g} = \sqrt{\frac{142}{14,5}} = 3,13 \text{ cm}$$

c = 440 cm
λ_a = 92,9
$W_{pl,y}$ = 366 cm⁴ $\approx$ 1,14 · 324 = 369 cm³

$$M_{pl,y,d} = 366 \cdot \frac{24}{1,1} = 7\,985 \text{ kNcm}$$

$$440 \; < \; 0{,}5 \cdot 92{,}9 \cdot \frac{7\,985}{4\,950} = 74{,}9 \; cm$$

Diese Gleichung ist nicht erfüllt.
Für den Druckkraftverlauf im Gurt ergibt sich
$k_c = 0{,}86$

$$\bar{\lambda} = \frac{440 \cdot 0{,}86}{3{,}13 \cdot 92{,}9} = 1{,}301 \qquad\qquad \bar{\lambda} = 1{,}301 \; < \; 0{,}5 \cdot \frac{7\,985}{4\,950} = 0{,}807$$

Diese Bedingung ist ebenfalls nicht erfüllt.
Der Träger ist ein Walzprofil.
κ für KSL c und $\bar{\lambda} = 1{,}301$ (Tabelle 7.4.2)
$\kappa = 0{,}388$

$$\frac{0{,}843 \cdot 4\,950}{0{,}388 \cdot 7\,985} = 1{,}347 \; > \; 1,$$

somit muß der exakte Nachweis geführt werden.

$$N_{Ki,z} = 3{,}14^2 \cdot 21\,000 \cdot \frac{284}{440^2} = 304 \; kN$$

$I_{\omega} = 37\,400 \; cm^6$
c^2 nach 7.5.1 mit $\beta_z = \beta_0 = 1$

$$c^2 = \frac{37\,400 + 0{,}039 \cdot 440^2 \cdot 12{,}9}{284} = 474{,}7 \; cm^2$$

$z_p = -12 \; cm; \; \zeta = 1{,}35$
$$M_{Ki,y} = 1{,}35 \cdot 304 \left[\sqrt{[474{,}7 + 0{,}25 \cdot (-12)^2]} + 0{,}5 \cdot (-12) \right] = 6\,812 \; kNcm$$

$M_{Ki,y}$ mit Diagramm 8.4
$M_{Ki,y} = 6\,800 \; kNcm$
$W_{pl,y} = 366 \; cm^3$ (Tabellenwert: $2 \cdot S_y$)
$M_{pl,y} = 366 \cdot 24 = 8\,784 \; kNcm$

$$\bar{\lambda}_M = \sqrt{\frac{8\,784}{6\,812}} = 1{,}136$$

Mit $\psi = 0$ ergibt sich für Walzträger ohne Ausklinkung $n = 2{,}5$.

$$\kappa_M = \left(\frac{1}{1 + 1{,}136^{2 \cdot 2{,}5}} \right)^{\frac{1}{2{,}5}} = 0{,}654$$

$$\frac{4\,950}{0{,}654 \cdot 7\,985} = 0{,}95 \; < \; 1$$

Der Träger ist nicht biegedrillknickgefährdet!

8.8.2 Näherungsnachweis nach der Druckstabanalogie

Für einen Biegeträger l = 500 cm mit mittiger Einzellast F_d ist der Biegedrillknicknachweis mit der Druckstabanalogie zu führen.

F_d = 10 kN

$$M_d = \frac{10 \cdot 500}{4} = 1\,250 \text{ kNcm}$$

IPE 200
St 37; γ_M = 1,1
$l = c$ = 500 cm (keine seitliche Halterung)

Variante 1
Rechnung nach DIN 18 800 T.2, Gl. 12
$M_{pl,y,d}$ = 4 800 kNcm; k_c = 0,86

$$i_{y,g} = \sqrt{\frac{142/2}{[28,5 - (20 - 2 \cdot 0,92) \cdot \frac{3}{5}\,] \cdot \frac{1}{2}}} = 2,52 \text{ cm}$$

$$\bar{\lambda} = \frac{500 \cdot 0,86}{92,9 \cdot 2,52} = 1,84 < 0,5\,\frac{4\,800}{1\,250} = 1,92$$

Nachweis erfüllt!

Variante 2
Lösung mit Diagramm 8.3
max M_y = 1 120 kNcm

$$\frac{\max M_y}{k_c} = \frac{1\,120}{0,86} = 1\,302 \text{ kNcm}$$

1 250 kNcm < 1 302 kNcm
Nachweis erfüllt!

9 Stäbe mit einachsiger Biegung und Normalkraft

Bei einachsiger Biegebeanspruchung mit Normalkraft liegt für das Ausweichen in der Momentenebene und auch senkrecht dazu ein Stabilitätsfall vor.

Beim Ausweichen in der Momentenebene ist der Träger gegen Biegeknicken abzusichern. Es treten nur Verschiebungen des Querschnitts auf. Dagegen verschiebt und verdreht sich der Querschnitt beim Ausweichen senkrecht zur Momentenebene. Dann muß der Versagensfall Biegedrillknicken untersucht werden.

Beide Nachweise werden in der DIN 18 800 T.2 mit plastischen Schnittgrößen und Interaktionsbeziehungen nach dem Verfahren Elastisch-Plastisch geführt. Der Nachweis für Stäbe mit Querbelastung und Normalkraft entspricht im Prinzip dem Ersatzstabverfahren [11]. Das Charakteristische am Ersatzstabverfahren ist die Rückführung auf eine fiktive Knicklänge und die Bezugnahme auf die Europäischen Knickspannungslinien.

Das entscheidende Kriterium für die Anwendung der Gleichungen für die Nachweisführung bildet die Bedingung, daß die zur Belastung gehörende Verformungsfigur nach Theorie I. Ordnung der Knickbiegelinie ähnlich ist. Anderenfalls können Differenzen auftreten. Die DIN 18 800 T.2 unterscheidet nicht, ob die Biegung des Stabes durch eine außermittig angreifende Druckkraft oder durch eine Querbelastung entsteht. Diese Unterscheidung ist auch bei der Umsetzung der Theorie II. Ordnung durch die notwendige Berücksichtigung von Imperfektionen nicht mehr erforderlich. Im Fall des Biegeknickens sind die Schnittgrößen am Gesamtstabwerk zu ermitteln. Für den Biegedrillknicknachweis werden die Einzelstäbe mit den ermittelten Endschnittgrößen gegebenenfalls aus dem Gesamtsystem herausgelöst betrachtet.

Zur Vereinfachung der Nachweisführung dürfen somit Biegeknicken und Biegedrillknicken getrennt untersucht werden. Die b/t-Begrenzungen müssen generell beachtet werden.

9.1 Biegeknicknachweis

Der bisherige Nachweis für Druck und Biegung beim Ausweichen in der Momentenebene erfolgte mit der klassischen Formel der DIN 4114.

Die Ableitung dieser Formel ist jedoch nicht eindeutig möglich und erlaubt deshalb auch keine Umstellung auf das Nachweisverfahren Elastisch-Plastisch. Die Nachweisgleichungen der DIN 18 800 T.2, Element 313 und 314 basieren auf der Theorie II. Ordnung. Der Einfluß der Theorie II. Ordnung darf vernachlässigt werden, wenn die Kriterien nach DIN 18 800 T.1, Element 739 erfüllt sind (vgl. auch 7.1).

Der Einfluß der Querkraft kann zu einer Reduzierung der Tragfähigkeit des Stabes führen. Bei $V/V_{pl} > 0,33$ ist eine Abminderung von M_{pl} vorgeschrieben.

Bei veränderlichen Querschnitten und bzw. oder veränderlichen Normalkräften gilt das Nachweisschema nach 9.3 nicht uneingeschränkt. Die Nachweisgleichung am Ende des Nachweisschemas 9.3 muß für alle maßgebenden Querschnitte mit den jeweils zugehörigen Schnittgrößen, Querschnittswerten und der zugehörigen Normalkraft N_{Ki} an der betreffenden Stelle erfüllt sein. Zusätzlich gelten die Bedingungen
$\eta_{Ki} \geqq 1,2$ und min $M_{pl} \geqq 0,05$ max M_{pl}.

Treten in einem Tragwerk Stababschnitte ohne Druckkräfte auf, die auf Grund der Verbindung mit druckbeanspruchten Stäben Biegemomente aufnehmen, ist DIN 18 800 T.2, Element 310 zu beachten.

9.2 Biegedrillknicknachweis

Wenn die Stäbe über ihre Länge nicht durch Halterungen am seitlichen Ausweichen gehindert werden, dann ist meist bei I-Querschnitten der Biegedrillknicknachweis gegenüber dem Biegeknicknachweis maßgebend.

In der Nachweisgleichung für das Biegedrillknicken werden die Tragwirkungen aus der zentrisch wirkenden Normalkraft sowie die Anteile aus der Biegung um die y-Achse addiert.

Die Ermittlung des Abminderungsfaktors κ_z erfolgt in Abhängigkeit von $\bar{\lambda}_{K,z}$. Dabei ist nach DIN 18 800 T.2, Element 320 $\bar{\lambda}_{K,z} = \sqrt{N_{pl}/N_{Ki}}$ mit der kleinsten Verzweigungslast für das Ausweichen rechtwinklig zur z-Achse oder der Drillknicklast zu berechnen. Die Biegedrillknicklast ergibt sich dabei unter alleiniger Wirkung der Normalkraft.

Bei ⌴ und ⊏-Profilen liegen Schubmittelpunkt und Schwerpunkt nicht an der gleichen Stelle. Die auftretende planmäßige Torsion ist bei einem Nachweis nach 9.4 nicht erfaßt. T-Querschnitte dürfen ebenfalls nicht auf dieser Grundlage nachgewiesen werden.

9.3 Nachweisschema bei einachsiger Biegung mit Normalkraft (Biegeknicken)

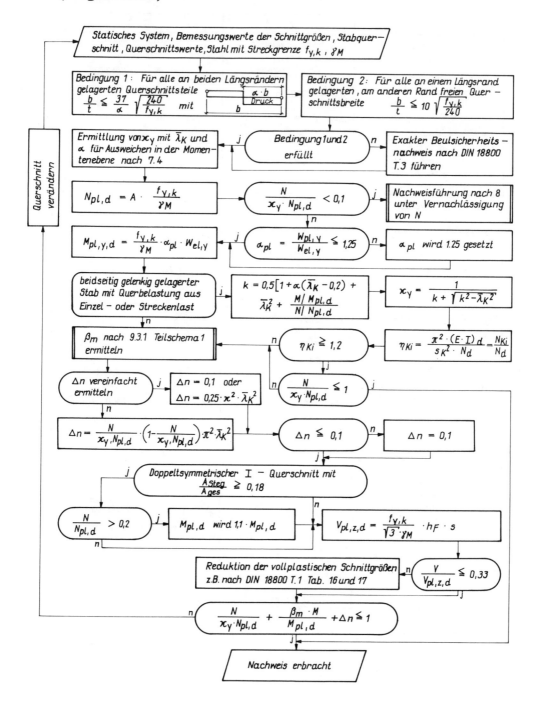

9.3.1 Momentenbeiwert β_m und β_M

	1	2	3
	Momentenverlauf	Momentenbeiwerte β_m für Biegeknicken	Momentenbeiwerte β_M für Biegedrillknicken
1	Stabendmomente M ... γM $\quad -1 \leqq \gamma \leqq 1$	$\beta_{m,\gamma} = 0{,}66 + 0{,}44\,\gamma$ jedoch $\beta_{m,\gamma} \geqq 1 - \dfrac{1}{\eta_{Ki}}$ und $\beta_{m,\gamma} \geqq 0{,}44$ $\eta_{Ki} = \dfrac{\pi^2 \cdot (E \cdot I)_d}{s_K{}^2 \cdot N}$	$\beta_{M,\gamma} = 1{,}8 - 0{,}7\,\gamma$
2	Momente aus Querlast M_Q M_Q	$\beta_{m,Q} = 1{,}0$	$\beta_{M,Q} = 1{,}3$ $\beta_{M,Q} = 1{,}4$
3	Momente aus Querlasten mit Stabendmomenten M_Q $M_1 \quad \Delta M$ M_Q $M_1 \quad \Delta M$ $M_1 \quad \Delta M$ M_Q	$\gamma = 0{,}77$: $\beta_m = 1{,}0$ $\gamma > 0{,}77$: $\beta_m = \dfrac{M_Q + M_1 \cdot \beta_{m,\gamma}}{M_Q + M_1}$	$\beta_M = \beta_{M,\gamma} + \dfrac{M_Q}{\Delta M}\,(\beta_{M,Q} - \beta_{M,\gamma})$ $M_Q = |\max M|$ nur aus Querlast $\Delta M = \begin{cases} |\max M| & \text{bei nicht durch-} \\ & \text{schlagendem Mo-} \\ & \text{mentenverlauf} \\ |\max M| + |\min M| & \text{bei durch-} \\ & \text{schlagendem} \\ & \text{Momentenver-} \\ & \text{lauf} \end{cases}$
		Für die anschließende Nachweisführung wird stets $\beta_{m,\gamma}$ und $\beta_{m,Q}$ bzw. $\beta_{m,\gamma}$ und $\beta_{M,Q}$ zu β_m bzw. β_M	

120

9.4 Nachweisschema bei einachsiger Biegung

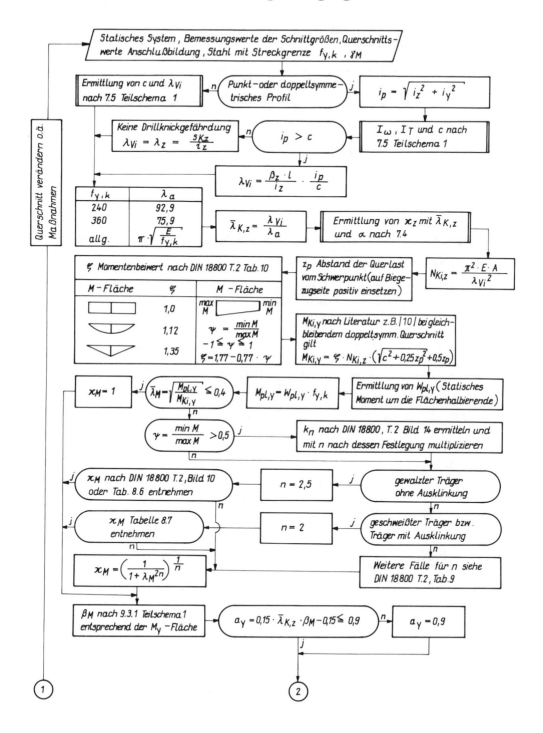

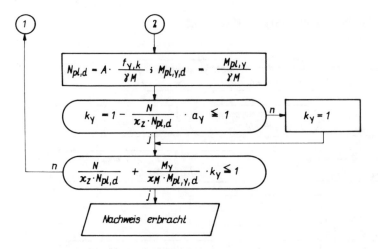

9.5 Beispiele für Träger mit Druck und einachsiger Biegebeanspruchung

9.5.1 Träger mit konstanter Normalkraft

Für den in Abb. 9.1 dargestellten Träger sind die erforderlichen Stabilitätsnachweise zu führen. Der Träger ist über seine Länge seitlich gegen Verdrehung nicht gehalten. Die Endauflager sind als Gabellagerungen ausgebildet.

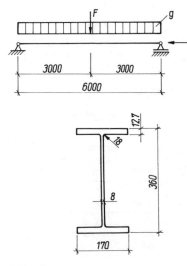

Abb. 9.1

Querschnittswerte IPE 360
$A = 72,7$ cm^2
$I_y = 16\,270$ cm^4
$I_z = 1\,040$ cm^4
$i_y = 15$ cm
$i_z = 3,8$ cm
$W_{el,y} = 904$ cm^3
$W_{pl,y} = 1\,020$ cm^3
Belastung
$g_d = 0,0244$ kN/cm
$F_d = 52$ kN
$N_d = N = 150$ kN

$$M_d = M = \frac{0,0244 \cdot 600^2}{8} + \frac{52 \cdot 600}{4} = 8\,900 \text{ kNcm}$$

$$V_{dl} = V_l = V_r = \frac{52}{2} = 26 \text{ kN}$$

St 37; $\gamma_M = 1,1$

● Lösung
Biegeknicken nach 9.3
b/t-Verhältnisse
Steg: $\alpha < 1$; mit $\alpha = 1$ ergibt sich jedoch schon

$$b/t = \frac{360 - 2 \cdot 12,7 - 2 \cdot 18}{8} = 37,3 \approx 37$$

Gurt: $\alpha = 1$

$$b/t = \frac{\dfrac{170}{2} - \dfrac{8}{2} - 18}{12,7} = 5 < 10$$

$$\lambda_y = \frac{600}{15} = 40$$

$$t < 40 \text{ mm} \rightarrow \lambda_a = 92,9$$

$$\bar{\lambda}_{K,y} = \frac{40}{92,9} = 0,4306$$

$h/b = 360/170 = 2,1 > 1,2$
$\rightarrow$ KSL a
$\alpha = 0,21$
$k = 0,5 \,[1 + 0,21 \,(0,4306 - 0,2) + 0,4306^2] = 0,6169$

$$\kappa_y = \frac{1}{0,6169 + \sqrt{0,6169^2 - 0,4306^2}} = 0,9446$$

$$N_{pl,d} = 72,7 \cdot \frac{24}{1,1} = 1\,586 \text{ kN}$$

$$\frac{150}{0,9446 \cdot 1586} = 0,101 > 0,1$$

Der Einfluß der Normalkraft darf nicht vernachlässigt werden!

$$\alpha_{pl} = \frac{1020}{904} = 1,128$$

$$M_{pl,y,d} = \frac{24}{1,1} \cdot 1,128 \cdot 904 = 22\,248 \text{ kNcm}$$

Es treten Strecken- und Einzellast auf.

Die Momente resultieren aus Querlasten, die Endmomente sind Null.
Nach 9.3.1 ergibt sich $\beta_m = \beta_{m,Q} = 1$
Δn nach der exakten Formel:

$$\Delta n = \frac{150}{0,9446 \cdot 1586} \left(1 - \frac{150}{0,9446 \cdot 1586}\right) \cdot 0,9446^2 \cdot 0,4306^2 = 0,015 < 0,1$$

$$A_{Steg} = (36 - 1,27) \cdot 0,8 = 27,8 \text{ cm}^2$$

$$\frac{27,8}{72,7} = 0,38 > 0,18$$

$$\frac{N}{N_{pl,d}} = \frac{150}{1586} = 0,095 < 0,2$$

$M_{pl,d,y}$ bleibt unverändert.

Stabilitätsnachweise

Einfluß der Querkraft

$$V_{pl,d,z} = (36 - 1,27) \cdot 0,8 \cdot \frac{24}{\sqrt{3 \cdot 1,1}} = 350 \text{ kN}$$

$$\frac{V}{V_{pl,d,z}} = \frac{26}{350} = 0,074 < 0,33$$

Damit braucht nach 2.2.2 bzw. DIN 18 800 T.1, Tab. 16 $M_{pl,d,y}$ nicht reduziert zu werden.
Nachweis

$$\frac{150}{0,9446 \cdot 1586} + \frac{1 \cdot 8\,900}{22\,248} + 0,015 = 0,52 < 1$$

Der Träger ist nicht biegeknickgefährdet.

Biegedrillknicken nach 9.4
doppeltsymmetrischer Querschnitt

$$i_p = \sqrt{15^2 + 3,79^2} = 15,47 \text{ cm}$$

Standardisiertes Profil
$I_T = 37,5 \text{ cm}^4$
$I_\omega = 314\,000 \text{ cm}^6$
c nach 7.5.1
Gabellagerung: $\beta = \beta_0 = 1$; $l = l_0 = 600 \text{ cm}$

$$c^2 = \frac{314\,000 + 0,039 \cdot 600^2 \cdot 37,5}{1040} = 806,6 \text{ cm}^2$$

$c = 28,4 \text{ cm}$
$15,47 \text{ cm} < 28,4 \text{ cm}$
Es besteht keine Drillknickgefährdung.

$$\lambda_z = \frac{600}{3,79} = 158,3$$

$$\lambda_a = 92,9$$

$$\overline{\lambda}_{K,z} = \frac{158,3}{92,9} = 1,704$$

Knickspannungslinie nach 7.4.1
$h/b = 36/17 = 2,11 > 1,2$
KSL b
κ_z nach 7.4.2
$\kappa_z = 0,277$

$$N_{Ki,z} = \frac{\pi^2 \cdot 21\,000 \cdot 72,7}{158,3^2} = 601,3 \text{ kN}$$

124

$z_p = -18$ cm (Lastangriff auf der Biegedruckseite)
$\zeta = 1,35$, der M-Anteil aus Einzellast dominiert.
$M_{Ki,y} = 1,35 \cdot 601,3 \, (\sqrt{28,4^2 + 0,25 \, (-18)^2} - 0,5 \cdot 18) = 16\,878$ kNcm

Mit Diagramm nach 8.4 ergibt sich
$M_{Ki,y} = 16\,800$ kNcm
$M_{pl,y} = 1\,020 \cdot 24 = 24\,480$ kNcm

$$\bar{\lambda}_M = \sqrt{\frac{24\,480}{16\,878}} = 1,204 > 0,4$$

$\psi = 0$

Gewalzter Träger mit Ausklinkung im Obergurt des Anschlußbereichs
$n = 2$

$$\kappa_M = \left(\frac{1}{1 + 1,204^{2 \cdot 2}}\right)^{1/2} = 0,567$$

κ_M kann ohne Rechnung 8.7 entnommen werden.
$\beta_M = \beta_{M,Q} \approx 1,4$
$a_y = 0,15 \cdot 1,704 \cdot 1,4 - 0,15 = 0,208 < 0,9$

$$N_{pl,d} = 72,7 \cdot \frac{24}{1,1} = 1\,586 \text{ kN}$$

$$M_{pl,y,d} = \frac{24\,480}{1,1} = 22\,255 \text{ kNcm} \triangleq 22\,248 \text{ kNcm}$$

Diese Werte können auch 2.2.5 entnommen werden.

$$k_y = 1 - \frac{150}{0,277 \cdot 1586} \cdot 0,208 = 0,929 \leqq 1$$

Nachweis

$$\frac{150}{0,277 \cdot 1586} + \frac{8\,900}{0,567 \cdot 22\,248} \cdot 0,929 < 1$$

$0,997 < 1$
Der Träger ist nicht biegedrillknickgefährdet.

9.5.2 Träger mit veränderlicher Normalkraft

Für die Stütze nach Abb. 9.2 ist der Biegeknicknachweis zu führen. Senkrecht zur Momenten-ebene ist der Träger gehalten. Die Normalkraft ist veränderlich. Nach 9.1 ist eine Nachweis-führung nur in Anlehnung an das Arbeitsschema 9.3 unter Beachtung der genannten Ein-schränkungen möglich.

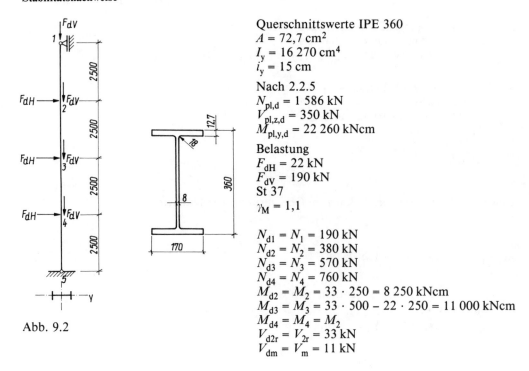

Querschnittswerte IPE 360
$A = 72,7$ cm^2
$I_y = 16\,270$ cm^4
$i_y = 15$ cm

Nach 2.2.5
$N_{pl,d} = 1\,586$ kN
$V_{pl,z,d} = 350$ kN
$M_{pl,y,d} = 22\,260$ kNcm

Belastung
$F_{dH} = 22$ kN
$F_{dV} = 190$ kN
St 37
$\gamma_M = 1,1$

$N_{d1} = N_1 = 190$ kN
$N_{d2} = N_2 = 380$ kN
$N_{d3} = N_3 = 570$ kN
$N_{d4} = N_4 = 760$ kN
$M_{d2} = M_2 = 33 \cdot 250 = 8\,250$ kNcm
$M_{d3} = M_3 = 33 \cdot 500 - 22 \cdot 250 = 11\,000$ kNcm
$M_{d4} = M_4 = M_2$
$V_{d2r} = V_{2r} = 33$ kN
$V_{dm} = V_m = 11$ kN

Abb. 9.2

● Lösung in Anlehnung an 9.3
Für alle maßgebenden Querschnitte ist die Nachweisgleichung nach 9.3 mit den zugehörigen Schnittgrößen und Querschnittswerten an der betreffenden Stelle zu erfüllen. Wegen der symmetrischen Momentenverteilung müssen die Stellen 3 und 4 untersucht werden.

Weiterhin wird gefordert:
$\eta_{Ki} \geq 1,2$ und $M_{pl} \geq 0,05$ max M_{pl}

Der Knicklängenbeiwert des Gesamtsystems mit veränderlicher Normalkraft nach [4] Systemgruppe 43.

$$\delta = \frac{D_0}{D_1} = \frac{N_1}{N_4} = \frac{190}{760} = 0,25 \rightarrow \beta = 0,8$$

$s_K = 0,8 \cdot 1000 = 800$ cm

b/t-Verhältnisse
Steg: $\alpha < 1$: mit $\alpha = 1$ ergibt sich jedoch schon

$$b/t = \frac{360 - 2 \cdot 12,7 - 2 \cdot 18}{8} = 37,3 \approx 37$$

$$\text{Gurt: } b/t = \frac{\dfrac{170}{2} - \dfrac{8}{2} - 18}{12,7} = 4,96 < 10$$

$$N_{\mathrm{Ki}} = \frac{\pi^2 \cdot 21\,000 \cdot 16\,270}{(0.8 \cdot 1000)^2} = 5\,269 \text{ kN}$$

$$\eta_{\mathrm{Ki}} = \frac{5\,269}{760} = 6.93 \; > \; 1.2$$

$\min M_{\mathrm{pl}} = \max M_{\mathrm{pl}}$ (Querschnitt konstant)

Nachweis Stelle 3

$$\overline{\lambda}_{\mathrm{K3}} = \sqrt{\frac{1\,582}{\dfrac{5\,269 \cdot 570}{760}}} = 0.632$$

$h/b = 36/17 = 2.11 \; > \; 1.2$
KSL a nach 7.4.1
$\kappa_{\mathrm{y}} = 0.877$
$\beta_{\mathrm{m}} = 1$

$$\Delta n = \frac{570}{0.877 \cdot 1\,582} \left(1 - \frac{570}{0.877 \cdot 1\,582}\right) \cdot 0.877^2 \cdot 0.632^2 = 0.074$$

$$\frac{V}{V_{\mathrm{pl,z,d}}} = \frac{11}{350} = 0.03 \; < \; 0.33$$

$$\frac{570}{0.877 \cdot 1\,582} + \frac{1 \cdot 11\,000}{22\,260} + 0.074 = 0.98 \; < \; 1$$

Die Stelle 3 ist nachgewiesen.

Nachweis Stelle 4

$$\overline{\lambda}_{\mathrm{K4}} = \sqrt{\frac{1\,582}{5\,269}} = 0.548$$

KSL a bleibt
$\kappa_{\mathrm{y}} = 0.908$
$\beta_{\mathrm{m}} = 1$

$$\Delta n = \frac{760}{0.908 \cdot 1\,582} \left(1 - \frac{760}{0.908 \cdot 1\,582}\right) 0.908^2 \cdot 0.548^2 = 0.061$$

$$\frac{V}{V_{\mathrm{pl,z,d}}} = \frac{33}{350} = 0.09 \; < \; 0.33$$

$$\frac{760}{0.908 \cdot 1\,582} + \frac{1 \cdot 8\,250}{22\,260} + 0.061 = 0.96 \; < \; 1$$

Die Stelle 4 ist nachgewiesen.
Der Träger ist gegen Biegeknicken abgesichert.

10 Stäbe mit zweiachsiger Biegung mit oder ohne Druckkraft

Bei eingespannten Stützen oder Rahmenstielen treten häufig Biegemomente um beide Hauptachsen in Verbindung mit Druckkräften auf. Ebenfalls ist diese Beanspruchung auch bei Stützen mit außergewöhnlichen Einwirkungen (Anprall von Fahrzeugen) vorhanden, da die Anprallrichtung nur selten mit einer Hauptachse zusammenfällt.

Die erforderliche Interpretation der Verformungen für eine Nachweisführung nach Theorie II. Ordnung ist kompliziert und verlangt außerdem die Einbeziehung von Imperfektionen.

Die DIN 18 800 T.2, Element 321 bis 322 schlägt analog zur einachsigen Biegung mit Normalkraft eine Nachweisführung für Biegeknicken und Biegedrillknicken vor.

10.1 Biegeknicknachweis

Nach DIN 18 800 T.2, Element 321 und 322, kann der Nachweis des Biegeknickens bei zweiachsiger Biegung mit Normalkraft auf der Grundlage von zwei unterschiedlichen Nachweismethoden geführt werden. In [12] und [13] erfolgt eine Erläuterung und Begründung der Bemessungsgleichungen. Die Berechnung basiert auf der Grundlage des Ersatzstabverfahrens. In beiden Nachweisen ist das Biegedrillknicken nicht enthalten.

Beim Nachweisverfahren nach Theorie II. Ordnung wird stets nur eine Imperfektion in der maßgebenden Richtung angesetzt. Auf der Grundlage der Gleichungen ist für Stäbe ohne Biegedrillknickgefahr eine einfache Nachweisführung möglich. Das Biegeknicken um die starke Achse erfolgt mit einer entsprechenden Imperfektion, die dieser Richtung zugeordnet ist. Als Sonderfall ist der Nachweis des Biegeknickens um die schwache Achse enthalten.

In DIN 18 800 T.2, Element 123 ist eine Begrenzung des Formbeiwertes α_{pl} auf 1,25 festgelegt.

Diese Forderung beruht auf dem Umstand, daß infolge der Längsausdehnung plastizierter Bereiche zusätzliche seitliche Verformungen auftreten, deren Auswirkungen zu beachtlichen Zusatzmomenten führen können.

Bei den in DIN 18 800 T.2, Element 321, vorgestellten und im Arbeitsschema 10.3 aufbereiteten Nachweisverfahren sind diese ungünstigen Komponenten bereits z. T. erfaßt, so daß für $\alpha_{pl,z}$ die Schranke nicht berücksichtigt zu werden braucht. Bei $\alpha_{pl,y}$ liegen die geometrischen Relationen ohnehin so, daß $\alpha_{pl,y}$ in der Regel kleiner als 1,25 bleibt.

Die Nichtlinearität der N-M-Beziehungen wird über die Werte a_y und a_z berücksichtigt und in die Nachweisführung einbezogen. Die Vergrößerung der Momente infolge Theorie II. Ordnung erfolgt über die Abminderungsfaktoren κ_y und κ_z sowie die Beiwerte k_y und k_z. Die Momente, die durch die Imperfektionen entstehen, sind um so größer, je schlanker der Stab und je ungünstiger die Knickspannungslinie ist. Beide Einflüsse werden generell durch die Einbeziehung des Abminderungsfaktors κ in die Nachweisführung berücksichtigt. Dabei ist beim Biegeknicken stets von $\kappa = \min(\kappa_y, \kappa_z)$ auszugehen, beim Biegedrillknicken entsprechend der Ausweichrichtung von κ_z.

Die Bedingung $\eta_{Ki} = N_{Ki,d}/N \geq 1,2$ ist einzuhalten. Wenn die Nachweismethoden 1 und 2 für nur ein Biegemoment angewendet werden, muß der κ-Wert, welcher der Biegeebene zugeordnet ist, in die Rechnung eingeführt werden.

10.2 Biegedrillknicknachweis

Zusätzlich zum Biegeknicken ist ggf. der Biegedrillknicknachweis zu führen.

Als Kriterium für eine Biegedrillknickgefährdung kann der bezogene Schlankheitsgrad bei Biegemomentenbeanspruchung $\bar{\lambda}_M = \sqrt{M_{pl,y}/M_{Ki,y}}$ herangezogen werden. Stäbe mit $\bar{\lambda}_M \leq 0,4$ sind nicht biegedrillknickgefährdet.

In [14] wird darauf hingewiesen, daß der Fall der Biegung um die starke Achse mit Längskraft als Sonderfall nicht in der Nachweisgleichung für das Biegedrillknicken enthalten ist. Dies ist aufgrund der vorausgesetzten Versagensform und der angesetzten Imperfektionen generell nicht möglich.

Beim Biegedrillknicknachweis nach DIN 18 800 T.2, Element 323 wird planmäßige Torsion nicht erfaßt und erfordert einen gesonderten Nachweis.

Ebenfalls können T-Querschnitte auf der Grundlage der DIN 18 800 T.2, Element 323 nicht nachgewiesen werden.

10.3 Nachweisschema für zweiachsige Biegung mit Druckkraft — Biegeknicken, Nachweismethode 1

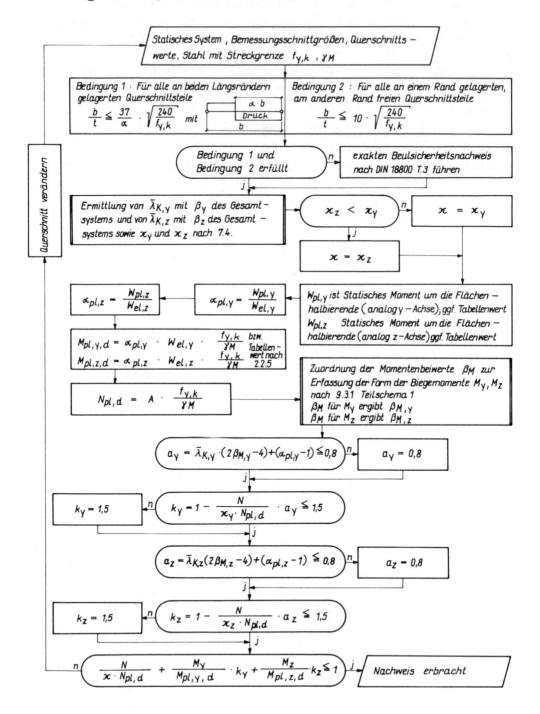

10.4 Nachweisschema für zweiachsige Biegung mit Druckkraft – Biegeknicken, Nachweismethode 2

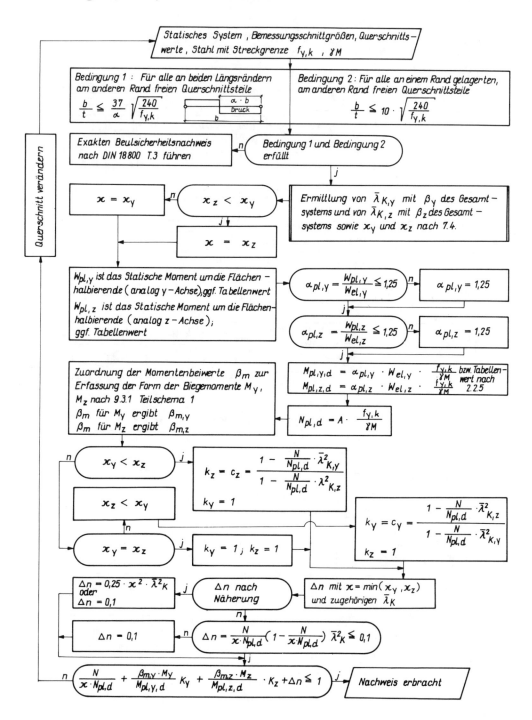

10.5 Nachweisschema für zweiachsige Biegung mit Druckkraft —
Biegedrillknicken

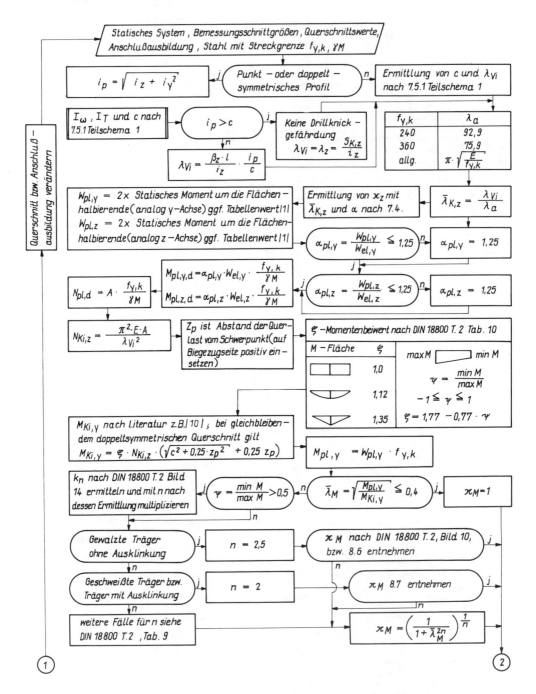

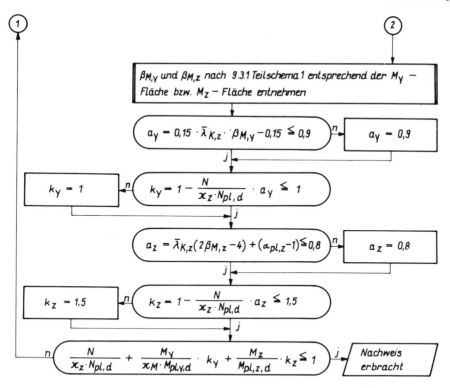

10.6 Beispiel für Träger mit Druck und zweiachsiger Biegebeanspruchung

Für den in Abb. 10.1 dargestellten Träger sind die erforderlichen Stabilitätsnachweise zu führen. Der Träger ist über seine Länge seitlich gegen Verdrehung nicht gehalten. Die Endauflager sind als Gabellagerungen ausgebildet.

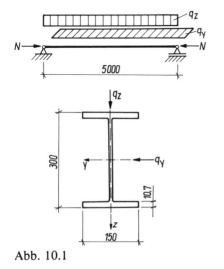

Querschnittswerte IPE 300
$A = 53{,}8$ cm^2
$I_y = 8\,360$ cm^4
$W_{el,y} = 557$ cm^3
$I_z = 604$ cm^4
$W_{el,z} = 80{,}5$ cm^3
$i_y = 12{,}5$ cm
$i_z = 3{,}35$ cm
$I_T = 20{,}2$ cm^4
$I_\omega = 126\,000$ cm^6

Belastung
$N = N_d = 100$ kN
$q_z = q_{z,d} = 0{,}13$ kN/cm
$q_y = q_{y,d} = 0{,}01$ kN/cm

Abb. 10.1

Stabilitätsnachweise

$$M_y = 0,13 \cdot \frac{500^2}{8} = 4\,062,5 \text{ kNcm}$$

$$M_z = 0,01 \cdot \frac{500^2}{8} = 312,5 \text{ kNcm}$$

● Lösung nach 10.3, 10.4 und 10.5
Biegeknicken nach 10.3
(Variante Nachweismethode 1)
b/t-Verhältnisse
Steg: $\alpha < 1$, mit $\alpha = 1$ ergibt sich jedoch schon

$$b/t = \frac{300 - 2 \cdot 10,7 - 2 \cdot 15}{7,1} = 35 < 37$$

Gurt: $b/t = \dfrac{150/2 - 7,1/2 - 15}{10,7} = 5,28 < 10$

$$\beta_y = 1$$

$$\lambda_{K,y} = \frac{500}{12,5} = 40$$

$$\bar{\lambda}_{K,y} = \frac{40}{92,3} = 0,431$$

Ausweichen $\perp$ zur y-Achse
$h/b = 300/150 = 2 > 1,2 \to$ nach 7.4.1
KSL a
κ_y nach 7.4.2
$\kappa_y = 0,945$
$\beta_z = 1$

$$\lambda_{K,z} = \frac{500}{3,35} = 149,3$$

$$\bar{\lambda}_{K,z} = \frac{149,3}{92,9} = 1,607$$

Ausweichen $\perp$ zur z-Achse
KSL b
$\kappa_z = 0,306$
$\kappa_z < \kappa_y$, somit wird $\kappa = 0,306$ festgelegt.

$$W_{pl,y} = 2 \cdot 314 = 628 \text{ cm}^3 \approx 1,14 \cdot 557 = 635 \text{ cm}^3$$

$$W_{pl,z} = 2 \cdot S_z = \frac{15}{2} \cdot 1,07 \cdot \frac{15}{4} \cdot 4 = 120,4 \text{ cm}^3$$

$$\alpha_{pl,y} = \frac{635}{557} = 1,14$$

$$\alpha_{pl,z} = \frac{120,4}{80,5} = 1,50$$

134

DIN 18 800 T.2, Element 123 ($\alpha_{pl} < 1{,}25$) ist bei dieser Nachweismethode nicht anzuwenden!

$$M_{pl,y,d} = 1{,}14 \cdot 557 \cdot \frac{24}{1{,}1} = 13\,855 \text{ kNcm}$$

(nach 2.2.5 ergibt sich $M_{pl,y,d} = 13\,700$ kNcm)

$$M_{pl,z,d} = 1{,}50 \cdot 80{,}5 \cdot \frac{24}{1{,}1} = 2\,635 \text{ kNcm}$$

$$N_{pl,d} = 53{,}8 \cdot \frac{24}{1{,}1} = 1\,174 \text{ kN}$$

β_M nach 9.3.1 Spalte 3
$\beta_{M,y} = 1{,}3$; $\beta_{M,z} = 1{,}3$
$a_y = 0{,}431 \cdot (2 \cdot 1{,}3 - 4) + (1{,}14 - 1) = -0{,}463 < 0{,}8$

$$k_y = 1 - \frac{100}{0{,}945 \cdot 1\,174} \cdot (-0{,}463) = 1{,}042 < 1{,}5$$

$a_z = 1{,}607 \, (2 \cdot 1{,}3 - 4) + (1{,}5 - 1) = -1{,}75 < 0{,}8$

$$k_z = 1 - \frac{100}{0{,}306 \cdot 1\,174} \cdot (-1{,}75) = 1{,}487 < 1{,}5 \rightarrow k_z = 1{,}487$$

Nachweis

$$\frac{100}{0{,}306 \cdot 1174} + \frac{4\,062{,}5}{13\,855} \cdot 1{,}042 + \frac{312{,}5}{2\,635} \cdot 1{,}487 < 1$$

$0{,}76 < 1$

Der Träger ist nicht biegeknickgefährdet.

Biegeknicken nach 10.4
(Variante Nachweismethode 2)
$\kappa_z = 0{,}306$; $\kappa_y = 0{,}945$ (vgl. Variante 1)
$W_{pl,y} = 635 \text{ cm}^3$
$W_{pl,z} = 120{,}4 \text{ cm}^3$

$$\alpha_{pl,y} = \frac{635}{557} = 1{,}14 < 1{,}25$$

$$\alpha_{pl,z} = \frac{120{,}4}{80{,}5} = 1{,}50 > 1{,}25 \rightarrow \alpha_{pl,z} = 1{,}25$$

$$M_{pl,y,d} = 1{,}14 \cdot 557 \cdot \frac{24}{1{,}1} = 13\,855 \text{ kNcm}$$

$$M_{pl,z,d} = 1{,}25 \cdot 80{,}5 \cdot \frac{24}{1{,}1} = 2\,195 \text{ kNcm}$$

$$N_{pl,d} = 53{,}8 \cdot \frac{24}{1{,}1} = 1\,174 \text{ kN}$$

Stabilitätsnachweise

β_m nach 9.3.1 Spalte 2

$\beta_{m,y} = 1; \beta_{m,z} = 1$

$\kappa_z < \kappa_y$

$k_z = 1$

$$k_y = c_y = \frac{1 - \dfrac{100}{1\,174} \cdot 1{,}607^2}{1 - \dfrac{100}{1\,174} \cdot 0{,}431^2} = 0{,}7926 \qquad \kappa = 0{,}306; \ \bar{\lambda}_K = 1{,}607$$

$$\Delta n = \frac{100}{0{,}306 \cdot 1\,174}\left(1 - \frac{100}{0{,}306 \cdot 1\,174}\right) \cdot 0{,}306^2 \cdot 1{,}607^2 = 0{,}05 \ < \ 0{,}1$$

Nachweis

$$\frac{100}{0{,}306 \cdot 1\,174} + \frac{1 \cdot 4062{,}5}{13\,855} \cdot 0{,}7926 + \frac{1 \cdot 312{,}5}{2\,195} \cdot 1 + 0{,}05 \ < \ 1$$

$0{,}66 \ < \ 1$

Der Träger ist nicht biegeknickgefährdet.

Biegedrillknicken nach 10.5
Der Querschnitt ist doppeltsymmetrisch.
$i_p = \sqrt{12{,}5^2 + 3{,}35^2} = 12{,}94 \text{ cm}$

c nach 7.5.1
$I_\omega = 126\,000 \text{ cm}^6$ (Tabellenwert)
$I_T = 20{,}2 \text{ cm}^4$ (Tabellenwert)
mit $\beta = \beta_0 = 1$ und $l = l_0 = 500 \text{ cm}$ (Gabellagerung)

$$c^2 = \frac{126\,000 + 0{,}039 \cdot 500^2 \cdot 20{,}2}{604}$$

$c = 23{,}1 \text{ cm}$
$i_p \ < \ c; \ 12{,}9 \text{ cm} \ < \ 23{,}1 \text{ cm}$
Es ist keine Drillknickgefährdung vorhanden.

$$\lambda_z = \frac{500}{3{,}35} = 149{,}3$$

λ_z wird für das Arbeitsschema gleich λ_{Vi} gesetzt.
$\lambda_a = 92{,}9$

$$\bar{\lambda}_{K,z} = \frac{149{,}3}{92{,}9} = 1{,}607$$

KSL b nach 7.4.1
$\kappa_z = 0{,}306$ nach 7.4.2
$W_{pl,y} = 635 \text{ cm}^3$
$W_{pl,z} = 120{,}4 \text{ cm}^3$
$\alpha_{pl,y} = 1{,}14$
$\alpha_{pl,z} = 1{,}25$
jeweils vom Biegeknicknachweis übernommen.

$$M_{\mathrm{pl,y,d}} = 1{,}14 \cdot 557 \cdot \frac{24}{1{,}1} = 13\ 855 \text{ kNcm}$$

$$M_{\mathrm{pl,z,d}} = 1{,}25 \cdot 80{,}5 \cdot \frac{24}{1{,}1} = 2\ 195 \text{ kNcm}$$

$$N_{\mathrm{pl,d}} = 53{,}8 \cdot \frac{24}{1{,}1} = 1\ 174 \text{ kN}$$

$$N_{\mathrm{Ki,z}} = \frac{\pi^2 \cdot 21\ 000 \cdot 53{,}8}{149{,}3} = 500{,}2 \text{ kN}$$

$z_{\mathrm{p}} = -15 \text{ cm}$
$\zeta = 1{,}12$

$$M_{\mathrm{Ki,y}} = 1{,}12 \cdot 500{,}2 \left[\sqrt{23{,}1^2 + 0{,}25\ (-15)^2} + 0{,}25\ (-15)\right] = 11\ 506 \text{ kNcm}$$

$$M_{\mathrm{pl,y}} = 1{,}14 \cdot 557 \cdot 24 = 15\ 240 \text{ kNcm}$$

$$\overline{\lambda}_{\mathrm{M}} = \sqrt{\frac{15\ 240}{11\ 506}} = 1{,}15 > 0{,}4$$

Träger gewalzt, nicht ausgeklinkt
$n = 2{,}5$
κ_{M} nach 8.6 $\quad \kappa_{\mathrm{M}} = 0{,}644$
β_{M} nach 9.3.1
$\beta_{\mathrm{M,y}} = 1{,}3$
$\beta_{\mathrm{M,z}} = 1{,}3$
$a_{\mathrm{y}} = 0{,}15 \cdot 1{,}607 \cdot 1{,}3 - 0{,}15 = 0{,}169 < 0{,}9$

$$k_{\mathrm{y}} = 1 - \frac{100}{0{,}945 \cdot 1174} \cdot 0{,}163 = 0{,}985 < 1$$

$$a_{\mathrm{z}} = 1{,}607\ (2 \cdot 1{,}3 - 4) + (1{,}25 - 1) = -2$$

$$k_{\mathrm{z}} = 1 - \frac{100}{0{,}306 \cdot 1174} \cdot (-2) = 1{,}55 > 1{,}5 \rightarrow k_{\mathrm{z}} = 1{,}5$$

Nachweis

$$\frac{100}{0{,}306 \cdot 1\ 174} + \frac{4\ 062{,}5}{0{,}644 \cdot 13\ 855} + \frac{312{,}5}{2\ 195} \cdot 1{,}5 = 0{,}95 < 1$$

Der Träger ist nicht biegedrillknickgefährdet.

10.7 Stäbe mit zweiachsiger Biegung und Torsion

10.7.1 Erläuterungen

In der DIN 18 800 T.2, Abschnitt 3.5 ist der Nachweis für zweiachsige Biegung mit oder ohne Normalkraft enthalten. Beim Biegedrillknicknachweis wird jedoch eingeschränkt, daß eine planmäßige Torsion in der Nachweisführung nicht berücksichtigt ist. An Trägern greift jedoch häufig die Horizontalkraft in Höhe des Obergurtes an und verursacht somit sowohl Biege- als auch Torsionsbeanspruchung.

Dieses Problem wurde u. a. von [16] exakt gelöst. Die Anwendung erfordert Näherungslösungen. Die Berechnung als Spannungsproblem bereitete [4] nach Theorie II. Ordnung für die praktische Berechnung auf.

Die Lösung gilt für Einfeldträger mit doppelt- oder einfachsymmetrischen Querschnitten und beidseitiger Gabellagerung. Für die Berechnung wird das Nachweisverfahren Elastisch-Elastisch angewendet. Die Möglichkeiten der örtlichen Plastizierung nach DIN 18 800 T.1, Element 749 bzw. 750 werden dabei nicht berücksichtigt. Hier ist die Nachweisführung von [4] auf die Achsendefinition der DIN 18 800 umgestellt und nach [17] um ein Glied für die Berücksichtigung von Imperfektionen erweitert. Als Vorkrümmungsverlauf wurde dabei eine sin-Halbwelle gewählt. Die Vorzeichendefinition für den Drillwinkel ϑ ist in Abb. 10.2 dargestellt. Beim Festlegen der Achsabstände e bzw. $\bar{e}$ bedeutet der erste Index die Koordinate und der zweite die Richtung der Kraft. Der Querstrich kennzeichnet Einzelkräfte. Ohne Querstrich handelt es sich bei den äußeren Kräften um Streckenlasten. Die Vorverformung v_0 wurde entsprechend DIN 18 800 T.2, Element 202 nur in Richtung der y-Achse angesetzt. Diese Richtung ist im vorliegenden Fall der Biegetorsion die ungünstigste. Der Stich der Vorkrümmung ist in Abhängigkeit von der Knickspannungslinie DIN 18 800 T.2, Tab. 3 zu entnehmen. Nach DIN 18 800 T.2, Element 202 genügt es, beim Biegedrillknicken lediglich eine Vorkrümmung von $0,5 \cdot v_0$ anzusetzen. Dieser Wert darf nach DIN 18 800 T.2, Element 201 bei Anwendung des Nachweisverfahrens Elastisch-Elastisch auf 2/3 reduziert werden. Der Faktor 2/3 trägt dem Umstand Rechnung, daß die plastische Querschnittsreserve nicht ausgenutzt wird. Im Mittel werden dadurch angenäherte Traglasten wie bei einer Nachweisführung Elastisch-Plastisch angestrebt.

Um die maximalen Biegenormalspannungen und die Verwölbung berechnen zu können, müssen der Drillwinkel ϑ und dessen zweite Ableitung ϑ'' in Trägermitte bekannt sein. Die Berechnung dieser Werte bereitet numerische Schwierigkeiten. Im Arbeitsschema ist für die Lastarten 2 und 3 nach Tabelle 10.7.4 ϑ''_m als erste Näherung angegeben. Sie ist in diesem Fall genügend genau. Bei Lastart 1, 4 und 5 empfiehlt [4] eine exaktere Lösung.

Im Nachweisschema werden, wie auch sonst für Stabilitätsnachweise, Druckspannungen positiv angegeben. Ein positives Moment ist so definiert, daß auf der Seite der positiven Achse Druckspannungen entstehen. Wenn eindeutig feststeht, für welchen Eckpunkt die maximale Spannung auftritt, genügt der Nachweis für diese Stelle.

Der Träger ist über seine Länge l nicht gegen seitliches Ausweichen gehalten.

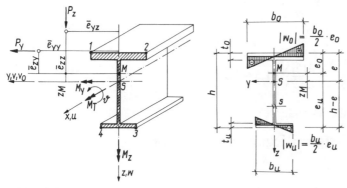

Abb. 10.2

10.7.2 Nachweisschema für zweiachsige Biegung und Torsion

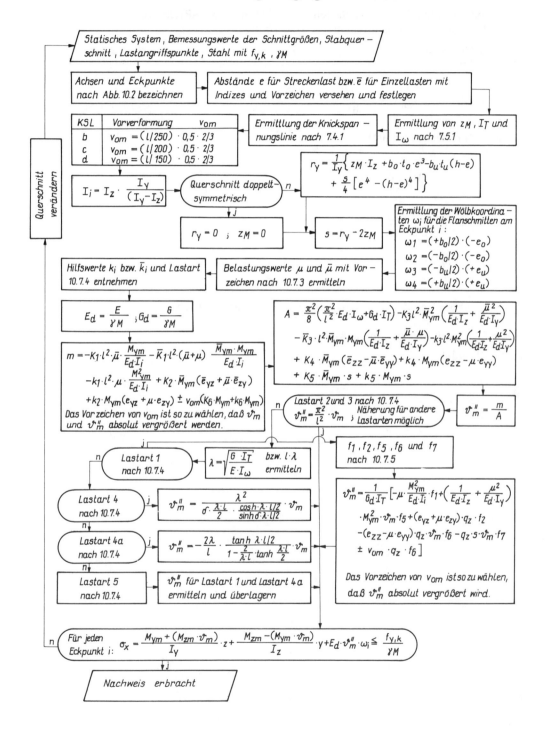

10.7.3 Zusammenstellung der Belastungswerte

q_z, q_y Komponenten der Streckenlasten in z-Richtung bzw. y-Richtung.
M_{ym}, M_{zm} zugehörige Biegemomente in Trägermitte
Lastart nach 10.7.4
Lastart 1 (Streckenlast)

$$M_{ym} = \frac{q_z \cdot l^2}{8} \,, \qquad M_{zm} = - \frac{q_y \cdot l^2}{8}$$

Lastart 2 (Ersatzstreckenlast)

$$M_{ym} = \frac{q_z \cdot l^2}{\pi^2} \,, \qquad M_{zm} = - \frac{q_y \cdot l^2}{\pi^2}$$

mit $q = \max M \cdot \dfrac{\pi^2}{l^2}$

$$\mu = \frac{M_{zm}}{M_{ym}} = - \frac{q_y}{q_z}$$

P_z, P_y Komponenten der Einzellasten in z-Richtung bzw. y-Richtung

$\overline{M}_{ym}$, $\overline{M}_{zm}$ zugehörige maximale Momente
Lastart 4 und 4a

$$\overline{M}_{ym} = \frac{P_z \cdot l}{4} \cdot \delta$$

$$\overline{M}_{zm} = \frac{-P_y \cdot l}{4} \cdot \delta$$

δ vgl. 10.7.4

$$\overline{\mu} = \frac{\overline{M}_{zm}}{\overline{M}_{ym}} = - \frac{P_z}{P_y}$$

10.7.4 Tabelle für Hilfswerte k_i und K_i

		1	2	3	4	5	6
Lastart		k_1	k_2	k_3	k_4	k_5	k_6
1 konst		0,1114	1,2732	0,0975	1	0,5725	1,0725
2 $q=\sin\frac{x\cdot\pi}{l}$		0,1061	1,2337	0,0940	1,0470	0,5235	1,0472
3 M		0,1592	–	0,1250	–	1,2337	1,2337
	δ	K_1	K_2	K_3	K_4	K_5	K_6
4	0,5	0,1354	1,4142	0,1155	1	0,6752	1,0877
	0,6	0,1256	1,3484	0,1093	1,0908	0,5908	1,1363
	0,7	0,1142	1,2729	0,1012	1,1341	0,5184	1,0854
	0,8	0,1016	1,1889	0,0914	1,1306	0,4576	1,0229
4a	0,9	0,0880	1,0974	0,0798	1,0839	0,4076	0,9495
	1	0,0736	1	0,0670	1	0,3669	0,8668
5	K	0,0736	1	0,0670	1	0,3669	0,8668
	$\overline{K}$	0,0897	–	0,0801	–	–	–
	k	0,1114	1,2732	0,0975	1	0,5725	1,0725

10.7.5 Tabelle für die Hilfswerte f_1, f_2, f_5, f_6, f_7

$\lambda \cdot l$	f_2	f_6	f_1	f_5	f_7
0,5	0,0305	0,0254	0,0224	0,0204	0,0153
1,0	0,1132	0,0946	0,0833	0,0756	0,0573
1,5	0,2276	0,1907	0,1685	0,1530	0,1169
2,0	0,3519	0,2961	0,2623	0,2387	0,1844
2,5	0,4705	0,3978	0,3535	0,3226	0,2525
3,0	0,5749	0,4890	0,4362	0,3992	0,3171
3,5	0,6626	0,5673	0,5083	0,4666	0,3765
4,0	0,7342	0,6329	0,5697	0,5247	0,4303
4,5	0,7915	0,6873	0,6216	0,5746	0,4789
5,0	0,8369	0,7322	0,6655	0,6173	0,5227
5,5	0,8727	0,7692	0,7026	0,6540	0,5623
6,0	0,9007	0,7999	0,7341	0,6858	0,5982
6,5	0,9226	0,8253	0,7611	0,7135	0,6308
7,0	0,9397	0,8466	0,7843	0,7378	0,6604
7,5	0,9530	0,8645	0,8045	0,7591	0,6874
8,0	0,9634	0,8796	0,8220	0,7781	0,7120
8,5	0,9715	0,8924	0,8374	0,7950	0,7343
9,0	0,9778	0,9034	0,8509	0,8101	0,7547
9,5	0,9827	0,9129	0,8629	0,8237	0,7733
10,0	0,9865	0,9211	0,8736	0,8360	0,7902
10,5	0,9895	0,9282	0,8831	0,8470	0,8056
11,0	0,9918	0,9344	0,8916	0,8571	0,8196
11,5	0,9936	0,9399	0,8993	0,8663	0,8324
12,0	0,9950	0,9447	0,9062	0,8746	0,8441
12,5	0,9961	0,9490	0,9125	0,8823	0,8547
13,0	0,9970	0,9528	0,9182	0,8893	0,8644
13,5	0,9977	0,9562	0,9233	0,8957	0,8733
14,0	0,9982	0,9593	0,9280	0,9016	0,8814
14,5	0,9986	0,9620	0,9324	0,9071	0,8889
15,0	0,9989	0,9645	0,9363	0,9121	0,8957
15,5	0,9991	0,9667	0,9399	0,9168	0,9019
16,0	0,9993	0,9688	0,9433	0,9211	0,9077
16,5	0,9995	0,9706	0,9463	0,9251	0,9129
17,0	0,9996	0,9723	0,9492	0,9289	0,9178
17,5	0,9997	0,9739	0,9518	0,9323	0,9223
18,0	0,9998	0,9753	0,9542	0,9356	0,9264
18,5	0,9998	0,9766	0,9565	0,9386	0,9303
19,0	0,9999	0,9778	0,9586	0,9414	0,9338
19,5	0,9999	0,9790	0,9606	0,9440	0,9371
20,0	0,9999	0,9800	0,9624	0,9465	0,9402

10.7.6 Beispiel für einen Träger mit zweiachsiger Biegung und Torsion

Für den Träger nach Abb. 10.3 sind die erforderlichen Nachweise zu führen.

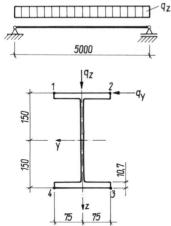

Querschnitt IPE 300
Querschnittswerte
$I_y = 8\,360\ \text{cm}^4$
$I_z = 604\ \text{cm}^4$
$t = 10{,}7\ \text{mm}$

Belastung
$q_z = q_{zd} = 0{,}13\ \text{kN/cm}$
$q_y = q_{yd} = 0{,}01\ \text{kN/cm}$
St 37
$\gamma_M = 1{,}1$

Abb. 10.3

● Lösung nach 10.7.2
Achs- und Eckbezeichnung siehe Abb. 10.3

Koordinaten der Eckpunkte in cm

Punkt	y	z
1	+ 7,5	− 15
2	− 7,5	− 15
3	− 7,5	+ 15
4	+ 7,5	+ 15

Zur Streckenlast q_z gehören die Abstände $e_{yz} = 0$ und $e_{zz} = -15\ \text{cm}$. Zur Streckenlast q_y gehören die Abstände $e_{zy} = -15\ \text{cm}$ und $e_{yy} = 0$.

Da keine Einzellasten vorhanden sind, werden alle Werte mit Querstrich Null.

I_T, I_ω und z_M nach 7.5.1
$I_T = 20{,}2\ \text{cm}^4$ Tabellenwerte
$I_\omega = 125\,900\ \text{cm}^6$
$z_M = 0$

Knickspannungslinie nach 7.4.1
Für $h/b = 300/150 = 2$ ergibt sich KSL b
$v_{0m} = (500/250) \cdot 0{,}5 \cdot 2/3 = 0{,}67\ \text{cm}$

$$I_i = 604\ \frac{8\,360}{8\,360 - 604} = 651\ \text{cm}^4$$

Querschnitt doppeltsymmetrisch
$r_y = 0; \quad s = 0$

Stabilitätsnachweise

Ermittlung der Wölbordinaten ω_i

Eckpunkt 1: $\omega_1 = 7,5 \left[-\left(15 - \dfrac{1,07}{2} \right) \right] = -108,5$

Eckpunkt 2: $\omega_2 = (-7,5) \left[-\left(15 - \dfrac{1,07}{2} \right) \right] = +108,5$

Eckpunkt 3: $\omega_3 = (-7,5) \left(15 - \dfrac{1,07}{2} \right) = -108,5$

Eckpunkt 4: $\omega_4 = 7,5 \left(15 - \dfrac{1,07}{2} \right) = +108,5$

Lastart 1 nach 10.7.4

Belastungswerte nach 10.7.3
(Vorzeichen beachten!)

$$M_{ym} = \frac{0,13 \cdot 500^2}{8} = 4\,062,5 \text{ kNcm}$$

$$M_{zm} = -\frac{0,01 \cdot 500^2}{8} = -312,5 \text{ kNcm}$$

$$\mu = -\frac{312,5}{4\,062,5} = -0,0769$$

Hilfswerte k_i und K_i nach 10.7.4
Für Lastart 1 ergibt sich nur k_i

$k_1 = 0,1114;\quad k_4 = 1$
$k_2 = 1,2732;\quad k_5 = 0,5725$
$k_3 = 0,0975;\quad k_6 = 1,0725$
$E_d = 21\,000/1,1 \text{ kN/cm}^2$
$G_d = 8\,100/1,1 \text{ kN/cm}^2$

$$m = -\ 0,1114 \cdot 500^2\,(-0,0769)\,\frac{4\,062,5 \cdot 1,1}{21\,000 \cdot 651}$$

$$+\ 1,2732 \cdot 4\,062,5\,[0 + (-0,0769) \cdot (-15)] + 0,67 \cdot 1,0725 \cdot 4\,062,5$$
$$m = 11\,729$$

$$A = \frac{\pi^2}{8}\left(\frac{\pi^2}{500^2} \cdot \frac{21\,000}{1,1} \cdot 125\,900 + \frac{8\,100}{1,1} \cdot 20,2 \right)$$

$$-\ 0,0975 \cdot 500^2 \cdot 4\,062,5^2 \left[\frac{1,1}{21\,000 \cdot 604} + \frac{1,1\,(-0,0769)^2}{21\,000 \cdot 8\,360} \right] + 1 \cdot 4\,062,5\,(-15)$$

$$A = 204\,731$$

$$\vartheta_m = \frac{11\,729}{204\,731} = 0,0573$$

144

Lastart 1

$$\lambda = \sqrt{\frac{1,1 \cdot 8\,100 \cdot 20,2}{1,1 \cdot 21\,000 \cdot 125\,900}} = 0,00787$$

$\lambda \cdot l = 0,00787 \cdot 500 = 3,93$

Nach 10.7.5

$f_1 = 0,56; \quad f_6 = 0,62$
$f_2 = 0,72; \quad f_7 = 0,42$
$f_5 = 0,51;$

$$\vartheta_m'' = - \frac{1 \cdot 1,1}{8\,100 \cdot 20,2}\left[-(-0,0769)\frac{1,1 \cdot 4\,062,5^2}{21\,000 \cdot 651} \cdot 0,56\right]$$

$$+ \frac{1,1}{21\,000}\left[\frac{1}{604} + \frac{(-0,0769)^2}{8\,360}\right] \cdot 4062,5 \cdot 0,0573 \cdot 0,51$$

$$+ [0 + (-0,0769) \cdot (-15)] \cdot 0,13 \cdot 0,72$$
$$- (-15) \cdot 0,13 \cdot 0,0573 \cdot 0,62 + 0,67 \cdot 0,13 \cdot 0,62$$
$$\vartheta_m'' = -2,220 \cdot 10^{-6}$$

Näherungsrechnung zum Vergleich

$$\vartheta_m'' = - \frac{\pi^2}{500^2} \cdot 0,0573 = -2,226 \cdot 10^{-6}$$

Für die Relationen des Beispiels wäre die Näherung auch für Lastart 1 vertretbar genau.

Spannungsermittlung für Eckpunkt 1

$$\sigma_x = \frac{4\,062,5 + (-312,5 \cdot 0,0578)}{8\,360} \cdot (-15)$$

$$- \frac{(-312,5) - 4\,062,5 \cdot 0,0578}{604} \cdot (+7,5)$$

$$+ \frac{21\,000}{1,1}(-2,220 \cdot 10^{-6}) \cdot (-108,5)$$

$$= -7,3 + 6,8 + 4,6 = 4,1 \text{ kN/cm}^2$$

$$\sigma_x = 4,1 \text{ kN/cm}^2 < \frac{24}{1,1} = 21,8 \text{ kN/cm}^2$$

Eckpunkt 2

$$\sigma_x = \frac{4\,062,5 + (-312,5 \cdot 0,0578)}{8\,360} \cdot (-15)$$

$$- \frac{(-312,5) - 4\,062,5 \cdot 0,0578}{604} \cdot (-7,5)$$

Stabilitätsnachweise

$$+ \frac{21\,000}{1,1} (- 2,220 \cdot 10^{-6}) \cdot (+ 108,5)$$

$$= - 7,3 - 6,8 - 4,6 = - 18,7 \text{ kN/cm}^2 \text{ (Zug)}$$

$$\sigma_x = - 18,7 \text{ kN/cm}^2 < \frac{24}{1,1} = 21,8 \text{ kN/cm}^2$$

Eckpunkt 3

$$\sigma_x = \frac{4\,062,5 + (- 312,5 \cdot 0,0578)}{8\,360} \cdot (+ 15)$$

$$- \frac{(- 312,5) - 4\,062,5 \cdot 0,0578}{604} \cdot (- 7,5)$$

$$+ \frac{21\,000}{1,1} (- 2,220 \cdot 10^{-6}) \cdot (- 108,5)$$

$$= + 7,3 - 6,8 + 4,6 = 5,1 \text{ kN/cm}^2$$

$$\sigma_x = 5,1 \text{ kN/cm}^2 < \frac{24}{1,1} = 21,8 \text{ kN/cm}^2$$

Eckpunkt 4

$$\sigma_x = \frac{4\,062,5 + (- 312,5 \cdot 0,0578)}{8\,360} \cdot (+ 15)$$

$$- \frac{(- 312,5 - 4\,062,5 \cdot 0,0578)}{604} \cdot (+ 7,5)$$

$$+ \frac{21\,000}{1,1} (- 2,220 \cdot 10^{-6}) \cdot (+ 108,5)$$

$$= + 7,3 + 6,8 - 4,6 = 9,5 \text{ kN/cm}^2$$

$$\sigma_x = 9,5 \text{ kN/cm}^2 < \frac{24}{1,1} = 21,8 \text{ kN/cm}^2$$

Nachweis erbracht!

11 Mehrteilige einfeldrige Stäbe mit unveränderlichem Querschnitt und konstanter Normalkraft

Im Gegensatz zur kontinuierlichen Verbindung zwischen Gurt und Steg ist das Konstruktionsprinzip für mehrteilige Stäbe durch eine punktförmige Halterung der Gurte charakterisiert. Die mehrteiligen Druckstäbe bilden eine Möglichkeit, den Materialaufwand für Stahlkonstruktionen zu reduzieren. Im Vergleich zum einteiligen Druckstab kann etwa 10–15 % Material eingespart werden.

Der erhöhte Werkstattaufwand, der bei der Herstellung mehrteiliger Stäbe unvermeidlich ist, schränkt die Anwendung dieser Konstruktionsform ein.

Bei hohen Transportkosten ergeben sich jedoch Relationen, die zu wirtschaftlichen Alternativen führen.

Der mehrteilige Druckstab hat bei großen Querschnitten konstruktiv auch relativ günstige Anschlußeigenschaften. In diesem Zusammenhang ist auch der Einsatz mehrteiliger Zugstäbe praktikabel. Die Entscheidung für den Einsatz mehrteiliger Querschnittsformen erfordert die komplexe Betrachtung aller Einflußparameter.

Durch das Variieren der Spreizung der Profile kann auch mit kleinen Einzelquerschnitten eine geringe Schlankheit des Gesamtstabes erreicht werden. Voraussetzung für die gemeinsame Tragwirkung der Einzelprofile ist die schubsteife Verbindung untereinander, die durch Querverbände erreicht wird. Sobald der Querverband durch biegesteif angeschlossene Bindebleche gebildet wird, bezeichnet man das Konstruktionsglied als Rahmenstab.

Bei einer Verbindung der Einzelstäbe durch Fachwerke ergeben sich sogenannte Gitterstäbe. Beide Konstruktionsformen erfordern die Einschätzung der Schubverformung des Gesamtsystems. Dieser Einfluß ist bei Rahmenstäben kritischer als bei Gitterstäben. Bei den mehrteiligen Druckstäben können Querschnitte entstehen, in denen die Querschnittshauptachse Einzelprofile schneidet. Diese Achse wird dann als Stoffachse definiert. Für das Ausweichen senkrecht zur Stoffachse erfolgt die Nachweisführung wie beim einteiligen Druckstab. Die Schubverformung hat in dieser Richtung keinen Einfluß. Schneidet die Hauptachse kein Einzelprofil, so liegt eine sogenannte stofffreie Achse vor. Der Ausweichvorgang eines mehrteiligen Stabes senkrecht zu einer stofffreien Achse unterscheidet sich prinzipiell vom Ausweichvorgang eines einteiligen Querschnitts. Bei der Berechnung der mehrteiligen Stäbe nach Theorie II. Ordnung legt die DIN 18 800 T.2, Element 204 eine sinusförmige Vorkrümmung mit einem Stich von $w_0 = l/500$ fest.

Diese Vorverformung wird für beide Stabarten gleich groß angesetzt. Beim Stabilitätsnachweis für mehrteilige Druckstäbe muß das Verhalten des Gesamtstabes mit Berücksichtigung von Biege- und Schubverformung, das Knicken des Einzelstabes und die Schubsteifigkeit der Querverbände abgesichert werden. Diese 3 Einflußkomponenten bestimmen die Gesamtstabilität der mehrteiligen Druckstäbe.

Im ersten Schritt der Nachweisführung erfolgt eine ersatzweise Berechnung des Gesamtstabes nach Theorie II. Ordnung als schubweicher Stab unter Ansatz von Ersatzsteifigkeiten, der Biegesteifigkeit des Gesamtquerschnitts, der Schubsteifigkeit S^* und der Vorverformung w_0. Aus dieser Gesamtwirkung ergeben sich Schnittgrößen, die im zweiten Schritt für den Einzelstabnachweis die Grundlage bilden. An den ungünstigsten Stellen des Gesamtstabes erfolgt dann die Berechnung der Einzelstäbe.

In der DIN 4114 hatte die Bemessung des Gesamtstabes mit der ideellen Schlankheit die größere Bedeutung. In der DIN 18 800 T.2 dagegen ist der Nachweis des Einzelstabes, eingebettet in den Gesamtstabnachweis, in den Vordergrund gerückt.

11.1 Rahmenstäbe

Plastizitätstheoretisch bildet der in der Regel zweiteilige Rahmenstab einen Zweipunktquerschnitt, dessen Traglast durch das Erreichen der Streckgrenze in einer Gurtschwerelinie begrenzt wird. Bei der Gewährleistung der Tragwirkung der Rahmenstäbe übertragen die Bindebleche die Schubkräfte, die in der Achse des Gesamtstabes entstehen, auf die Gurtprofile.

Rahmenstäbe können mit normaler oder geringer Spreizung ausgeführt werden. Die Gurte bei der normalen Spreizung bilden I- oder ⊏-Profile. Die Gurt- und Bindeblechabstände lassen sich so variieren, daß die Knicksicherheit senkrecht zu beiden Hauptachsen gleich ist.

Stäbe mit geringer Spreizung bestehen in der Regel aus Winkelprofilen. Die Spreizung entspricht der Knotenblechdicke des Anschlußpunktes. Bei dieser Konstruktionsform ist dem Korrosionsschutz erhöhte Aufmerksamkeit zu widmen. Rahmenstäbe müssen am Ende Bindebleche erhalten. Die Bindeblechabstände sind so zu wählen, daß sie möglichst gleich groß sind.

Für Rahmenstäbe ist zusätzlich der Nachweis zu führen, daß das Feld mit der größten Querkraft durch die Ausbildung von Fließgelenken in den Rahmenstabknoten nicht kinematisch wird. In der Regel ist das Endfeld mit $M(x_B) = M(a.)$ zu untersuchen.

11.2 Gitterstäbe

Gitterstäbe entsprechen einer fachwerkartigen Konstruktionsform. In den Einzelelementen entstehen überwiegend Normalkräfte, die erst kurz vor Erreichen der Traglast zu Plastizierungen führen. Je größer die Zahl der Felder ist, desto mehr tritt der Fachwerkcharakter des Systems zurück, und das stabartige Tragverhalten wird dominierend. Bei Gitterstäben ist durch die Anordnung von Querschotts der Erhalt der viereckigen Grundform über die Stablänge abzusichern. Die unterschiedlichen Möglichkeiten der Vergitterung beeinflussen die Knicklängen der Einzelprofile. Bei der Anordnung der Gitterstäbe ist zu beachten, daß kein Versatz der Schwereachsen im Schnittpunkt mit der Schwereachse des Einzelprofils entsteht. Der Anschluß der Vergitterung mit einer Schraube ist möglich. Die Regelform der Gitterstäbe weist 4 Eckstiele auf, Varianten als Dreigurtstützen sind möglich. 2stielige Gitterstützen werden seltener konzipiert.

11.3 Bezeichnungen

l	Systemlänge des mehrteiligen Stabes
r	Anzahl der einzelnen Gurte
h_y, h_z	Spreizung der Gurtstäbe, von deren Schwerlinien aus gerechnet
a	Länge des Gurtstabes zwischen 2 Knotenpunkten
A_G	ungeschwächte Querschnittsfläche eines Gurtes
$A = \sum A_G$	ungeschwächte Querschnittsfläche des mehrteiligen Stabes
A_D	ungeschwächte Querschnittsfläche eines Diagonalstabes aus dem Fachwerkverband
i_1	kleinster Trägheitsradius des Querschnittes eines einzelnen Gurtes

$I_{z,G}$ — Flächenmoment 2. Grades (Trägheitsmoment) eines Gurt-querschnittes um seine zur stofffreien z-Achse parallele Schwerachse

y_S — Schwerpunktabstand des einzelnen Gurtquerschnittes von der z-Achse

$I_z = \sum (A_G \cdot y_S^2 + I_{z,G})$ — Flächenmoment 2. Grades (Trägheitsmoment) des Gesamt-querschnittes um die stofffreie z-Achse unter der Annahme schubstarrer Verbindung der Gurte

$s_{K,z}$ — Knicklänge des Ersatzstabes ohne Berücksichtigung seiner Querkraftverformung

$\bar{\lambda}_{K,z} = \dfrac{s_{K,z}}{\sqrt{\dfrac{I_z}{A}}}$ — Schlankheitsgrad des Ersatzstabes bei Rahmenstäben ohne Berücksichtigung der Querkraftverformungen

η — Korrekturwert nach DIN 18 800 T.2, Tabelle 12 für Rah-menstäbe

$I_z^* = \sum(A_G \cdot y_S^2 + \eta \cdot I_{z,G})$ — Rechenwert für das Flächenmoment 2. Grades (Trägheits-moment) des Gesamtquerschnittes bei Rahmenstäben

$I_z^* = \sum(A_G \cdot y_S^2)$ — Rechenwert für das Flächenmoment 2. Grades (Trägheits-moment) des Gesamtquerschnittes bei Gitterstäben

$W_z^* = \dfrac{I_z^*}{y_S}$ — Widerstandsmoment des Gesamtquerschnittes, bezogen auf die Schwerachse des äußersten Gurtes

$S_{z,d}^*$ — Bemessungswert der Schubsteifigkeit des Ersatzstabes

l_D — Länge der Diagonalen bei Gitterstäben

x_B — Längskoordinate für die Stelle des Bindeblechs

T — Schubkraft in der Querverbindung

b — Hebelarm der Schubkraft T für den Bindeblechanschluß

m — Anzahl der zur stofffreien Achse rechtwinkligen Verbände

a_w — Dicke der Schweißnaht

t — Dicke des Bindebleches

11.4 Nachweisschema für Rahmenstäbe mit normaler Spreizung

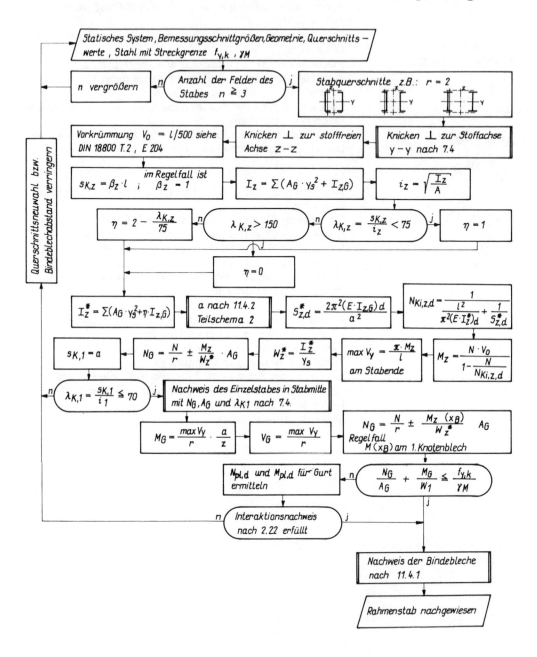

11.4.1 Nachweis der Bindebleche und deren Anschluß

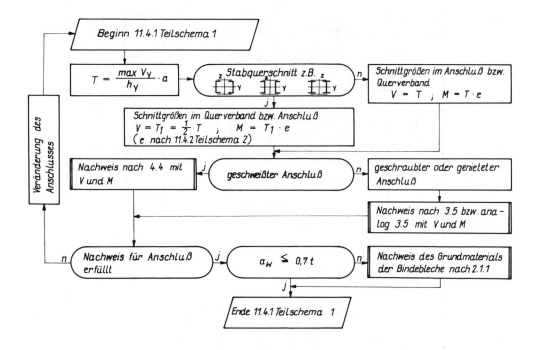

11.4.2 Ermittlung der Länge eines Gurtstabes

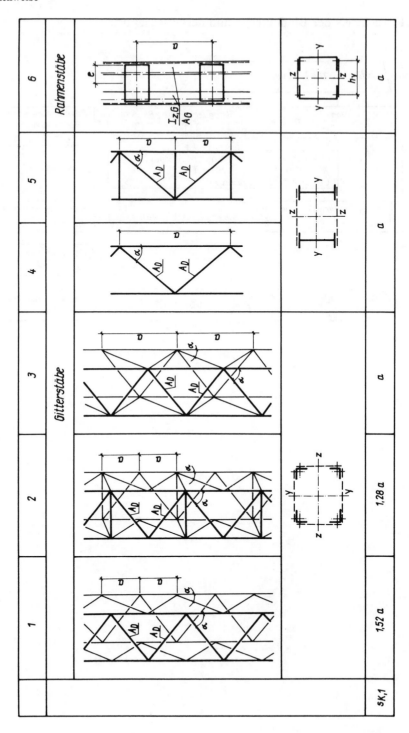

11.5 Nachweisschema für Stäbe mit geringer Spreizung

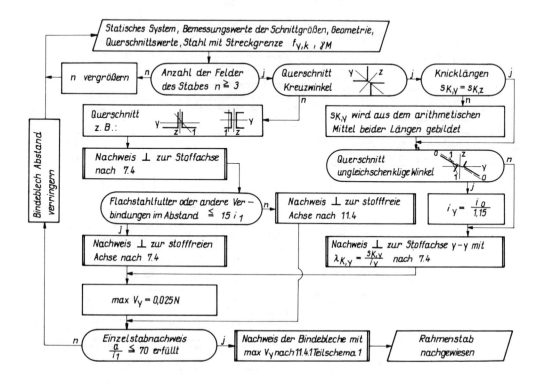

11.6 Nachweisschema für Gitterstäbe

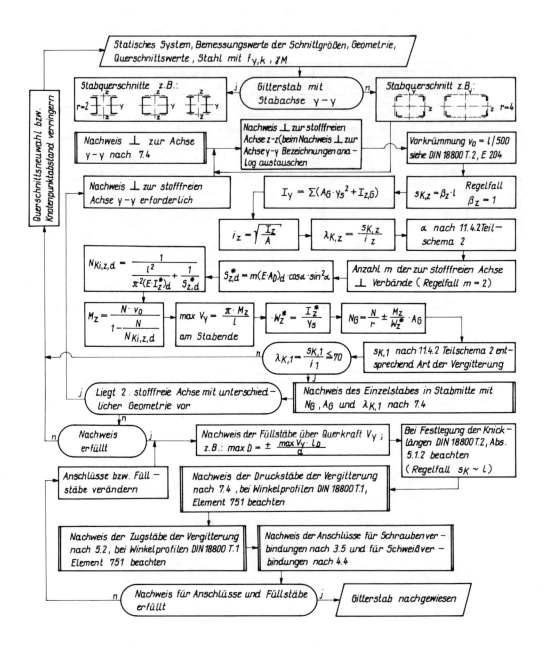

11.7 Beispiele für mehrteilige Druckstäbe

11.7.1 Rahmenstab mit normaler Spreizung

Der Stützenstiel einer Hochbaukonstruktion nach Abb. 11.1 ist als Rahmenstab ausgebildet. Die Knicklänge senkrecht zur y-Achse ist durch eine Halterung geteilt. Für die Bemessungsschnittgröße $N = 900$ kN ($N = F_d$) ist der Rahmenstab nachzuweisen.

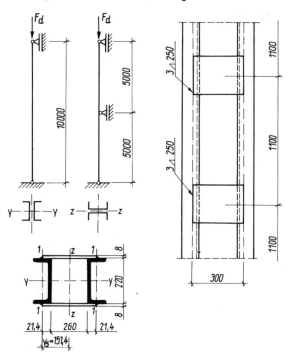

Querschnitt 2 [220
nach DIN 1026 (Spreizung 260 mm)
$A = 2 \cdot 37{,}4 = 74{,}8$ cm²
$A_G = 37{,}4$ cm²
$i_y = 8{,}48$ cm
$I_1 = 197$ cm⁴
$i_1 = 2{,}3$ cm
$a = 110$ cm (Bindeblechabstand)
Bindebleche
$250 \cdot 8$ lg. 300
$a_w = 3$ mm
$\gamma_M = 1{,}1$
St 37

Abb. 11.1

● Lösung nach 11.4
$n = 9 > 3$
Stabquerschnitt siehe Abb. 11.1
Knicken senkrecht zur y-Achse (Stoffachse) nach 7.4
b/t-Verhältnisse
Steg: $b/t = 166/9 = 18{,}4 < 37$
Gurt: $b/t = (80 - 9 - 12{,}5)/12{,}5 = 4{,}68 < 10$

$$\lambda_{K,y} = \frac{500}{8{,}48} = 59$$

$$\lambda_a = 92{,}9$$

$$\overline{\lambda}_{K,y} = \frac{59}{92{,}9} = 0{,}653 > 0{,}2$$

Nach 7.4.1 ergibt sich Knickspannungslinie c
κ nach 7.4.2
$\kappa_y = 0{,}764$

Stabilitätsnachweise

$$N_{pl,d} = 74{,}8 \cdot \frac{24}{1{,}1} = 1\,632 \text{ kN}$$

Nachweis:

$$\frac{900}{0{,}764 \cdot 1632} = 0{,}722 \; < \; 1$$

Knicken senkrecht zur z-Achse (stofffreie Achse)

$$v_0 = \frac{1000}{500} = 2 \text{ cm (Vorkrümmung)}$$

$$s_{K,z} = 1 \cdot 1000 = 1000 \text{ cm}$$

$$y_s = \frac{26}{2} + 2{,}14 = 15{,}14 \text{ cm}$$

$$I_z = 2 \cdot (37{,}4 \cdot 15{,}14^2 + 197) = 17\,540 \text{ cm}^4$$

$$i_z = \sqrt{\frac{17\,540}{74{,}8}} = 15{,}3 \text{ cm}$$

$$\lambda_{K,z} = \frac{1000}{15{,}3} = 65{,}3 \; < \; 75$$

$$\eta = 1$$
$$I_z^* = I_z = 17\,540 \text{ cm}^4$$

$$S_{z,d}^* = \frac{2 \cdot \pi^2 \cdot 21\,000 \cdot 197}{110^2 \cdot 1{,}1} = 6\,135 \text{ kN}$$

$$N_{Ki,z,d} = \frac{1}{\dfrac{1000^2 \cdot 1{,}1}{\pi^2 \cdot 21\,000 \cdot 17\,540} + \dfrac{1}{6\,135}} = 2\,150 \text{ kN}$$

$$M_z = \frac{900 \cdot 2}{1 - \dfrac{900}{2\,150}} = 3\,096 \text{ kNcm}$$

$$\max V_y = \frac{\pi \cdot 3096}{1000} = 9{,}73 \text{ kN} \qquad\qquad W_z^* = \frac{17\,540}{15{,}14} = 1\,159 \text{ cm}^3$$
$$r = 2$$

$$N_G = \frac{900}{2} \pm \frac{3\,096}{1\,159} \cdot 37{,}4 = 550 \text{ kN}$$

$$s_{K,1} = a = 110 \text{ cm}$$

$$\lambda_{K,1} = \frac{110}{2{,}3} = 47{,}8 \; < \; 70$$

Nach 7.4 ergibt sich

$$\bar{\lambda}_{K,1} = \frac{47,8}{92,9} = 0,515$$

Knickspannungslinie c
$\kappa_z = 0,834$

$$N_{pl,G,d} = \frac{N_{pl,d}}{2} = \frac{1\,632}{2} = 816\,\text{kN}$$

Nachweis des Einzelstabes in Feldmitte

$$\frac{500}{0,834 \cdot 816} = 0,81 \ < \ 1$$

$$M_G = \frac{9,73}{2} \cdot \frac{110}{2} = 267,6\,\text{kNcm}$$

$$V_G = \frac{9,73}{2} = 4,87\,\text{kN}$$

Ermittlung von N_G mit dem Moment $M(x_B)$ am ersten Knotenblech

$$N_G = \frac{900}{2} \pm \frac{3096 \cdot \sin \dfrac{\pi \cdot 110}{1\,000}}{1\,159} \cdot 37,4 = 483,9\,\text{kN}$$

Nachweis des Einzelstabes im Anschlußbereich

$$\frac{483,9}{37,4} + \frac{267,6}{33,6} = 20,9\,\text{kN/cm}^2 \ < \ \frac{24}{1,1} = 21,8\,\text{kN/cm}^2$$

Somit ist ein Nachweis im plastischen Bereich nicht erforderlich.

Nachweis der Bindebleche und deren Anschlüsse
$h_y = 26 + 2 \cdot 2,14 = 30,28\,\text{cm}$

$$T = \frac{9,73 \cdot 110}{30,28} = 35,35\,\text{kN}$$

$$V = T_1 = \frac{35,35}{2} = 17,67\,\text{kN}$$

$$b = \frac{30}{2} = 15\,\text{cm}$$

$M = 17,67 \cdot 15 = 265\,\text{kN}$

Anschlußausführung entsprechend Abb. 11.1

Nachweis der Schweißnaht nach 4.4.
Querschnittswerte der Naht
$A_w = 0,3 \cdot 25 = 7,5\,\text{cm}^2$

$$W_w = 0.3 \cdot \frac{25^2}{6} = 31.3 \text{ cm}^3$$

$$\tau_\perp = \frac{265}{31.3} = 8.5 \text{ kN/cm}^2 \text{ (Randwert)}$$

Die Schubspannung $\tau_{\parallel}$ im Rechteckquerschnitt ergibt eine parabelförmige Verteilung mit max τ in Nahtmitte und den Randwerten $\tau_{\parallel} = 0$.

$$\tau_{\parallel} = \frac{17.67 \cdot 0.3 \cdot \dfrac{25}{2} \cdot \dfrac{25}{4}}{0.3 \cdot 0.3 \cdot \dfrac{25^3}{12}}$$

$$= 3.5 \text{ kN/cm}^2$$

Eine Überlagerung tritt nicht auf.
$\alpha_w = 0.95$

$$\tau_\perp = 8.5 \text{ kN/cm}^2 < 0.95 \cdot \frac{24}{1.1} = 20.7 \text{ kN/cm}^2$$

11.7.2 Rahmenstab mit geringer Spreizung

Ein Fachwerkdruckstab nach Abb. 11.2 wird als Kreuzwinkelquerschnitt ausgeführt. Für die Bemessungsschnittgröße $N = 400$ kN ($N = F_d$) ist der Rahmenstab nachzuweisen.

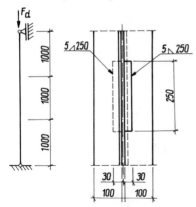

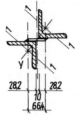

Querschnitt 2 $\llcorner$ 100 · 10 nach DIN 1028
Querschnittswerte
$A = 2 \cdot 19.2 = 38.4 \text{ cm}^2$
$i_y = 3.82$ cm
$I_1 = 73.3 \text{ cm}^4$
$i_1 = 1.95$ cm
$a = 100$ cm (Bindeblechabstand)
Bindebleche
60 · 8 Lg. 250
$a_w = 5$ mm
$\gamma_M = 1.1$
St 37

Abb. 11.2

● Lösung nach 11.5
$n = 3$
Kreuzwinkelquerschnitt
$s_{K,y} = 300$ cm
$s_{K,z} \sim 270$ cm

somit wird $s_{K,y} = \dfrac{300 + 270}{2} = 285\ \text{cm}$

Es muß nur das Ausweichen senkrecht zur Stoffachse untersucht werden.

$\lambda_{K,y} = \dfrac{285}{3,82} = 75$

$\bar{\lambda}_{K,y} = \dfrac{75}{92,9} = 0,803$

Knickspannungslinie c (nach 7.4.1)
$\kappa_y = 0,661$ (nach 7.4.2)

$N_{pl,d} = 38,4 \cdot \dfrac{24}{1,1} = 837,8\ \text{kN}$

Nachweis:

$\dfrac{400}{0,661 \cdot 837,8} = 0,722\ <\ 1$

Einzelstab

$\dfrac{100}{1,95} = 51,3\ <\ 70$

Nachweis der Bindebleche und deren Anschlüsse
$h_y = 2 \cdot 2,82 + 1 = 6,64\ \text{cm}$

$T = \dfrac{10 \cdot 100}{6,64} = 150,6\ \text{kN}$

$b = \dfrac{6}{2} = 3\ \text{cm}$

$M = 150,6 \cdot 3 = 451,8\ \text{kNcm}$

Anschlußausführung entsprechend Abb. 11.2

Nachweis der Schweißnaht nach 4.4
Querschnittswerte der Naht
$A_w = 0,5 \cdot 25 = 12,5\ \text{cm}^2$

$W_w = \dfrac{0,5 \cdot 25^2}{6} = 52,1\ \text{cm}^3$

$\tau_\perp = \dfrac{451,8}{52,1} = 8,7\ \text{kN/cm}^2$

$\tau_{||} = \dfrac{150,6 \cdot 0,5 \cdot \dfrac{25}{2} \cdot \dfrac{25}{4}}{0,5 \cdot 0,5 \cdot \dfrac{25^3}{12}} = 18,1\ \text{kN/cm}^2$

Eine Überlagerung tritt nicht auf (vgl. 11.7.1).
$\alpha_w = 0,95$

$18,1\ \text{kNcm}^2\ <\ 0,95 \cdot \dfrac{24}{1,1} = 20,7\ \text{kN/cm}^2$

11.7.3 Gitterstab

Die als Gitterstab nach Abb. 11.3 ausgebildete Stütze ist für die Bemessungsschnittgröße $N = 1\,700$ kN ($N = F_d$) nachzuweisen.

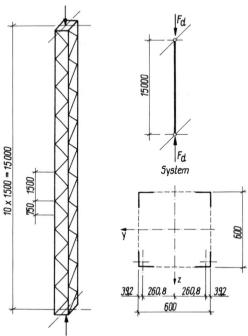

Querschnitt (Stiel)
4 ∟ 140 · 13 nach DIN 1028
Querschnittswerte
$A = 4 \cdot 35 = 140$ cm^4
$A_1 = 35$ cm^2
$I_{z,1} = 638$ cm^4
$h_y = 60 - 2 \cdot 3{,}92 = 52{,}2$ cm
$i_1 = 2{,}74$ cm
Querschnitt (Diagonalen)
∟ 50 · 5 (DIN 1028)
$A_D = 4{,}8$ cm^2
$i_{1D} = 0{,}98$ cm
Längen
$l_y = l_z = 1\,500$ cm
$l_D = \sqrt{75^2 + 52{,}2^2} = 91{,}4$ cm

$\gamma_M = 1{,}1$
St 37

Abb. 11.3

● Lösung nach 11.6
Der Stab hat keine Stoffachse.
Knicken senkrecht zur z-Achse

$$v_0 = \frac{1\,500}{500} = 3 \text{ cm}$$

$$s_{K,z} = 1 \cdot 1\,500 = 1\,500 \text{ cm}$$

$$y_s = \frac{60}{2} - 3{,}92 = 26{,}08 \text{ cm}$$

$$I_z = 4\,(35 \cdot 26{,}1^2 + 638) = 97\,700 \text{ cm}^4$$

$$i_z = \sqrt{\frac{97\,700}{140}} = 26{,}4 \text{ cm}$$

$$\lambda_{K,z} = \frac{1\,500}{26{,}4} = 56{,}7$$

$I_z^* = 4 \cdot 35 \cdot 26,1^2 = 95\,370 \text{ cm}^4$

$\alpha = 55,2°$

$\sin \alpha = 75/91,4 = 0,821$

$\cos \alpha = 52,2/91,4 = 0,571$

$m = 2$

$$S_{z,d}^* = \frac{2 \cdot (21\,000 \cdot 4,8)}{1,1} \cdot 0,571 \cdot 0,821^2 = 70\,538 \text{ kN}$$

$$N_{Ki,z,d} = \frac{1}{\dfrac{1\,500^2 \cdot 1,1}{\pi^2 \cdot 21\,000 \cdot 95\,370} + \dfrac{1}{70\,538}} = 7\,174 \text{ kN}$$

$$M_z = \frac{1\,700 \cdot 3}{1 - \dfrac{1\,700}{7\,174}} = 6\,684 \text{ kN}$$

$$\max V_y = \frac{3,14 \cdot 6\,684}{1\,500} = 14 \text{ kN}$$

$$W_z^* = \frac{95\,370}{26,08} = 3\,657 \text{ cm}^3$$

$$N_G = \frac{1\,700}{4} + \frac{6\,684}{3\,657} \cdot 35 = 489 \text{ kN}$$

$s_{K,1} = 1,52 \cdot 75 = 114 \text{ cm} \ (s_{K,1} \text{ nach } 11.4.2)$

$$\lambda_{K,1} = \frac{114}{2,74} = 41,6 < 70$$

Nachweis des Einzelstabes nach 7.4

$$\bar{\lambda}_{K,1} = \frac{41,6}{92,9} = 0,448$$

Knickspannungslinie c nach 7.4.1
κ_1 nach 7.4.2
$\kappa_1 = 0,871$

$$N_{pl,G,d} = 35 \cdot \frac{24}{1,1} = 764 \text{ kN}$$

$$\frac{489}{0,871 \cdot 764} = 0,735 < 1$$

Die 2. stofffreie Achse hat die gleichen geometrischen Relationen, so daß kein Nachweis erforderlich wird.

Nachweis der Füllstäbe

$$\max D = \pm \frac{14 \cdot 91,4}{52,2} = 24,5 \text{ kN}$$

Stabilitätsnachweise

Druckstab
Knicklänge $s_K \sim l_D$ nach DIN 18 800 T.2, Element 503
Der Anschluß erfolgt mit 2 Schrauben und ist somit nach DIN 18 800 T.2, Bild 24 biegesteif.

Die Exzentrizität des Anschlusses darf vernachlässigt werden, wenn dem Stab nach DIN 18 800 T.2, Element 510 ein bezogener Schlankheitsgrad $\bar{\lambda}'_K$ entsprechend Tabelle 16 der genannten DIN zugeordnet wird.

$s_K = 91,4$ cm; min $i = 0,98$ cm

$$\bar{\lambda}_K = \frac{91,4}{0,98 \cdot 92,9} = 1,004$$

$$\bar{\lambda}'_K = 0,35 + 0,753 \cdot \bar{\lambda}_K = 0,35 + 0,753 \cdot 1,004 = 1,106$$

Knickspannungslinie c nach 7.4.1
κ nach 7.4.2
$\kappa = 0,481$

$$N_{pl,d} = 4,8 \cdot \frac{24}{1,1} = 104,7 \text{ kN}$$

$$\frac{24,5}{0,481 \cdot 104,7} = 0,49 < 1$$

Zugstab
Der Stab wird nach 5.2 mit Lochschwächung im Anschluß nachgewiesen (M 12).

$$\frac{A_{Brutto}}{A_{Netto}} = \frac{4,8}{4,8 - 0,5 \cdot 1,3} = 1,16 < 1,2$$

Der Lochabzug muß nicht berücksichtigt werden.

Es tritt eine Exzentrizität $a = e + \dfrac{t}{2}$ auf.

$$a = 1,4 + \frac{1,3}{2} = 2,05 \text{ cm}$$

Werden bei der Berechnung der Beanspruchungen von Stäben mit Winkelquerschnitt schenkelparallele Querschnittsachsen als Bezugsachsen anstelle der Trägheitshauptachsen benutzt, so ist die ermittelte Beanspruchung um 30 % zu erhöhen (vgl. DIN 18 800 T.1, Element 751).

$$1,3 \left(\frac{24,5}{4,8} + \frac{24,5 \cdot 2,05}{11} \cdot 1,4 \right) = 15 \text{ kN/cm}^2$$

$$15,0 \text{ kN/cm}^2 < \frac{24}{1,1} = 21,8 \text{ kN/cm}^2$$

Der Nachweis ist erfüllt.
Der Anschluß kann nach 3.5 nachgewiesen werden.

12 Elastisch gestützte Druckgurte

Vorgegebene niedrige Bauhöhen erfordern für Stahlbrücken mit vollwandigen Hauptträgern das Ausbilden eines Troges. Bei Fachwerkrohrbrücken kann es aus Gründen der Zugänglichkeit notwendig werden, auf stabilisierende Verbände für den gedrückten Obergurt zu verzichten. Sowohl die gedrückten Flansche der Vollwandträger als auch die gedrückten Obergurtstäbe bei Fachwerken bilden zwischen den anzuordnenden biegesteifen Querrahmen Stabzüge mit federnder Querstützung.

Da die unteren Flansche und Gurte bei diesen Konstruktionen durch Verbände unverschieblich gehalten sind, wirken die Druckkräfte in Flansch und Gurt richtungstreu.

12.1 Grundlagen der Nachweisführung

Die im Nachweisschema aufbereitete Näherungsberechnung ist schon in DIN 4114 enthalten. Da in der DIN 18 800 T.2 die Berechnung nach Theorie II. Ordnung am imperfekten System eingeführt wurde, entfällt die Absicherung mit der Eulerschen bzw. Engesserschen Knicksicherheit. Im Interesse einer praktikablen Handhabung der Formeln wurde in [32] die Umrechnung mit einem Anpassungsfaktor γ_d eingeführt. So wird das vorgegebene Sicherheitsniveau eingehalten. Das Näherungsverfahren eignet sich nur für die Berechnung kleinerer Brückenbauwerke des Industrie- und Hochbaus. Die Ergebnisse liegen wegen der Vernachlässigung von zusätzlich vorhandenen Biege- und Drilleinspannungen durch Füllstäbe u. ä. auf der sicheren Seite. Die Einführung des Anpassungsfaktors ist vertretbar. Bei der statischen Berechnung größerer Bauwerke ist eine exakte Lösung für die federnde Querstützung erforderlich.

Die Federsteifigkeit C von pfostenlosen Strebenfachwerken kann nach DIN 18 800 T.2, Tabelle 19 berechnet werden. Die Stabilisierung des Obergurtes erfolgt dabei durch ein Diagonalenpaar. Mit dem Untergurt bildet sich eine Scheibe aus, die ebenfalls biegesteif an ein Querträgerpaar angeschlossen wird. Die Tragwirkung entspricht der Halbrahmenausbildung.

Die Berechnung ergibt bei steifen Gurten und biegeweichen Rahmen große β-Werte. Umgekehrt resultieren aus schwachen Gurten und steifen Rahmen relativ kleine β-Werte. Für β sollte aus Gründen einer wirtschaftlichen Profilwahl die obere Grenze bei 3 liegen. Die untere Grenze liegt bei $\beta \geq 1,2$, weil sonst das Näherungsverfahren der vereinfachenden Annahme einer stetigen Verteilung des Bettungsdruckes nicht mehr entspricht. Der Bettungsdruck ist dabei als die Federwirkung der Halbrahmen geteilt durch die Feldweite des Hauptträgers definiert. Die Knickfigur, die sich im Obergurt senkrecht zur Hauptträgerebene einstellt, ist für beide Hauptträger spiegelbildlich zur Brückenachse. Es tritt eine symmetrische Querrahmenbeanspruchung auf. Bei Trogbrücken mit Querrahmenhalterung entstehen im Prinzip Felder ohne Kopplung. Für die Halbrahmen ergibt sich, abhängig von ihrer Steifigkeit, daraus eine zusätzliche Belastung. Es treten paarweise entweder nach innen oder nach außen gerichtete Horizontalkräfte auf.

12.2 Bezeichnungen

$N_{1...n}$ Absolutbetrag des Bemessungswertes der Normalkraft in den Feldern 1 bis n,

$M_{1...n}$ gemittelter Bemessungswert der Biegemomente in den Feldern 1 bis n,

C_0 erforderliche Federsteifigkeit,

C_1 vorhandene Federsteifigkeit am Zwischenrahmen,

C_2 vorhandene Federsteifigkeit am Endrahmen,

b_q rechnerische Querträgerlänge nach Abb. 12.1,

h Systemhöhe des Rahmenstieles nach Abb. 12.1,

h_v rechnerische Rahmenhöhe nach Abb. 12.1,

$l_{1...n}$ Netzlänge der von Rahmen zu Rahmen reichenden Stäbe,

$A_{G1...n}$ Gurtquerschnitt der Stäbe 1 bis n,

$S_{G1...n}$ Flächenmoment 1. Grades des Gurtes in bezug auf die waagerechte Schwerachse,

$I_{z1...n}$ Flächenmoment 2. Grades des Vollquerschnittes in bezug auf die waagerechte Schwerachse,

$I_{zG1...n}$ Flächenmoment 2. Grades des Obergurtes in Feld 1 bis n,

I_q Flächenmoment 2. Grades des Querträgers,

I_v Flächenmoment 2. Grades des Rahmenstieles.

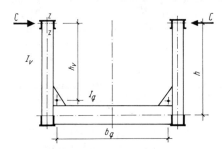

Hauptträger in Fachwerkkonstruktion

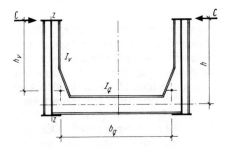

Hauptträger in Vollwandkonstruktion

Abb 12.1

12.3 Nachweisschema für federnd gehaltene Druckstäbe

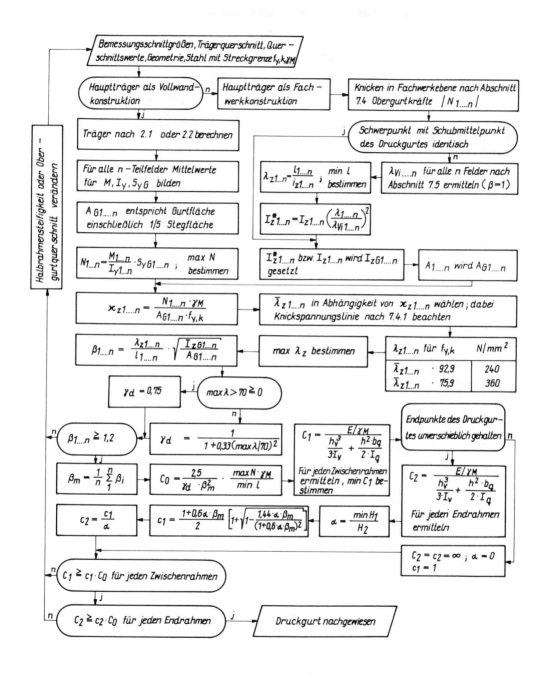

12.4 Beispiele für elastisch gestützte Druckgurte

12.4.1 Hauptträger aus einer Vollwandkonstruktion

Der Obergurt eines Hauptträgers nach Abb. 12.2 soll auf eine ausreichende Halterung durch Halbrahmen untersucht werden.

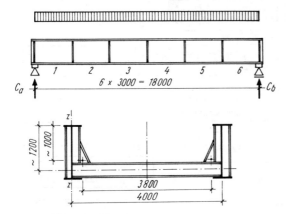

Querschnitt Hauptträger
Schweißträger
Obergurt 250 x 12
Steg 1276 x 8
Untergurt 250 x 12

$a_w = 5$ mm

$A = 162$ cm^2
$I_y = 387\,000$ cm^4
$S_{yG} = 1\,932$ cm^3

Querschnitt Pfosten

$\frac{1}{2}$ IPE 220 (beidseitig)

$I_v \approx 2\,770$ cm^4

Querschnitt Querträger
IPE 220
$I_q = 2\,770$ cm^4
$h = 1\,200$ mm; $h_v = 1\,000$ mm
$b_q = 3\,800$ mm; $l = 3\,000$ mm
$l_{ges} = 18\,000$ mm
St 37; $\gamma_M = 1,1$

Abb. 12.2

Die Bemessungsschnittgrößen sind entsprechend den Gegebenheiten nach 1.3 ermittelt worden.

$M_m = 95\,217$ kNcm
$M_1 = M_6 = 29\,054$ kNcm
$M_2 = M_5 = 71\,315$ kNcm
$M_3 = M_4 = 92\,446$ kNcm
$C_a = C_b = 211,3$ kN

● Lösung nach 12.3
Spannungsnachweis für den Träger nach 2.1

$$\sigma_x = \frac{95\,217}{387\,000} \cdot 65 = 16 \text{ kN/cm}^2 < \frac{24}{1,1} = 21,8 \text{ kN/cm}^2$$

$$\tau = \frac{211,3 \cdot 1\,930}{387\,000 \cdot 0,8} = 1,3 \text{ kN/cm}^2 < \frac{24}{1,1 \cdot \sqrt{3}} = 12,6 \text{ kN/cm}^2$$

Die Querschnittswerte bleiben in allen Feldern unverändert.

$$A_{G1\ldots6} = 25 \cdot 1,2 + (130 - 2 \cdot 1,2) \cdot 0,8 \cdot \frac{1}{5} = 50,4 \text{ cm}^2$$

166

$$N_1 = N_6 = 29\,054 \cdot \frac{1\,930}{387\,000} = 145 \text{ kN}$$

$$N_2 = N_5 = 71\,315 \cdot \frac{1\,930}{387\,000} = 356,1 \text{ kN}$$

$$N_3 = N_4 = 92\,446 \cdot \frac{1\,930}{387\,000} = 461,5 \text{ kN}$$

max $N = 461,5$ kN

$$\kappa_{z1} = \kappa_{z6} = \frac{145 \cdot 1,1}{50,4 \cdot 24} = 0,132$$

$$\kappa_{z2} = \kappa_{z5} = \frac{356,1 \cdot 1,1}{50,4 \cdot 24} = 0,324$$

$$\kappa_{z3} = \kappa_{z4} = \frac{461,5 \cdot 1,1}{50,4 \cdot 24} = 0,416$$

Nach 7.4.1 ergibt sich KSL c
$\bar{\lambda}_{z1} = \bar{\lambda}_{z6} = 2,50$
$\bar{\lambda}_{z2} = \bar{\lambda}_{z5} = 1,472$
$\bar{\lambda}_{z3} = \bar{\lambda}_{z4} = 1,238$; $\lambda_{zi} = \bar{\lambda}_{zi} \cdot 92,9$
$\lambda_{z1} = \lambda_{z6} = 232,3$
$\lambda_{z2} = \lambda_{z5} = 136,7$
$\lambda_{z3} = \lambda_{z4} = 115,0$

Der größte Schlankheitsgrad
max $\lambda_z = 232,3$

$$I_{zG1\ldots6} = \frac{25^3}{12} \cdot 1,2 = 1\,562,5 \text{ cm}^4$$

$$\beta_1 = \beta_6 = \frac{232,3}{300} \cdot \sqrt{\frac{1\,562,5}{50,4}} = 4,31 \ > \ 1,2$$

$$\beta_2 = \beta_5 = \frac{136,7}{300} \cdot \sqrt{\frac{1\,562,5}{50,4}} = 2,54 \ > \ 1,2$$

$$\beta_3 = \beta_4 = \frac{115,0}{300} \cdot \sqrt{\frac{1\,562,5}{50,4}} = 2,13 \ > \ 1,2$$

Die Schranke $\beta < 3$ ist nur eine Grenze für die wirtschaftliche Profilwahl, $\beta > 1,2$ muß eingehalten sein.
$\gamma_d = 0,75$

$$\beta_m = \frac{1}{6} \, (2 \cdot 4,31 + 2 \cdot 2,54 + 2 \cdot 2,13) = 2,99$$

$$C_0 = \frac{2,5}{0,75 \cdot 2,99^2} \cdot \frac{461,5 \cdot 1,1}{300} = 0,63 \text{ kN/cm}$$

$$C_1 = \frac{21\,000/1,1}{\dfrac{100^3}{3 \cdot 2\,770} + \dfrac{120^2 \cdot 380}{2 \cdot 2\,770}} = 17,3 \text{ kN/cm}$$

Zwischen- und Endrahmen sind gleich ausgebildet.

$\min C_1 = C_1$
$C_2 = C_1$
$\alpha = 1$

$$c_1 = \frac{1 + 0,6 \cdot 2,99}{2} \left[1 + \sqrt{1 - \frac{1,44 \cdot 1 \cdot 2,99}{(1 + 0,6 \cdot 1 \cdot 2,99)^2}} \right] = 2,332$$

$c_1 = c_2$

$17,3 \text{ kN/cm} > 2,332 \cdot 0,631 = 1,47 \text{ kN/cm}$

Der Druckgurt des Hauptträgers kann als elastisch gestützt betrachtet werden.

12.4.2 Hauptträger aus einer Fachwerkkonstruktion

Der Druckgurt der Fachwerkbrücke nach Abb. 12.3 soll auf eine genügende seitliche Halterung untersucht werden.

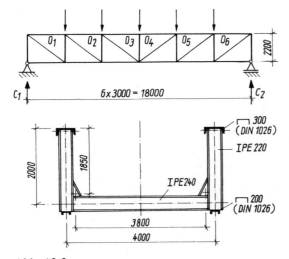

Querschnitt Obergurt
Hauptträger $\square$ 300 (DIN 1026)
$A = 58,8 \text{ cm}^2$
$I_z = 8\,030 \text{ cm}^4$
$i_z = 11,7 \text{ cm}$
$i_y = 2,9 \text{ cm}$

Querschnitt Querträger IPE 220
$I_q = 2\,770 \text{ cm}^4$

Querschnitt Pfosten IPE 220
$I_v = 2\,770 \text{ cm}^4$
$h = 200 \text{ cm}; h_v = 180 \text{ cm}$
$b_q = 380 \text{ cm}$
St 37; $\gamma_M = 1,1$

Abb. 12.3

Die Bemessungsschnittgrößen sind entsprechend den Gegebenheiten nach 1.3 ermittelt worden.

$O_1 = O_6 = N_1 = N_6 = 240,1 \text{ kN (Druck)}$
$O_2 = O_5 = N_2 = N_5 = 384,1 \text{ kN (Druck)}$
$O_3 = O_4 = N_3 = N_4 = 432,3 \text{ kN (Druck)}$

● Lösung nach 12.3
Die Gurtquerschnitte sind nicht abgestuft.
Knicken in der Fachwerkebene nach 7.4
$\beta_y = 1$
$s_{Ky} = 1 \cdot 300 = 300 \text{ cm}$

$$\lambda_y = \frac{300}{2,9} = 103,4$$

$$\overline{\lambda}_y = \frac{103,4}{92,9} = 1,114$$

$$\kappa_y = 0,477 \text{ nach KSL } c$$

$$N_{pl,d} = 58,8 \cdot \frac{24}{1,1} = 1\,283 \text{ kN}$$

$$\frac{432,3}{0,477 \cdot 1\,283} = 0,71 \; < \; 1$$

Der Schwerpunkt und der Schubmittelpunkt des Druckgurtes sind nicht identisch.

Ermittlung von λ_{Vi} nach 7.5
$I_T = 37,4 \text{ cm}^4$
$I_\omega = 69\,100 \text{ cm}^6$
$z_M = 5,41 \text{ cm}$
$\beta = \beta_0 = 1; \; l = l_0 = 300 \text{ cm}$

$$c^2 = \frac{69\,100 + 0,039 \cdot 300^2 \cdot 37,4}{8\,030} = 24,95 \text{ cm}$$

$i_p^2 = 11,7^2 + 2,9^2 = 145,3 \text{ cm}^2$
$i_M^2 = 145,3 + 5,41^2 = 174,6 \text{ cm}^2$

$$\lambda_{Vi} = \frac{300}{11,7} \sqrt{\frac{24,95 + 174,6}{2 \cdot 24,95} \left\{ 1 + \sqrt{1 - \frac{4 \cdot 24,95 \cdot 145,3}{(24,95 + 174,6)^2}} \right\}} = 68,7$$

$$\lambda_{z1\ldots6} = \frac{300}{11,7} = 25,6$$

$$I_z^* = 8\,030 \left(\frac{25,6}{68,7} \right)^2 = 1\,115 \text{ cm}^4$$

$$A_{G1\ldots6} = 58,8 \text{ cm}^2$$

$$\kappa_{z1} = \kappa_{z6} = \frac{240,1 \cdot 1,1}{58,8 \cdot 24} = 0,187$$

$$\kappa_{z2} = \kappa_{z5} = \frac{384,1 \cdot 1,1}{58,8 \cdot 24} = 0,299$$

Stabilitätsnachweise

$$\kappa_{z3} = \kappa_{z4} = \frac{432,3 \cdot 1,1}{58,8 \cdot 24} = 0,377$$

Nach 7.4.1 ergibt sich KSL c

$\overline{\lambda}_{z1} = \overline{\lambda}_{z6} = 2,06$

$\overline{\lambda}_{z2} = \overline{\lambda}_{z5} = 1,55$; $\lambda_{zi} = \overline{\lambda}_{zi} \cdot 92,9$

$\overline{\lambda}_{z3} = \overline{\lambda}_{z4} = 1,435$

$\lambda_{z1} = \lambda_{z6} = 191,4$;   max $\lambda = 191,4$

$\lambda_{z2} = \lambda_{z5} = 144$;

$\lambda_{z3} = \lambda_{z4} = 133,3$;

$$\beta_1 = \beta_6 = \frac{191,4}{300} \cdot \sqrt{\frac{1\,115}{58,8}} = 2,78 \; > \; 1,2$$

$$\beta_2 = \beta_5 = \frac{144}{300} \cdot \sqrt{\frac{1\,115}{58,8}} = 2,09 \; > \; 1,2$$

$$\beta_3 = \beta_4 = \frac{133,3}{300} \cdot \sqrt{\frac{1\,115}{58,8}} = 1,94 \; > \; 1,2$$

$\gamma_d = 0,75$

$$\beta_m = \frac{1}{6} \; (2 \cdot 2,78 + 2 \cdot 2,09 + 2 \cdot 1,94) = 2,27$$

max $N = 432,3$ kN

min $l = 300$ cm

$$C_0 = \frac{2,5}{0,75 \cdot 2,27^2} \cdot \frac{432,3 \cdot 1,1}{300} = 1,02 \text{ kN/cm}$$

$$C_1 = \frac{21\,000/1,1}{\dfrac{180^3}{3 \cdot 2\,770} + \dfrac{200^2 \cdot 380}{2 \cdot 2\,770}} = 5,54 \text{ kN/cm}$$

Zwischen- und Endrahmen sind gleich ausgebildet.

min $C_1 = C_1$

$C_2 = C_1$

$\alpha = 1$

$$c_1 = \frac{1 + 0,6 \cdot 2,27}{2} \left[1 + \sqrt{1 - \frac{1,44 \cdot 1 \cdot 2,27}{(1 + 0,6 \cdot 2,27)^2}} \; \right]$$

$c_1 = 1,94$

$c_1 = c_2$

5,54 kN/cm $> 1,94 \cdot 1,02 = 1,98$ kN/cm

Der Obergurt des Fachwerkhauptträgers kann als elastisch gestützt angesehen werden.

13 Nachweisführung für Tragwerke nach Theorie II. Ordnung

Grundsätzlich ist eine Berechnung nach Theorie II. Ordnung für Tragwerke sinnvoll, wenn infolge der Belastung im Tragwerk große Normalkräfte vorhanden sind, die durch auftretende Verformungen zusätzliche Momente verursachen. Der Grenzzustand wird für das verformte Tragwerk nachgewiesen. Die exakte Lösung für die Ermittlung der Schnittgrößen nach Theorie II. Ordnung mit Hilfe von Differentialgleichungen ist aufwendig und nur bei einfachen Systemen praktikabel. Das Formänderungsverfahren gestattet, auch komplizierte Systeme ohne die Lösung umfangreicher Gleichungssysteme zu berechnen. Die DIN 18 800 T.2, Abschnitt 5 bietet Näherungslösungen an, die auf dem Drehwinkelverfahren basieren.

Die einfachste und in der Praxis häufig angewendete Methode ist die Ermittlung der Verformung für die Schnittgrößen nach Theorie I. Ordnung am unverformten System und eine iterative Annäherung an ihre endgültigen Werte am verformten System. Dieses Berechnungsverfahren ist nach DIN 18 800 T.2, Element 116 generell anwendbar.

Die beste Übereinstimmung mit genauen Lösungen wird erreicht, wenn schrittweise die Momente jeweils am verformten System ermittelt werden. Da der Momentenzuwachs den Gesetzen einer geometrischen Reihe folgt, ist eine Abkürzung der iterativen Annäherung möglich, die den Rechenaufwand beachtlich reduziert [18].

Sofern die Druckkräfte unter der Verzweigungslast liegen, bei praktischen Berechnungen ist das in der Regel der Fall, nähert sich die Rechnung asymptotisch an die exakte Lösung an.

Tragwerksverformungen sind nach DIN 18 800 T.2 generell zu berücksichtigen, wenn sie zur Vergrößerung der Beanspruchungen führen. Bei der Berechnung sind die Gleichgewichtsbedingungen am verformten System aufzustellen.

Der Einfluß der Theorie II. Ordnung darf vernachlässigt werden, wenn der Zuwachs der maßgebenden Schnittgrößen infolge der nach Theorie I. Ordnung ermittelten Verformungen nicht größer als 10 % ist.

Diese Bedingung darf als erfüllt angesehen werden, wenn die vorhandenen Normalkräfte des Systems nicht größer als 10 % der zur realen Knicklast gehörenden Normalkräfte des Systems sind bzw. wenn die Stabkennzahl aller Stäbe $\varepsilon = s_k \cdot \sqrt{N/(E \cdot I)_d} \leq 1$ ist. Ergänzungen hierzu können auch DIN 18 800 T.1, Element 739 u. 740 entnommen werden.

Durch den Ansatz von Imperfektionen in Form von Vorverdrehungen bzw. von Vorkrümmungen sollen mögliche Abweichungen vom planmäßigen Tragverhalten berücksichtigt werden. Ursachen für imperfekte Stabtragwerke können z. B. Abweichungen von den Stablängen, von den Winkeln zwischen den Stäben in Verbindungen und von den Lagen von Auflagerpunkten sein.

Die Größe der Vorverformungen für den Nachweis einteiliger Stäbe nach Theorie II. Ordnung ist in DIN 18 800 T.2, Element 204 und 205 geregelt. Imperfektionen dürfen auch durch den Ansatz einer gleichwertigen Ersatzlast berücksichtigt werden. Wenn durch das vorgesehene Herstellungs- oder Montageverfahren die Annahme geringerer Imperfektionen vertretbar ist, dann muß das Einhalten der reduzierten Annahmen auf ihre Richtigkeit überprüft werden.

Bei Anwendung des Nachweisverfahrens Elastisch-Elastisch brauchen nur 2/3 der Werte der Imperfektionen angesetzt zu werden. Für mehrteilige Stäbe gelten generell andere Werte als für einteilige Stäbe. Die jeweils gültigen Festlegungen sind DIN 18 800 T.2 zu entnehmen.

Nach DIN 18 800 T.1, Element 729 und 730 sind auch Imperfektionen bei einer Rechnung nach Theorie I. Ordnung zu berücksichtigen. Die vorgegebenen Werte sind geringer.

Die Berechnung der Tragwerke nach Theorie II. Ordnung entsprechend DIN 18 800 T.2 setzt voraus, daß die Normalkraftverformung der Stiele von Rahmen und Aussteifungselementen vernachlässigbar ist. Diese Voraussetzung ist erfüllt, wenn $E \cdot I \geqq 2{,}5 \cdot S \cdot L^2$. Dabei bedeutet $E \cdot I$ die Biegesteifigkeit, S die Stockwerkssteifigkeit und L die Gesamthöhe des Stockwerksrahmens bzw. der Aussteifungskonstruktion.

Für I und S bietet DIN 18 800 T.2 Abschnitt 5.2 Näherungsgleichungen an.

13.1 Vorverdrehungen

Vorverdrehungen sind für Stäbe und Stabzüge anzunehmen, die am verformten System Stabdrehwinkel aufweisen können und die durch Normalkräfte beansprucht werden.

Die Art und Größe der Vorverdrehungen ist in DIN 18 800 T.2, Element 205 vorgeschrieben. Dabei bildet der Winkel φ_0 das Maß für die erforderliche Vorverdrehung des Stabes bzw. Stabzuges und entspricht einer Schiefstellung des Systems.

Die Vorverdrehung von einteiligen Stäben beträgt in der Regel $\varphi_0 = (1/200) \cdot r_1 \cdot r_2$. Der Faktor r_1 stellt einen Reduktionswert dar, der die Stablänge berücksichtigt. Der Faktor r_2 erfaßt die Anzahl der voneinander unabhängigen Ursachen für die Vorverdrehungen und ist meist mit der Anzahl der Stiele je Stockwerk identisch. Stiele mit geringer Normalkraft zählen bei dieser Erfassung nicht. Als derartige Stiele gelten solche, deren Normalkraft kleiner als 25 % der Normalkraft des maximal belasteten Stiels im betrachteten Geschoß der entsprechenden Rahmenebene ist.

13.2 Vorkrümmung

Für Einzelstäbe mit unverschieblichen Knotenpunkten ist eine Vorkrümmung in Form einer Sinus-Halbwelle oder einer quadratischen Parabel anzusetzen. Die Größe des Stiches der Vorkrümmung w_0 hängt von der Knickspannungslinie ab. Bei Stäben mit Querschnitten entsprechend der Knickspannungslinie a beträgt die Vorkrümmung $w_0 = l/300$. Die weiteren Werte können DIN 18 800 T.2, Element 204 entnommen werden.

Für Stäbe, die am verformten Stabwerk Stabdrehwinkel aufweisen und eine Stabkennzahl $\varepsilon > 1{,}6$ haben, ist sowohl die Vorverdrehung als auch die Vorkrümmung anzusetzen.

Beim Biegedrillknicken ist lediglich eine Vorkrümmung mit einem Strich von $0{,}5\,w_0$ zu berücksichtigen.

13.3 Nachweisschema für Näherungsberechnung nach Theorie II. Ordnung

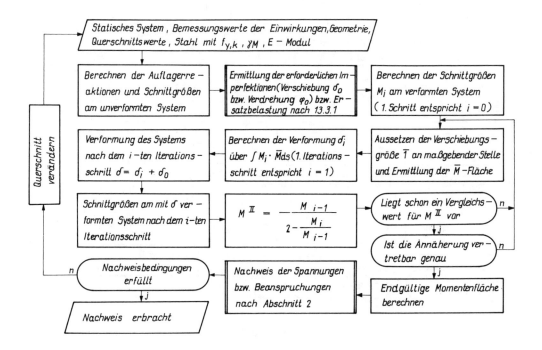

13.3.1 Ermittlung der Imperfektionen

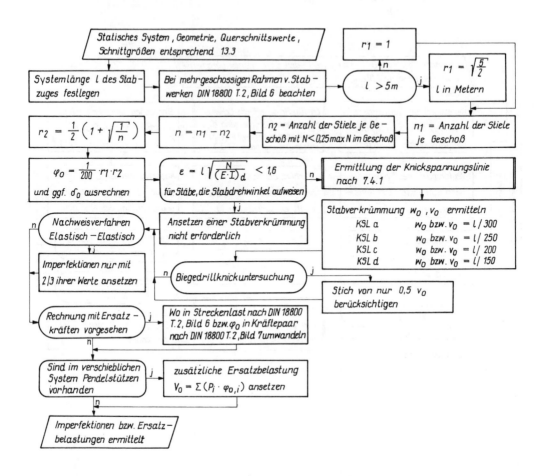

13.4 Beispiele zur Berechnung nach Theorie II. Ordnung

13.4.1 Eingespannte Stütze mit gekoppelter Pendelstütze

An eine eingespannte Stütze nach Abb. 13.1 wird über einen Koppelträger eine Pendelstütze angehängt. Für das Ausweichen in der Rahmenebene ist der Nachweis nach Theorie II. Ordnung zu führen. Die oberen Gelenkpunkte sind senkrecht zur Rahmenebene unverschieblich gehalten.

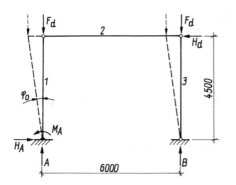

Querschnitt Stütze 1: IPE 360
Stütze 3: IPE 300
Querschnittswerte
$A_1 = 72{,}7 \ cm^2$
$A_3 = 53{,}8 \ cm^2$
$I_{y1} = 16\,270 \ cm^4$
$I_{y3} = \ 8\,360 \ cm^4$

Belastung
$F_d = 500 \ kN$
$H_d = \ 20 \ kN$
St 37; $\gamma_M = 1{,}1$

Abb 13.1

● Lösung nach 13.3
Auflagerreaktionen

$$A = 500 + \frac{20 \cdot 450}{600} = 515 \ kN$$

$$B = 500 - \frac{20 \cdot 450}{600} = 485 \ kN$$

$H_A = 20 \ kN$
$M_A = 20 \cdot 450 = 9\,000 \ kNcm$ (dreieckig)

Schnittgrößen
$N_1 = A = 515 \ kN$ (Druck)
$V_1 = H_A = 20 \ kN$
max $M_1 = M_A = 9\,000 \ kNcm$
$N_2 = 20 \ kN$ (Druck)
$N_3 = B = 485 \ kN$ (Druck)

Ermittlung der Imperfektionen nach 13.3.1
$l = 4{,}50 \ m \ < \ 5 \ m$
$r_1 = 1$
Anzahl der Stiele $n_1 = 2$
Die Normalkräfte unterscheiden sich in Stab 1 und 3 nur geringfügig.
$n_2 = 0$

$$r_2 = \frac{1}{2} \left(1 + \sqrt{\frac{1}{2}} \right) = 0{,}854$$

$$\varphi_0 = \frac{1}{200} \cdot 1 \cdot 0{,}854 = 0{,}005$$

$$\varepsilon_1 = 450 \sqrt{\frac{515 \cdot 1{,}1}{21\,000 \cdot 16\,270}} = 0{,}58 \ < \ 1{,}6$$

$$\varepsilon_3 = 450 \sqrt{\frac{485 \cdot 1{,}1}{21\,000 \cdot 8\,360}} = 0{,}78 \ < \ 1{,}6$$

175

Das Ansetzen einer Stabverkrümmung ist nicht erforderlich.
Nachweisverfahren Elastisch-Elastisch vorgesehen.

$$\varphi_0 = \frac{2}{3} \cdot 0,005 = 0,0033 = 1/300$$

Durch die angehängte Pendelstütze ergibt sich nach DIN 18 800 T.2, Element 525 eine zusätzliche Ersatzbelastung.
$V_0 = 2 \cdot 500 \cdot 0,0033 = 3,3 \text{ kN}$
Aus φ_0 ergibt sich eine Riegelverschiebung von $\delta_0 = 500/300 = 1,66 \text{ cm}$

Momente am imperfekten System
$M_A^{(0)} = (20 + 3,3) \cdot 450 + 500 \cdot 1,66 = 11\,315 \text{ kNcm}$
$\overline{1}$ in Riegelhöhe ansetzen
$\overline{M}_A = \overline{1} \cdot 450 = 450 \text{ kNcm}$
Verformung im 1. Iterationsschritt

$$\delta_1 = \frac{1}{3} \cdot 11\,315 \cdot 450 \cdot \frac{450 \cdot 1,1}{21\,000 \cdot 16\,270} = 2,46 \text{ cm}$$

System und Schnittgrößen nach dem 1. Iterationsschritt
$\delta = 2,46 + 1,66 = 4,12 \text{ cm}$
$M_A^{(1)} = (20 + 3,3) \cdot 450 + 500 \cdot 4,12 = 12\,545 \text{ kNcm}$

Verformung im 2. Iterationsschritt

$$\delta_2 = \frac{1}{3} \cdot 12\,545 \cdot 450 \cdot \frac{450 \cdot 1,1}{21\,000 \cdot 16\,270} = 2,72 \text{ cm}$$

System und Schnittgrößen nach dem 2. Iterationsschritt
$\delta = 2,72 + 1,66 = 4,38 \text{ cm}$

$M_A^{(2)} = (20 + 3,3) \cdot 450 + 500 \cdot 4,38 = 12\,675 \text{ kNcm}$

$$M^{II} = \frac{12\,545}{2 - \dfrac{12\,675}{12\,545}} = 12\,676 \text{ kNcm}$$

$$N = 500 + (20 + 3,3) \frac{450}{600} = 517,5 \text{ kN}$$
Nachweis

$$\sigma = \frac{517,5}{72,7} + \frac{12\,676}{904} = 21,1 \text{ kN/cm}^2 < \frac{24}{1,1} = 21,8 \text{ kN/cm}^2$$

Die Stütze 1 ist gegen Ausweichen in der Momentenebene nachgewiesen.

13.4.2 Varianten zu Zweigelenkrahmen

Ein Zweigelenkrahmen nach Abb. 13.2 soll für das Ausweichen in der Momentenebene nach Theorie II. Ordnung nachgewiesen werden. Senkrecht zur Momentenebene sind die Rahmenecken unverschieblich gehalten.

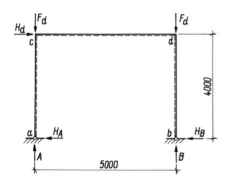

Querschnitt Riegel und Stiele IPE 360
Querschnittswerte
$A = 72,7 \text{ cm}^2$
$I_y = 16\,270 \text{ cm}^4$
$W_y = 904 \text{ cm}^3$

Belastung
$H_d = 30 \text{ kN}$
$F_d = 490 \text{ kN}$
St 37; $\gamma_M = 1,1$

Abb. 13.2

Auflagerreaktionen nach Theorie I. Ordnung

$$A = 490 - 30 \cdot \frac{400}{500} = 466 \text{ kN}$$

$$B = 490 + 30 \cdot \frac{400}{500} = 514 \text{ kN}$$

$$H_A = H_B = 15 \text{ kN}$$

Schnittgrößen am unverformten System:
$N_1 = A = 466 \text{ kN (Druck)}$
$V_1 = H_A = 15 \text{ kN}$
$M_c = 15 \cdot 400 = + 6\,000 \text{ kNcm}$
$N_3 = B = 514 \text{ kN (Druck)}$
$V_3 = H_B = 15 \text{ kN}$
$M_d = - 15 \cdot 400 = - 6\,000 \text{ kNcm}$
$N_2 = 15 \text{ kN}$

Ermittlung der erforderlichen Imperfektionen nach 13.3.1
$r_1 = 1$, da $l = h < 5 \text{ m}$

Das System hat 2 Stiele, die angenähert gleich belastet sind.
$n = 2$

$$r_2 = \frac{1}{2} \left(1 + \sqrt{\frac{1}{2}} \right) = 0,853$$

$$\varphi_0 = \frac{1}{200} \cdot 1 \cdot 0,853 = 0,00426 \triangleq \frac{1}{235}$$

$\delta = 1,7 \text{ cm}$

Stabkennzahlen

$$\varepsilon_1 = 400 \cdot \sqrt{\frac{466 \cdot 1,1}{21\,000 \cdot 16\,270}} = 0,49 < 1,6$$

177

$$\varepsilon_3 = 400 \cdot \sqrt{\frac{514 \cdot 1,1}{21\,000 \cdot 16\,270}} = 0,51 \ < \ 1,6$$

$$\varepsilon_2 = 500 \cdot \sqrt{\frac{15 \cdot 1,1}{21\,000 \cdot 16\,270}} = 0,11 \ < \ 1,6$$

Eine Vorkrümmung der Stäbe braucht nicht angesetzt zu werden.

● Lösung

Variante 1
Ermittlung der Verformungen mit der Kraftgrößenmethode und iterative Annäherung an die Schnittgrößen nach Theorie II. Ordnung.

Ermittlung der M-Fläche für das imperfekte System nach Abb. 13.3

$$B = \frac{1}{500} \cdot (490 \cdot 501,70 + 490 \cdot 1,70) = 517,33 \text{ kN}$$

$A = 462,67$ kN

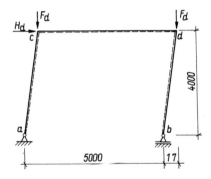

Abb 13.3

Ermittlung von H_A bzw. H_B am statisch unbestimmten System
Hauptsystem:
Auflager B horizontal verschieblich und mit $\bar{1}$ belastet

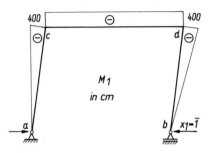

Abb. 13.4

$\overline{M}^{HS}_{c1} = \overline{M}^{HS}_{d1} = -1,0 \cdot 400 = -400$ kNcm
(vgl. Abb. 13.4)

Aus äußeren Lasten ergibt sich am Hauptsystem
$M^{HS}_{co} = 462,67 \cdot 1,70 + 30 \cdot 400 = +12\,787$ kNcm
$M^{HS}_{d0} = -517,33 \cdot 1,7 = -880$ kNcm
(vgl. Abb. 13.5)

$$\delta = \int \overline{M}_1 \cdot M_0 \cdot d_s$$

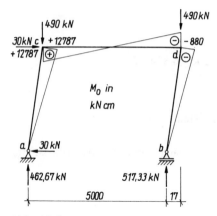

Abb. 13.5

$$\delta_{11} = \frac{1}{3} \, (-400) \, (-400) \cdot 400 \cdot 2 + (-400) \, (-400) \cdot 500 = 122,7 \cdot 10^6$$

$$\delta_{10} = \frac{1}{3} \, (-880) \, (-400) \cdot 400 + \frac{1}{3} \, (-400) \, (12 \, 787) \cdot 400 + (-400) \, (12 \, 787) \cdot 500$$

$$+ \frac{1}{3} \, (12 \, 787 + 880) \cdot (-400) \cdot 500 = -1 \, 825,8 \cdot 10^6$$

$$X_1^{(0)} = H_B^{(0)} = \frac{1 \, 825,8 \cdot 10^6}{122,7 \cdot 10^6} = 14,88 \text{ kN}$$

$M_c^{(0)} = 15,12 \cdot 400 + 462,7 \cdot 1,7 = 6 \, 835 \text{ kNcm}$

$M_d^{(0)} = -(14,88 \cdot 400 + 517,33 \cdot 1,7) = -6 \, 832 \text{ kNcm}$

Die M-Fläche am imperfekten System ist in Abb. 13.6 dargestellt.

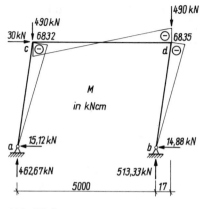

Abb 13.6

Berechnung der Verformung für den ersten Iterationsschritt
$M^{(0)}_0$- und $M^{(0)}_1$-Flächen siehe Abb. 13.7

$$\delta_1 = \frac{1 \cdot 1{,}1}{21\,000 \cdot 16\,270} \cdot \left(\frac{400}{3} \cdot 200 \cdot 6\,834 \cdot 2 + \frac{250}{3} \cdot 200 \cdot 6\,834 \cdot 2\right)$$

$\delta_1 = 1{,}91$ cm

Damit ergibt sich die Gesamtverschiebung nach dem ersten Iterationsschritt:
$\delta = 1{,}70 + 1{,}91 = 3{,}61$ cm

Ermittlung der Auflagerreaktionen und Momentenflächen nach dem ersten Iterationsschritt
Hauptsystem analog Abb. 13.4

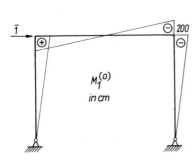 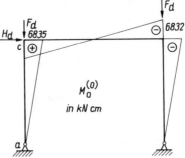

Abb. 13.7

A, B, M_c und M_d am Hauptsystem mit $\delta = 3{,}61$ cm

$$B^{\text{HS}} = \frac{1}{500}\,(490 \cdot 503{,}91 + 490 \cdot 3{,}91 + 30 \cdot 400) = 521{,}08 \text{ kN}$$

$A^{\text{HS}} = 458{,}92$ kN
$M^{\text{HS}}_{c1} = 458{,}92 \cdot 3{,}61 + 30 \cdot 400 = +13\,657$ kNcm
$M^{\text{HS}}_{d1} = -521{,}08 \cdot 3{,}61 = -1\,881$ kNcm
δ_{11} bleibt unverändert
$\delta_{11} = 122{,}7 \cdot 10^6$

$$\delta_{10} = \frac{1}{3}\,(-1\,881)\,(-400) \cdot 400 + \frac{1}{3}\,(-400)\,(13\,657) \cdot 400 + (13\,657)\,(-400) \cdot 500$$

$$+ \frac{1}{2}\,[-(13\,657 + 1\,881) \cdot (-400) \cdot 500] = -1\,805{,}7 \cdot 10^6$$

$$X^{(1)}_1 = H^{(1)}_B = \frac{1\,805{,}7 \cdot 10^6}{122{,}7 \cdot 10^6} = +14{,}72 \text{ kN}$$

$M^{(1)}_c = 15{,}28 \cdot 400 + 458{,}92 \cdot 3{,}61 = 7\,767$ kNcm
$M^{(1)}_d = -(14{,}72 \cdot 400 + 521{,}08 \cdot 3{,}61) = -7\,769$ kNcm

$$M^{\text{II}}_c = \frac{6\,832}{2 - \dfrac{7\,767}{6\,832}} = 7\,916 \text{ kNcm}$$

Berechnung der Verformung im zweiten Iterationsschritt

$$\delta_2 = \frac{1 \cdot 1{,}1}{21\,000 \cdot 16\,270} \left(\frac{400}{3} \cdot 200 \cdot 7\,768 \cdot 2 + \frac{250}{3} \cdot 200 \cdot 7\,768 \right) = 2{,}16 \text{ cm}$$

$\delta = 1{,}70 + 2{,}16 = 3{,}86 \text{ cm}$

Ermittlung der Auflagerreaktionen und Momentenflächen nach dem zweiten Iterationsschritt

Hauptsystem analog Abb. 13.4
A, B, M_c und M_d am Hauptsystem mit $\delta = 3{,}86$ cm

$$B^{HS} = \frac{1}{500} (490 \cdot 503{,}86 + 490 \cdot 3{,}86 + 30 \cdot 400) = 521{,}57 \text{ kN}$$

$A^{HS} = 458{,}43 \text{ kN}$
$M^{HS}_{c2} = 458{,}43 \cdot 3{,}86 + 30 \cdot 400 = 13\,770 \text{ kNcm}$
$M^{HS}_{d2} = -521{,}57 \cdot 3{,}86 = -2\,013 \text{ kNcm}$
δ_{11} bleibt unverändert
$\delta_{11} = 122{,}7 \cdot 10^6$

$$\delta_{10} = \frac{1}{3} (-2\,013)(-400) \cdot 400 + \frac{1}{3} (-400)(13\,770) \cdot 400 + (13\,770)(-400) \cdot 500$$

$$+ \frac{1}{2} \left[-(13\,770 + 2\,013)(-400) \cdot 500 = -1\,802{,}7 \cdot 10^6 \right.$$

$$X^{(2)}_1 = H^{(2)}_B = \frac{1\,802{,}7 \cdot 10^6}{122{,}7 \cdot 10^6} \right] = +14{,}70 \text{ kN}$$

$M^{(2)}_c = 15{,}30 \cdot 400 + 458{,}43 \cdot 3{,}86 = 7\,890 \text{ kNcm}$
$M^{(2)}_d = -(14{,}70 \cdot 400 + 521{,}57 \cdot 3{,}86) = 7\,893 \text{ kNcm}$

$$M^{II}_c = \frac{7\,769}{2 - \dfrac{7\,890}{7\,769}} = 7\,895 \text{ kNcm}$$

Die Iteration hätte schon nach der ersten Näherung abgebrochen werden können.

Nachweis Elastisch-Elastisch

$$\sigma = \frac{521{,}67}{72{,}7} + \frac{7\,895}{904} = 16{,}6 \text{ kN/cm}^2 < \frac{24}{1{,}1} = 21{,}8 \text{ kN/cm}^2$$

Nachweis erfüllt!

Variante 2
Berechnung des Zweigelenkrahmens nach Abb. 13.2 mit der Drehwinkelmethode nach Theorie I. Ordnung und einer näherungsweisen Berücksichtigung der Theorie II. Ordnung.

In der DIN 18 800 T.2, Element 521 wird für Stockwerkrahmen mit Stabkennzahlen $\varepsilon < 1{,}6$ die Möglichkeit angegeben, die Schnittgrößen nach Theorie II. Ordnung durch den Ansatz einer vergrößerten Stockwerksquerkraft V_r und einer Rechnung nach Theorie I. Ordnung zu ermitteln.

$$V_r = \qquad \underbrace{V_r^H + \varphi_0 \cdot N_r}_{\substack{\text{Anteil am vorverformten} \\ \text{System (I. Ordnung)}}} \qquad + \qquad \underbrace{1{,}2 \cdot \varphi_r \cdot N_r}_{\substack{\text{näherungsweiser Anteil am} \\ \text{verformten System}}}$$

$$\underbrace{\phantom{\text{vereinfachte Lösung für Theorie II. Ordnung}}}_{\text{vereinfachte Lösung für Theorie II. Ordnung}}$$

V_r^H	Stockwerksquerkraft nur aus äußeren Horizontallasten
N_r	Summe aller im Stockwerk übertragenen Vertikallasten
φ_0	Vorverdrehung (Imperfektion nach 13.3.1 bzw. DIN 18 800 T.2, Element 205)
φ_r	Drehwinkel der Stäbe im r-ten Stockwerk

Die Drehwinkelmethode rechnet mit $E \cdot I_c$-fachen Drehwinkeln, deshalb wird im weiteren mit $\varphi_r \cdot E \cdot I_c / \gamma_M$ gerechnet.

Geometrische Unbestimmtheit:
2 unabhängige Knotendrehwinkel φ_c, φ_d (Abb. 13.8)

1 unabhängiger Stabdrehwinkel φ_r
abhängige Stabdrehwinkel an der kinematischen Kette (Abb. 13.9)

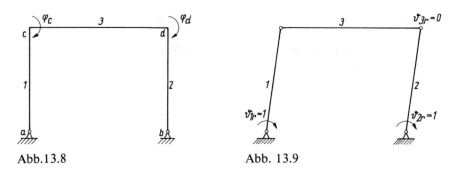

Abb.13.8   Abb. 13.9

Belastung am unverformten System nach Abb. 13.10

Arbeit an der kinematischen Kette (N_r leistet keine Arbeit am unverformten System, nur V_r und die noch unbekannten Stabendmomente Abb. 13.11)

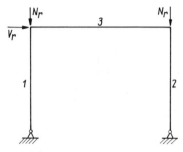

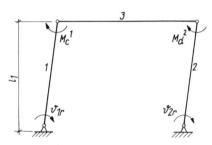

Abb.13.10   Abb. 13.11

$$M_c^1 \cdot \vartheta_{1r} + M_d^2 \cdot \vartheta_{2r} + V_r \cdot l_1 \cdot \vartheta_{1r} = 0$$

$$\left.\begin{array}{l} M_c^1 = k^1 \cdot \varphi_c - k^1 \cdot \vartheta_{1r} \cdot \varphi_r \\ M_d^2 = k^2 \cdot \varphi_d - k^2 \cdot \vartheta_{2r} \cdot \varphi_r \end{array}\right\} \text{ ohne Stabbelastung}$$

mit $k^1 = \dfrac{3}{l'_1}$; $k^2 = \dfrac{3}{l'_2}$ Stabsteifigkeiten

und $l'_1 = \dfrac{I_c}{I_1} \cdot l_1$; $l'_2 = \dfrac{I_c}{I_2} \cdot l_2$ elastische Längen

$$k^1 \cdot \vartheta_{1r} \cdot \varphi_c - k^1 \cdot \vartheta_{1r}^2 \cdot \varphi_r + k^2 \cdot \vartheta_{2r}^2 \cdot \varphi_d - k^2 \cdot \vartheta_{2r}^2 \cdot \varphi_r$$

$$+ (V_r^H + \varphi_0 \cdot N_r)\, l_1 \cdot \vartheta_{1r} + 1{,}2 \cdot N_r \cdot l_1 \cdot \dfrac{\vartheta_{1r} \cdot \varphi_r}{E \cdot I_c} = 0$$

Umstellen nach den 3 Unbekannten φ_c, φ_d, φ_r

$$- (k_1\, \vartheta_{1r})\, \varphi_c - (k_2\, \vartheta_{2r})\, \varphi_d + \left(k^1\, \vartheta_{1r}^2 + k^2\, \vartheta_{2r}^2 - 1{,}2\, N_r\, l_1 \dfrac{\vartheta_{1r}}{E \cdot I_c}\right)\varphi_r - (V_r^H + \varphi_0 N_r)\, \vartheta_{1r} = 0$$

allgemein
$$a_{rc}\, \varphi_c + a_{rd}\, \varphi_d + a_{rr}\, \varphi_r + a_{ro} = 0$$
mit a_{rr} (Glied in der Hauptdiagonalen)

$$a_{rr} = (k^1\, \vartheta_{1r}^2 + k^2\, \vartheta_{2r}^2) - 1{,}2\, N_r \cdot l_1 \cdot \dfrac{\vartheta_{1r}}{E \cdot I_c}$$

und a_{ro} (Belastungsglied)
$$a_{ro} = - [0 \cdot \vartheta_{1r} + (V_r^H + \varphi_0\, N_r)\, l_1 \cdot \vartheta_{1r}]$$

Gleichungssystem
$$a_{cc} \cdot \varphi_c + a_{cd} \cdot \varphi_d + a_{cr} \cdot \varphi_r + a_{co} = 0$$
$$a_{dc} \cdot \varphi_c + a_{dd} \cdot \varphi_d + a_{dr} \cdot \varphi_r + a_{do} = 0$$
$$a_{rc} \cdot \varphi_c + a_{rd} \cdot \varphi_d + a_{rr} \cdot \varphi_r + a_{ro} = 0$$

Die Vorverformung verändert ihre Größe nicht, φ_0 vgl. Variante 1.
$\varphi_0 = 0{,}00426$

Stabilitätsnachweise

Zahlenrechnung ($EI_c = 34\,167$ kNm²)
Variante 2

Knoten I		c		d	
Stab i		1	3	3	2
Länge l_i in m		4	5	5	4
Trägheitsmoment I_i in cm⁴		16 270	16 270	16 270	16 270
elastische Länge l_i in m		4	5	5	4
Stabsteifigkeit $k^i = 3/l_i$ bzw. $4/l'_i$		0,75	0,8	0,8	0,75
$a_{II} = \sum k^i$		$a_{cc} = 1{,}55$		$a_{dd} = 1{,}55$	
$a_{Ik} = 0{,}5\,k^i$			$a_{cd} = 0{,}4$		
Volleinspannmomente M^i_{I0}		0	0	0	0
$a_{I0} = \sum M^i_{I0}$		$a_{c0} = 0$		$a_{d0} = 0$	
Stabdrehwinkel ϑ_{ir}		1,0	0	0	1,0
$a_{rI} = -\sum k^i \cdot \vartheta$		$a_{cr} = 0{,}75$		$a_{dr} = -0{,}75$	
$a_{rr} = \sum k^i \cdot \vartheta^2_{ir} - 1{,}2\,N_r l_1 \cdot \dfrac{\vartheta_{ir} \cdot \gamma_M}{E\,I_c}$		$a_{rr} = 1{,}50 - 1{,}2\,(2 \cdot 490) \cdot 4 \cdot \dfrac{1 \cdot 1{,}1}{34\,167}$ $= 1{,}50 - 0{,}1514 = 1{,}3486$			
$a_{ro} = -\sum M^i_{I0} \cdot \vartheta_{ir} + (V^H_r + \varphi_0\,N_r)\,\vartheta_{ir}$		$a_{ro} = -[30 + 0{,}00426\,(2 \cdot 490)]\,4 \cdot 1$ $= -(30 + 4{,}1748) \cdot 4 = -136{,}7$			

Lösung des Gleichungssystems
$$1{,}55\,\varphi_c + 0{,}40\,\varphi_d - 0{,}75\,\varphi_r \qquad = 0$$
$$0{,}40\,\varphi_c + 1{,}55\,\varphi_d - 0{,}75\,\varphi_r \qquad = 0$$
$$-0{,}75\,\varphi_c - 0{,}75\,\varphi_d + 1{,}3486\,\varphi_r - 136{,}7 \quad = 0$$

$\left.\begin{array}{l}\varphi_c = 68{,}133 \\ \varphi_d = 68{,}133 \\ \varphi_r = 177{,}147\end{array}\right\}\ \dfrac{E\,I_c}{\gamma_M}$ –fach
$\qquad\begin{array}{l}\varphi_c = 0{,}0022\ \text{rad} \\ \varphi_d = 0{,}0022\ \text{rad} \\ \varphi_r = 0{,}0057\ \text{rad}\end{array}$

Momente in kNm					
M^i_{I0}		0	0	0	0
$+ k^i \cdot \varphi_I$		51,10	54,51	54,51	51,10
$+ 0{,}5\,k^i \cdot \varphi_k$		–	27,25	27,25	–
$- k^i \cdot \vartheta_{ir} \cdot \varphi_r$ bzw. $-1{,}5\,k^i \cdot \vartheta_{ir} \cdot \varphi_r$		– 132,86	0	0	– 132,86
$\sum M^i_I$		– 81,76	+ 81,76	+ 81,76	– 81,76

Kontrollen:
Knoten $\quad \sum M_c = 0;\ \sum M_d = 0$
Kette $\quad -2 \cdot 81{,}76 + 136{,}7 + 1{,}2 \cdot 0{,}0057 \cdot 2 \cdot 490 \cdot 4 = 0$
$$\qquad\qquad\qquad\qquad 0{,}01 \approx 0$$

Das Eckmoment ist gegenüber Variante 1 um 3,5 % größer. Die Abweichung ergibt sich durch die Anwendung des Näherungsverfahrens nach DIN 18 800 T.2, Element 521.

Nachweis:

$$\sigma = \frac{514}{72,2} + \frac{8\,176}{904} = 16,2 \text{ kN/cm}^2 < \frac{24}{1,1} = 21,8 \text{ kN/cm}^2$$

Variante 3
Berechnung des Zweigelenkrahmens nach Abb. 13.2 mit der exakten Drehwinkelmethode. Als Imperfektion wurde $\varphi_0 = 0,00426$ von Variante 1 angesetzt.

Exakte Drehwinkelmethode (Zahlenrechnung)

Knoten I	c		d		Bemerkungen
Stab i	1	3	3	2	
l_i' in m	4	5	5	4	
D_i in kN	≈ 466	≈ 15	≈ 15	≈ 514	vgl. Variante $1^{(0)}$ mit $E\,I_c/\gamma_M = 31\,061$ kNm^2
ε_i,	0,49	≈ 0	≈ 0	0,51	
α_i'	3,9679	4	4	3,9652	
β_i',	2,0081	2	2	2,0088	Tabellenwerte infolge ε_i nach [19]
γ_i'	2,9516	–	–	2,9475	
K^i	0,7379	0,8000	0,8000	0,7369	
a_{II} a_{Ik} M_{I0} a_{I0}	$a_{cc} = 1,5379$ $a_{c0} = 0$	0	$a_{dd} = 1,5369$ $a_{cd} = 0,40$ 0 $a_{d0} = 0$	0	am Knoten I
ϑ_{ir}	1,0	0	0	1,0	
a_{rI} a_{rr} a_{ro}	$a_{cr} = -0,7379$ $a_{dr} = -0,7369$ $a_{rr} = 0,7379 + 0,7369 - (466 + 514)$ $\cdot 4 \cdot 1,0/31\,061 = 1,3486$ $a_{ro} = -[30 + 0,00426\,(466 + 514)]$ $\cdot 4 \cdot 1,0 = -136,70$				an der Kette r

Lösung des Gleichungssystems
$$1,5379\,\varphi_c + 0,40\,\varphi_d - 0,7379 \qquad\qquad = 0$$
$$0,40\,\varphi_c + 1,5369\,\varphi_d - 0,7369 \qquad\qquad = 0$$
$$-0,7379\,\varphi_c - 0,7369\,\varphi_d + 1,3486 - 136,7 \quad = 0$$

$$\left.\begin{array}{l} \varphi_c = 66,14 \\ \varphi_d = 66,18 \\ \varphi_r = 173,72 \end{array}\right\} \frac{E\,I_c}{\gamma_M}\text{-fach} \qquad \begin{array}{l} \varphi_c = 0,0021 \text{ rad} \\ \varphi_d = 0,0021 \text{ rad} \\ \varphi_r = 0,0056 \text{ rad} \end{array}$$

185

Stabilitätsnachweise

Knoten I	c		d		Bemerkungen
Stab i	1	3	3	2	
M_{i0}^i	0	0	0	0	
$+ k^i \cdot \varphi_I$	48,80	52,91	52,94	48,77	Momente in kNm
$+ 0,5\, k^i \cdot \varphi_k$	–	26,47	26,46	–	
$- k^i\, \vartheta_{ir} \cdot \varphi_r$	– 128,19	0	0	– 128,01	
$\sum M_I^i$	– 79,39	79,38	79,40	– 79,24	

Kontrollen:
Knoten $\sum M_c = -0,01 \approx 0$
$\sum M_d = 0,16 \approx 0$

Kette $-(79,39 + 79,38) + 136,70 + 0,0056 \cdot 2 \cdot 490 \cdot 4 = 0,12 \approx 0$

Das Eckmoment stimmt mit Variante 1 gut überein.

Nachweis:

$$\sigma = \frac{514}{72,2} + \frac{7\,939}{904} = 15,9 \text{ kN/cm}^2 < \frac{24}{1,1} = 21,8 \text{ kN/cm}^2$$

14 Plattenbeulen

Beim Beulen weicht ein ebenes Blech, das durch Normal- oder Schubspannungen beansprucht wird, senkrecht zur Blechebene aus. Beulgefährdete Rechteckplatten in Bauteilen werden als Beulfelder bezeichnet. Platten, deren Form vom Rechteck abweicht, dürfen entsprechend angepaßt werden.

Die Längsränder der Beulfelder sind in Richtung x-Achse orientiert. Querränder verlaufen in der Regel in Richtung der z-Achse.

Beulfelder können durch Steifen verändert werden. Steifen in Richtung der Längsränder werden als Längssteifen und die in Richtung der Querränder entsprechend als Quersteifen bezeichnet. Es werden Gesamtfelder, Teil- und Einzelfelder unterschieden. Die Gesamtfelder sind versteifte oder unversteifte Platten, die in der Regel an ihren Längs- und Querrändern unverschieblich gelagert sind. Dabei können die Ränder auch elastisch gestützt oder frei sein.

Als unverschiebliche Lagerung gelten z. B. für den Steg Gurte oder Querschotte.

Teilfelder sind längsversteifte oder unversteifte Platten, die zwischen benachbarten Quersteifen oder zwischen einem Querrand und einer benachbarten Quersteife und den Längsrändern des Gesamtfeldes liegen.

Einzelfelder sind unversteifte Platten, die zwischen Steifen oder zwischen Steifen und Rändern längsversteifter Teilfelder liegen. Für rechtwinklig zur Platte unverschieblich gelagerte Plattenränder ist in der Regel eine gelenkige Lagerung anzunehmen.

14.1 Unversteifte Beulfelder

Da jedes tragende Bauteil im Stahlbau, die Walzprofile eingeschlossen, angenähert aus ebenen Blechteilen besteht, ist prinzipiell stets der Beulnachweis zu führen. Um den entstandenen Aufwand zu reduzieren, sind in DIN 18 800 T. 1 deshalb die Tabellen 12 bis 15 und 18 Grenzwerte (b/t) angegeben, bei deren Einhaltung ein Beulnachweis entfallen kann. Diese Tabellen sind in 14.4 enthalten. Dabei gelten für die Nachweisverfahren Elastisch-Elastisch, Elastisch-Plastisch und Plastisch-Plastisch jeweils unterschiedliche Werte. Diese Grenzrelationen gelten jedoch nur für eine Beanspruchung durch Normalspannungen σ_x. In der DIN 18 800 T.3, Element 202 bis 205 sind weitere Näherungsverfahren aufgeführt, die im Arbeitsschema 14.5 aufbereitet sind.

Die exakte Berechnung der Beulsicherheit für unversteifte Beulfelder enthält das Arbeitsschema 14.6. Das Verfahren basiert auf dem Nachweis Elastisch-Elastisch, ohne Querschnitts- oder Systemreserven rechnerisch in Anspruch zu nehmen. Diese Nachweisführung entspricht im Prinzip der Lösung des Knickproblems. Ähnlich wie beim Knicken, wo die Zuordnung zu einer idealen Knicklänge $s_K = \beta \cdot l$ erfolgt, wird beim Beulen auf $\sigma_K = k \cdot \sigma_e$ Bezug genommen. Dabei entspricht σ_e der Beulbezugsspannung und k dem Beulwert, der ähnlich dem Knicklängenbeiwert β u. a. die Lagerungsbedingungen berücksichtigt. σ_e entspricht der *Euler*schen Knickspannung eines an beiden Enden einspannungsfrei gelagerten Plattenstreifens der Knicklänge b und der Dicke t, dabei tritt anstelle der Biegesteifigkeit des Stabes jedoch die Plattensteifigkeit. Bei der Berechnung der idealen Beulspannung gelten die Voraussetzungen:

- unbeschränkte Gültigkeit des *Hooke*schen Gesetzes
- ideal isotroper Werkstoff
- ideal ebenes Blech
- ideal mittige Lasteintragung

– keine Eigenspannungen
– in den Gleichgewichtsbedingungen werden nur lineare Glieder der Verschiebungen berücksichtigt.

Beim Plattenbeulen liegt unter diesen Voraussetzungen ein Verzweigungsproblem vor.

Die lineare Beultheorie wird lediglich herangezogen, um einen bezogenen Plattenschlankheitsgrad $\bar{\lambda}_p$ zu bestimmen, von dem die für den Beulsicherheitsnachweis erforderlichen Abminderungsfaktoren κ abhängig sind. Im Normalfall wirken auf das Beulfeld σ_x- und τ-Spannungen. Für diesen Fall ist das Arbeitsschema 14.7 aufbereitet. Sobald am Längsrand größere Einzellasten auftreten und σ_z-Spannungen entstehen, ist eine Berechnung nach DIN 18 800 T. 3, Element 504 erforderlich. Die Ermittlung der Beulwerte $k_{\sigma y}$ bereitet Schwierigkeiten. Die Nachweisführung ist bei einer Lasteintragung am Plattenlängsrand nach [20] möglich.

14.2 Versteifte Beulfelder

Eine Verbesserung des Beulverhaltens durch Vergrößerung der Beuldicke ist in der Regel unwirtschaftlich. Die Anordnung von Steifen führt mit geringem Materialaufwand zu einer ausreichenden Beulsicherheit der Felder.

Beulsteifen sollen eine Verformung senkrecht zur Plattenebene verhindern. Steifen, die in den Knotenlinien der Beulfiguren liegen, haben keinen Einfluß auf das Verformungsverhalten der Platte. Es muß generell versucht werden, die Steifen so anzuordnen, daß sie die Kuppen der Beulen kreuzen. Bei reiner Schubbeanspruchung wären Beulsteifen unter 45° am wirkungsvollsten. Die stahlbautechnische Fertigung und die optische Wirkung bilden jedoch eine Anwendungsgrenze.

In der Regel werden Längs- oder Quersteifen vorgesehen. Für die Anordnung von Beulsteifen gelten folgende Festlegungen:

Bei Druckspannungen werden Längssteifen vorgesehen. Sobald Biegespannungen in der Plattenebene wirken, ist eine Beulsteife in der Mitte des Biegedruckbereiches sinnvoll. Für doppeltsymmetrische Querschnitte bringt die Lage bei $b/4$ eine statisch günstige Wirkung. Bei Schubspannungen erfolgt die Anordnung von Quersteifen. Kombinationsmöglichkeiten dieser Grundformen sind praktikabel. Die Wirkung der Aussteifungen kann erhöht werden, wenn an ihren Enden ein biegesteifer Anschluß erfolgt.

Für die Umrechnung der Beulsteifen in erhöhte $k_{\sigma x}$- bzw. k_τ-Werte für das ausgesteifte Gesamtfeld und eine Nachweisführung analog zum unversteiften Feld ist ein Nachweisschema in 14.7 aufbereitet. Die $k_{\sigma x}$- bzw. k_τ-Werte können [21] und [22] entnommen werden. Die Kurventafeln sind für eine Vielzahl von verschiedenen Lagen und Größen der Steifen angegeben. Eine Interpolation zwischen den Tafeln ist möglich. Da eine individuelle Rechnung sehr aufwendig ist und das genannte Standardwerk allgemein zugänglich ist, wird auf die Erläuterung ergänzender Nachweismöglichkeiten verzichtet.

14.3 Abkürzungen

x	Achse in Plattenlängsrichtung
y	Achse in Plattenquerrichtung
σ_x, σ_y	Normalspannung in Richtung der Achsen x und y (Druck positiv)
τ	Schubspannung

ψ	Randspannungsverhältnis im untersuchten Beulfeld, bezogen auf die größte Druckspannung
E	Elastizitätsmodul
f_y	Streckgrenze
$\mu = 0,3$	Querdehnzahl
a	Längsrandlänge des untersuchten Beulfeldes
b	Querrandlänge des untersuchten Beulfeldes
b'	wirksame Gurtbreite im Bereich einer Steife
$\alpha = a/b$	Seitenverhältnis
t	Plattendicke

$$\sigma_e = \frac{\pi^2 \cdot E}{12\,(1 - \mu^2)} \left(\frac{t}{b}\right)^2 \quad \text{Bezugsspannung}$$

$k_{\sigma x}, k_{\sigma y}, k_\tau$	Beulwerte des untersuchten Beulfeldes bei alleiniger Wirkung von Randspannungen σ_x, σ_y oder τ
$\sigma_{xPi} = k_{\sigma x} \cdot \sigma_e$	Ideale Beulspannung bei alleiniger Wirkung von Randspannungen σ_x
$\sigma_{yPi} = k_{\sigma y} \cdot \sigma_e$	Ideale Beulspannung bei alleiniger Wirkung von Randspannungen σ_y
$\sigma_{Pi} = k_\tau \cdot \sigma_e$	Ideale Beulspannung bei alleiniger Wirkung von Randspannungen τ

$$\lambda_a = \pi \cdot \sqrt{\frac{E}{f_{y,k}}}\text{N} \quad \text{Bezugsschlankheitsgrad}$$

λ_P	Plattenschlankheitsgrad
$\overline{\lambda}_P = \lambda_P/\lambda_a$	bezogener Plattenschlankheitsgrad
$\kappa_x, \kappa_y, \kappa_\tau$	Abminderungsfaktoren (bezogene Grenzbeulspannungen)
$\sigma_{xP,R,d}; \sigma_{yP,R,d}$	Grenzbeulspannungen
$\sigma_{PK,R,d}$	Grenzbeulspannung bei knickstabähnlichem Verhalten

Querschnitts- u. Systemgrößen für Steifen

| I | Flächenmoment 2. Grades (Trägheitsmoment) berechnet mit den wirksamen Gurtbreiten b' |
| A | Querschnittsfläche einer Steife ohne wirksame Plattenanteile |

$$\gamma = 12\,(1 - \mu^2)\,\frac{I}{b_G \cdot t^3} \quad \text{bezogenes Flächenmoment 2. Grades (Trägheitsmoment) einer Steife}$$

$$\delta = \frac{A}{b_G \cdot t} \quad \text{bezogene Querschnittsfläche einer Steife}$$

14.4 Tabellen für die Grenzwerte grenz(b/t) bei σ_x

14.4.1 Grenzwerte grenz(b/t) beim Tragsicherheitsnachweis nach dem Verfahren Elastisch-Elastisch

σ_1 = Grenzwert der Druckspannungen σ_x in N/mm² und $f_{y,k}$ in N/mm²

	1	2
1	Lagerung:	Für $\sigma_1 \cdot \gamma_M = f_{y,k}$ gilt für St 37 $\sqrt{\dfrac{240}{\sigma_1 \cdot \gamma_M}} = 1$ und für St 52 $\sqrt{\dfrac{240}{\sigma_1 \cdot \gamma_M}} = \sqrt{\dfrac{1}{1,5}} = 0,82$
2	Randspannungsverhältnis ψ	grenz(b/t) für Sonderfälle des Randspannungsverhältnisses ψ
3	1	$37,8 \cdot \sqrt{240 / (\sigma_1 \cdot \gamma_M)}$
4	$1 > \psi > 0$	$27,1(1 - 0,278\,\psi - 0,025 \cdot \psi^2) \cdot \sqrt{8,2/(\psi + 1,05)} \cdot \sqrt{240/(\sigma_1 \cdot \gamma_M)}$
5	0	$75,8 \cdot \sqrt{240/(\sigma_1 \cdot \gamma_M)}$
6	$0 > \psi > -1$	$27,1 \cdot \sqrt{7,81 - 6,29 \cdot \psi + 9,78 \cdot \psi^2} \cdot \sqrt{240/(\sigma \cdot \gamma_M)}$
7	-1	$133 \cdot \sqrt{240/(\sigma_1 \cdot \gamma_M)}$
	Lagerung:	
	Randspannungsverhältnis ψ	
	Größte Druckspannung am gelagerten Rand	
8	1	$12,9 \cdot \sqrt{240/(\sigma_1 \cdot \gamma_M)}$
9	$1 > \psi > 0$	$19,7 \cdot \sqrt{0,578/(\psi + 0,34)} \cdot \sqrt{240/(\sigma_1 \cdot \gamma_M)}$
10	0	$25,7 \cdot \sqrt{240/(\sigma_1 \cdot \gamma_M)}$
11	$0 > \psi > -1$	$19,7 \cdot \sqrt{1,70 - 5 \cdot \psi + 17,1 \cdot \psi^2} \cdot \sqrt{240/(\sigma_1 \cdot \gamma_M)}$
12	-1	$96,1 \cdot \sqrt{240/(\sigma_1 \cdot \gamma_M)}$
	Größte Druckspannung am freien Rand	
13	1	$12,9 \cdot \sqrt{240/(\sigma_1 \cdot \gamma_M)}$
14	$0 > \psi > 0$	$19,7 \cdot \sqrt{0,57 - 0,21 \cdot \psi + 0,07 \cdot \psi^2} \cdot \sqrt{240/(\sigma_1 \cdot \gamma_M)}$
15	0	$14,9 \cdot \sqrt{240/(\sigma_1 \cdot \gamma_M)}$
16	$0 > \psi > -1$	$19,7 \cdot \sqrt{0,57 - 0,21 \cdot \psi + 0,07 \cdot \psi^2} \cdot \sqrt{240/(\sigma_1 \cdot \gamma_M)}$
17	-1	$18,2 \cdot \sqrt{240/(\sigma_1 \cdot \gamma_M)}$

14.4.2 Grenzwerte grenz(*b/t*) beim Tragsicherheitsnachweis nach dem Verfahren Elastisch-Plastisch

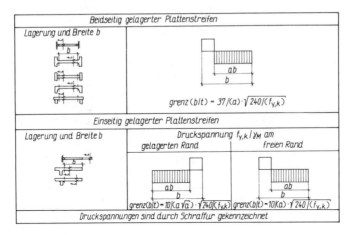

14.4.3 Grenzwerte grenz(*b/t*) beim Tragsicherheitsnachweis nach dem Verfahren Plastisch-Plastisch

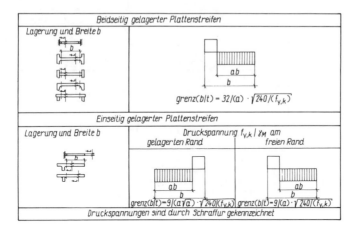

14.5 Nachweisschema für die Beulsicherheit eines unversteiften Feldes mit Näherungsverfahren

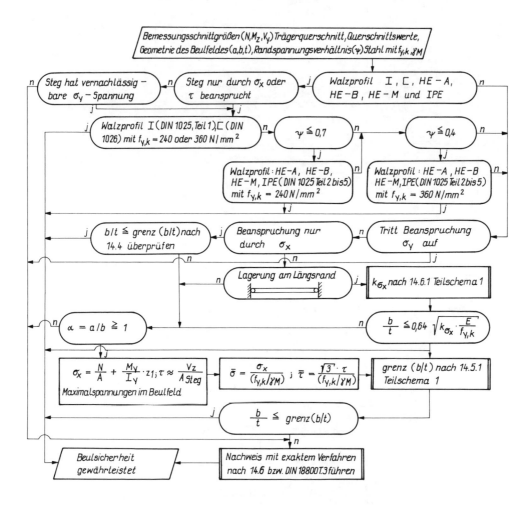

14.5.1 Unversteifte allseitig gelagerte Beulfelder

grenz(b/t) für St 37 bei σ_x und τ nach |231|

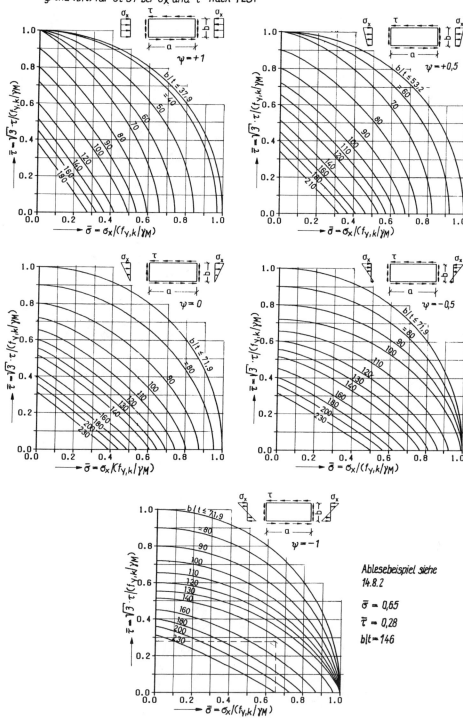

Ablesebeispiel siehe
14.8.2

$\bar{\sigma} = 0,65$

$\bar{\tau} = 0,28$

$b/t = 146$

14.5.2 Unversteifte allseitig gelagerte Beulfelder

grenz (b/t) für St 52 bei σ_x und τ nach |23|

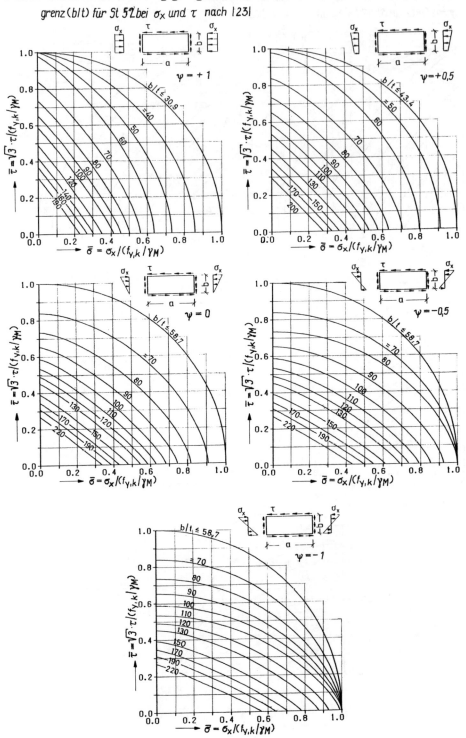

14.6 Nachweisschema für die Beulsicherheit eines unversteiften Feldes mit exaktem Verfahren

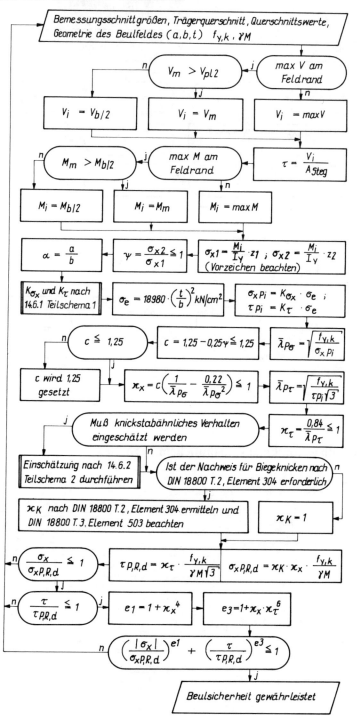

14.6.1 Ermittlung der Beulwerte $k_{\sigma x}$ und k_{τ}

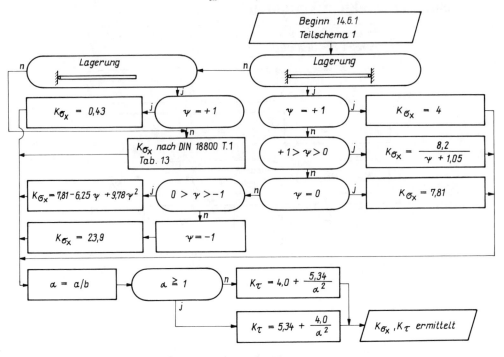

14.6.2 Überprüfung von knickstabähnlichem Verhalten

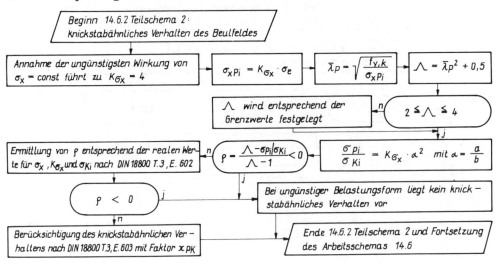

14.6.3 Abminderungsfaktoren κ (bezogene Tragbeulspannung) bei alleiniger Wirkung von σ_x, σ_y oder τ

	1	2	3	4	5
	Beulfeld	Lagerung	Beanspruchung	Bezogener Schlankheitsgrad	Abminderungsfaktor
1	Einzelfeld	allseitig gelagert	Normalspannungen σ mit dem Rand-spannungsverhältnis $\psi_T \leq 1$ *)	$\bar{\lambda}_p = \sqrt{\dfrac{f_{y,k}}{\sigma_{Pi}}}$	$\kappa = c\left(\dfrac{1}{\bar{\lambda}_p} - \dfrac{0,22}{\bar{\lambda}_p^2}\right) \leq 1$ mit $c = 1,25 - 0,12\,\psi_T \leq 1,25$
2		allseitig gelagert	Schubspannungen τ	$\bar{\lambda}_p = \sqrt{\dfrac{f_{y,k}}{\tau_{Pi}\cdot\sqrt{3}}}$	$\kappa_\tau = \dfrac{0,84}{\bar{\lambda}_p} \leq 1$
3	Teil- und Gesamt-feld	allseitig gelagert	Normalspannungen σ mit dem Rand-spannungsverhältnis $\psi \leq 1$	$\bar{\lambda}_p = \sqrt{\dfrac{f_{y,k}}{\sigma_{Pi}}}$	$\kappa = c\left(\dfrac{1}{\bar{\lambda}_p} - \dfrac{0,22}{\bar{\lambda}_p^2}\right) \leq 1$ mit $c = 1,25 - 0,12\,\psi \leq 1,25$
4		dreiseitig gelagert	Normalspannungen σ	$\bar{\lambda}_p = \sqrt{\dfrac{f_{y,k}\,^{**)}}{\sigma_{Pi}}}$	$\kappa = \dfrac{1}{\bar{\lambda}_p^2 + 0,51} \leq 1$
5		dreiseitig gelagert	konstante Rand-verschiebung μ	$\bar{\lambda}_p = \sqrt{\dfrac{f_{y,k}\,^{**)}}{\sigma_{Pi}}}$	$\kappa = \dfrac{0,7}{\bar{\lambda}_p} \leq 1$
6		allseitig gelagert, ohne Längs-steifen	Schubspannungen τ	$\bar{\lambda}_p = \sqrt{\dfrac{f_{y,k}}{\tau_{Pi}\cdot\sqrt{3}}}$	$\kappa_\tau = \dfrac{0,84}{\bar{\lambda}_p} \leq 1$
7		allseitig gelagert, mit Längs-steifen	Schubspannungen τ	$\bar{\lambda}_p = \sqrt{\dfrac{f_{y,k}}{\tau_{Pi}\cdot\sqrt{3}}}$	$\kappa_\tau = \dfrac{0,84}{\bar{\lambda}_p} \leq 1 \quad$ für $\bar{\lambda}_p \leq 1,38$ $\kappa_\tau = \dfrac{1,16}{\bar{\lambda}_p^2} \quad$ für $\bar{\lambda}_p^2 > 1,38$

*) Bei Einzelfeldern ist ψ_T das Randspannungsverhältnis des Teilfeldes, in dem das Einzelfeld liegt.
**) Zur Ermittlung von σ_{Pi} ist der Beulwert min $\kappa_\sigma\,(\alpha)$ für $\psi = 1$ einzusetzen.

14.7 Nachweisschema für die Beulsicherheit eines versteiften Feldes

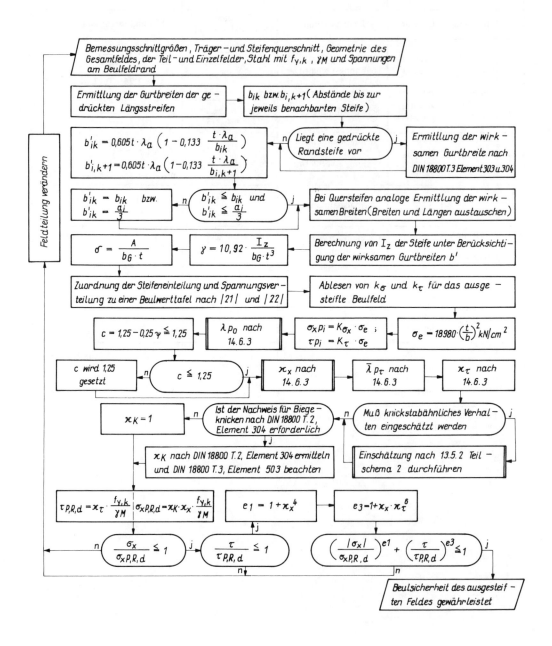

14.8 Beispiele für den Nachweis der Beulsicherheit

14.8.1 Unversteiftes Beulfeld – Beulsicherheit nach Näherungsverfahren

Für das unversteifte Beulfeld nach Abb. 14.1 ist mittels Nachweisschema 14.4 und 14.5 die Beulsicherheit einzuschätzen. Am Beulfeldlängsrand entstehen keine σ_y-Spannungen.

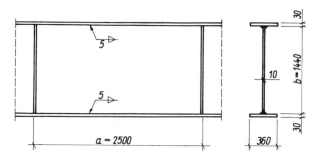

Abb. 14.1

Querschnittswerte
A = 360 cm^2
I_y = 1 416 000 cm^4
a = 2 500 mm, b = 1 440 mm
a_w = 5 mm

maßgebende Bemessungsschnittgrößen

$M_{y,d}$ = 280 000 kN cm
$V_{z,d}$ = 500 kN
St 37; γ_M = 1,1

● Lösung

Überprüfung der Grenzwerte (b/t) nach 14.4.1

Gurt: ψ = +1
b/t = (36/2 – 1,0/2 – 0,5)/3 = 5,7 < 12,9

Für den Gurt ist die Beulsicherheit vorhanden.

Steg: Eine Nachweisführung nach 14.4.1 ist nicht praktikabel, da sowohl Normal- als auch Schubspannungen im Steg vorhanden sind. Nachweis nach 14.5.

Das Profil ist kein Walzprofil. Es treten keine σ_y-Spannungen am Beulfeldlängsrand auf. Die Längsrandlagerung ist beidseitig gelenkig.

Beim doppeltsymmetrischen Querschnitt ohne Normalkraft ergibt sich ψ = –1 und nach 14.5.1: $k_{\sigma x}$ = 23,9

$$b/t = 144/1 \leq 0,64 \cdot \sqrt{23,9 \cdot \frac{21\,000}{24}} = 92,6$$

Diese Bedingung ist nicht erfüllt.

α = 250/144 = 1,74 > 1

Die Spannungen im Beulfeld betragen:

$$\sigma_x = \frac{280\,000}{1\,416\,000} \cdot 72 = \pm\ 14,2\ \text{kN/cm}^2$$

$$\tau = \frac{500}{144 \cdot 1} = 3,5\ \text{kN/cm}^2$$

$$\bar{\sigma} = \frac{14,2}{(24/1,1)} = 0,65$$

$$\bar{\tau} = \frac{\sqrt{3} \cdot 3,5}{(24/1,1)} = 0,28$$

grenz(b/t) für St 37 und $\psi = -1$ nach 14.5.1

grenz(b/t) = 148 > 144

Die Beulsicherheit ist gewährleistet.

14.8.2 Unversteiftes Beulfeld – Beulsicherheit nach exaktem Verfahren

Für das unversteifte Beulfeld nach Abb. 14.2 ist mittels Nachweisschema 14.6 die Beulsicherheit zu ermitteln.

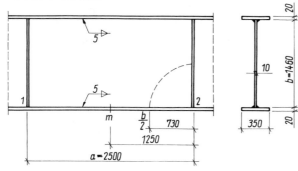

Querschnittswerte
$A = 286\ \text{cm}^2$
$I_y = 1\,026\,000\ \text{cm}^4$
$a = 2\,500\ \text{mm};\ b = 1\,460\ \text{mm}$
$a_w = 5\ \text{mm}$

Bemessungsschnittgrößen
$M_{d1} = 180\,000\ \text{kNcm}$
$M_{d2} = 240\,000\ \text{kNcm}$
$M_{dm} = 210\,000\ \text{kNcm}$
$M_{d\,b/2} = 222\,480\ \text{kNcm}$
$V_{d\,2l} = 240\ \text{kN}$
$V_{d\,1r} = 240\ \text{kN}$
St 37; $\gamma_M = 1,1$

Abb. 14.2

● Lösung nach 14.6
$V_i = \max V_a = 240\ \text{kN}$
$$\tau = \frac{240}{146 \cdot 1} = 1,6\ \text{KN/cm}^2$$

max M liegt am Feldrand
$M_{d,m} < M_{d,b/2}$
$M_i = M_{d,b/2} = 222\,480\ \text{kN/cm}$

$$\sigma_{x\,1} = \frac{222\,480}{1\,026\,000} \cdot 73 = 15,8\ \text{kN/cm}^2$$

$$\sigma_{x\,2} = -\frac{222\,480}{1\,026\,000} \cdot 73 = -15,8\ \text{kN/cm}^2\ \text{(Zug)}$$

$$\psi = \frac{+15,8}{-15,8} = -1$$

$$\alpha = \frac{250}{146} = 1,71$$

Ermittlung von $k_{\sigma x}$ und k_τ nach 14.6.1

Für $\psi = -1$ ergibt sich $k_{\sigma x} = 23,9$

und für $\alpha > 1$

$$k_\tau = 5,34 + \frac{4}{1,71^2} = 6,71$$

$$\sigma_e = 18\,980 \left(\frac{1}{146}\right)^2 = 0,89 \text{ kN/cm}^2$$

$\sigma_{xPi} = 23,9 \cdot 0,89 = 21,27 \text{ kN/cm}^2$
$\tau_{Pi} = 6,71 \cdot 0,89 = 5,97 \text{ kN/cm}^2$

Das Gesamtfeld ist allseitig gelagert, $\overline{\lambda}_{P\sigma}$ und $\overline{\lambda}_{P\tau}$ vgl. auch 14.6.3.

$$\overline{\lambda}_{P\sigma} = \sqrt{\frac{24}{21,27}} = 1,062$$

$c = 1,25 - 0,25 \,(-1) = 1,5 > 1,25$
c wird 1,25 gesetzt

$$\kappa_x = 1,25 \left(\frac{1}{1,062} - \frac{0,22}{1,062^2} \right) = 0,933 < 1$$

$$\overline{\lambda}_{P\tau} = \sqrt{\frac{24}{5,97 \cdot \sqrt{3}}} = 1,52$$

$$\kappa_\tau = \frac{0,84}{1,52} = 0,553 < 1$$

Einschätzen eines knickstabähnlichen Verhaltens des Stegbleches nach 14.6.2. Nach [10] ist knickstabähnliches Verhalten jedoch erst bei $\alpha < 1$ wahrscheinlich.

Die theoretisch ungünstigste Belastung entsteht unter gleichbleibender Druckspannung am Beulfeldrand. Für diesen Fall ergäbe sich:

$k_{\sigma x} = 4$
$\sigma_{xPi} = 4 \cdot 0,89 = 3,56$

$$\lambda_{Px} = \sqrt{\frac{24}{3,56}} = 2,60$$

$\Lambda = 2,60^2 + 0,5 = 7,24$

Nach DIN 18 800 T. 3, Gleichung 22 wird gefordert:

$2 \leqq \Lambda \leqq 4$
Somit wird $\Lambda = 4$ gesetzt.

$$\frac{\sigma_{Pi}}{\sigma_{Ki}} = k_{\sigma x} \cdot \alpha^2 = 4 \cdot 1,71^2 = 11,7$$

$$\varrho = \frac{4 - 11,7}{4 - 1} = -2,57 < 0$$

Entsprechend DIN 18 800 T. 3, Gleichung 21 würde sich selbst bei ungünstigster Annahme einer gleichmäßigen Spannungsverteilung kein knickstabähnliches Verhalten einstellen. Ein exakter Nachweis wäre somit wenig sinnvoll. Eine Normalkraft tritt nicht auf.

$\kappa_K = 1$

Grenzbeulspannungen

$$\sigma_{xP,R,d} = 0,933 \cdot \frac{24}{1,1} = 20,4 \text{ kN/cm}^2$$

$\tau_{P,R,d} = 0,533$

$$\frac{\sigma_x}{\sigma_{xP,R,d}} = \frac{15,8}{20,4} = 0,77 < 1$$

$$\frac{\tau}{\tau_{P,R,d}} = \frac{1,6}{6,7} = 0,24 < 1$$

$$e_1 = 1 + 0,933^4 = 1,76$$

$$e_3 = 1 + 0,933 \cdot 0,533^6 = 1,02$$

$$\left(\frac{15,8}{20,4}\right)^{1,76} + \left(\frac{1,6}{6,7}\right)^{1,02} = 0,87 < 1$$

Die Beulsicherheit ist gewährleistet!

14.8.3 Ausgesteiftes Beulfeld

Für das Beulfeld nach Abb. 14.3 und die Bemessungsschnittkräfte ist die Beulsicherheit entsprechend 14.6 nicht gewährleistet. Es wird deshalb in der Höhe $b/4$ beidseitig eine Steife $\square$ 150 · 12 angeschweißt. Es ist der Beulnachweis für das ausgesteifte Feld zu führen.

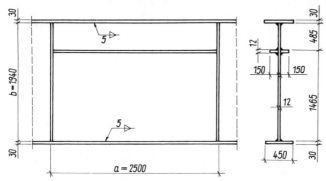

Abb. 14.3

Querschnittswerte

$I_y = 3\,350\,000 \text{ cm}^4$
$A_{steife} = 2 \cdot 15 \cdot 1,2 = 36 \text{ cm}^2$
$a = 2\,500 \text{ mm}; \; b = 1\,940 \text{ mm}$
$a_w = 5 \text{ mm}$

maßgebende Bemessungsschnittgrößen
$M_{y,d} = 450\,000 \text{ kNcm}$
$V_{z,d} = 1\,200 \text{ kN}$
St 37; $\gamma_M = 1,1$

Die Spannungen im Beulfeld betragen:

$$\sigma_{z1} = \frac{4\,500\,000}{3\,350\,000} \cdot 97 = 13,0 \text{ kN/cm}^2$$

$$\sigma_{z2} = -\frac{450\,000}{3\,350\,000} \cdot 97 = -13,0 \text{ kN/cm}^2 \text{ (Zug)}$$

$$\tau = \frac{1\,200}{194 \cdot 1,2} = 5,2 \text{ kN/cm}^2$$

● Lösung nach 14.7

Ermittlung der wirksamen Steganteile

$b_{ik} = 48,5 \text{ cm}$
$b_{ik+1} = 145,5 \text{ cm}$

$$b'_{ik} = 0{,}605 \cdot 1{,}2 \cdot 92{,}9 \left(1 - 0{,}133 \cdot \frac{1{,}2 \cdot 92{,}9}{48{,}5}\right) = 46{,}8 \text{ cm} \quad \left\{ \begin{array}{l} < b_{ik} = 48{,}5 \text{ cm} \\[2mm] < \dfrac{a}{3} = \dfrac{250}{3} = 83{,}3 \text{ cm} \end{array} \right.$$

$$b'_{ik+1} = 0{,}605 \cdot 1{,}2 \cdot 92{,}9 \left(1 - 0{,}133 \cdot \frac{1{,}2 \cdot 92{,}9}{145{,}5}\right) = 60{,}6 \text{ cm} \quad \left\{ \begin{array}{l} < b_{ik+1} = 145{,}5 \text{ cm} \\[2mm] < \dfrac{a}{3} = \dfrac{250}{3} = 83{,}3 \text{ cm} \end{array} \right.$$

$$b' = \left(b'_{ik} + b'_{ik+1}\right) \cdot \frac{1}{2} = 53{,}7 \text{ cm}$$

$$I_{z,\text{Steife}} = I = \frac{1{,}2 \, (2 \cdot 15 + 1{,}2)^3}{12} + \frac{(53{,}7 - 1{,}2) \cdot 1{,}2^3}{12} = 3\,040 \text{ cm}^4$$

$$A_{\text{Steife}} = A = 2 \cdot 15 \cdot 1{,}2 = 36 \text{ cm}^2$$

bezogene Steifenwerte

$$\delta = \frac{36}{1{,}2 \cdot 194} = 0{,}155 \qquad\qquad \gamma = 10{,}92 \cdot \frac{3\,040}{194 \cdot 1{,}23} = 99$$

Nach [21] Tafel II/2.2 ergibt sich für $\delta = 0{,}15$ und $\gamma = 99$
$k_{\sigma x} = 84$
Nach [21] Tafel II/2.6 mit

$$\alpha = \frac{250}{194} = 1{,}29$$

und $\gamma = 99$ beträgt
$k_\tau = 12$

$$\sigma_e = 18\,980 \left(\frac{1{,}2}{194}\right)^2 = 0{,}73 \text{ kN/cm}^2 \qquad\qquad \tau_{Pi} = 12 \cdot 0{,}73 = 8{,}8 \text{ kN/cm}^2$$

$$\sigma_{xPi} = 84 \cdot 0{,}73 = 61{,}3 \text{ kN/cm}^2 \qquad\qquad \bar{\lambda}_{P\sigma} = \sqrt{\frac{24}{61{,}3}} = 0{,}625$$

$c = 1{,}25 - 0{,}25\,(-1) = 1{,}5 > 1{,}25$
c wird 1,25 gesetzt

$$\kappa_x = 1{,}25 \left(\frac{1}{0{,}625} - \frac{0{,}22}{0{,}625^2}\right) = 1{,}296 > 1$$

κ_x wird 1,0 gesetzt

$$\bar{\lambda}_{P\tau} = \sqrt{\frac{24}{8{,}8 \cdot \sqrt{3}}} = 1{,}255 < 1{,}38 \qquad\qquad \kappa_\tau = \frac{0{,}84}{1{,}255} = 0{,}669$$

Es liegt kein knickstabähnliches Verhalten vor.

$\kappa_K = 1$, da $N = O$

$$\sigma_{xP,R,d} = 1{,}0 \cdot \frac{24}{1{,}1} = 21{,}8 \text{ kN/cm}^2$$

$$\tau_{P,R,d} = 0{,}669 \cdot \frac{24}{1{,}1 \cdot \sqrt{3}} = 8{,}4 \text{ kN/cm}^2$$

$$\frac{\tau}{\tau_{P,R,d}} = \frac{5{,}2}{8{,}4} = 0{,}62 < 1$$

$e_1 = 1 + 1^4 = 2$
$e_3 = 1 + 1 \cdot 0{,}669^6 = 1{,}09$

$$\left(\frac{13{,}0}{21{,}8}\right)^2 + \left(\frac{5{,}2}{8{,}4}\right)^{1{,}09} = 0{,}95 < 1$$

$$\frac{\sigma_x}{\sigma_{xP,R,d}} = \frac{13{,}0}{21{,}8} = 0{,}60 < 1$$

Die Beulsicherheit des ausgesteiften Feldes ist gewährleistet.

15 Planmäßig gerade Stäbe mit ebenen dünnwandigen Querschnittsteilen

Die Berechnung als Stab mit ebenen dünnwandigen Querschnittsteilen ist erforderlich, wenn die Grenzwerte grenz (b/t) nach DIN 18 800 T. 1, Tab. 12 bis 15 einzelner Querschnittsbereiche überschritten sind. Sobald dies der Fall ist, muß der Einfluß des Beulens auf das Tragverhalten sowohl bei der Ermittlung der Schnittgrößen als auch bei der Berechnung der Beanspruchbarkeiten berücksichtigt werden. Die Berechnung erfolgt auf der Grundlage der DIN 18 800 T. 2, Abschnitt 7 bzw. [24]. Der Einfluß des Beulens einzelner Querschnittsteile auf das Knicken besteht im wesentlichen darin, daß die Stabsteifigkeit durch das Ausbeulen herabgesetzt wird und daß sich Spannungen innerhalb des Querschnitts auf steifere oder weniger beanspruchte Querschnittsteile umlagern. Der Tragsicherheitsnachweis ist nach dem Verfahren Elastisch-Elastisch oder Elastisch-Plastisch zu führen.

Die Profilformen für das Nachweisverfahren sind auf rechteckige Hohlprofile, einfach- oder doppeltsymmetrische I-Querschnitte, $\sqsubset$-, Z- oder Hutprofile sowie Trapezhohlrippen beschränkt.

Der wirksame Querschnitt ergibt sich aus der Reduktion des Druckbereiches des vollen Querschnitts. Die Berechnung der wirksamen Breiten b' ist dem Verfahren Elastisch-Elastisch zugeordnet und b'' dem Verfahren Elastisch-Plastisch. Analog dazu gilt diese Festlegung für A', I' sowie A'' und I''.

Ist der Querschnitt bezüglich der Biegeachse nicht symmetrisch und treten Biegemomente mit verschiedenen Vorzeichen auf, so ist jene Richtung des Biegemomentes maßgebend, die das kleinste wirksame Flächenmoment 2. Grades (Trägheitsmoment) liefert. Das wirksame Flächenmoment 2. Grades ist dabei über die Stablänge konstant anzunehmen. Bei der Reduktion des Biegedruckbereiches kann der maximal mögliche Wert als Druckspannung $\sigma_D = f_{y,k} / \gamma_M$ der Rechnung zugrunde gelegt werden. Analog darf für ψ eine vereinfachende Annahme getroffen werden, die auf der sicheren Seite liegt, damit aufwendige Iterationsrechnungen vermieden werden. Sofern kein planmäßiges Biegemoment vorliegt, ist das Biegemoment infolge Vorkrümmung einzusetzen. Bei einfachsymmetrischen Querschnitten kann es erforderlich sein, beide Ausweichrichtungen zu untersuchen.

Der Einfluß der Verschiebungen des Schwerpunktes beim Übergang vom vollen zum wirksamen Querschnitt ist zu berücksichtigen. Dies gilt auch für entstehende Zusatzmomente aus Normalkraftversatz.

Der Biegezugbereich wird bei diesem Näherungsverfahren nicht reduziert, auch wenn dort resultierend Druckspannungen vorhanden sind.

Die Reduktion des Querschnitts ist stets in Übereinstimmung mit dem Drehsinn des vorhandenen Biegemomentes vorzunehmen.

Ausreichende Steifigkeiten zur Unterstützung von Plattenrändern durch Bördel oder Lippen bzw. die Verbesserung der Steifigkeit von Platten durch Sicken kann nach [24] berücksichtigt und nachgewiesen werden. Bei Stäben, für die eine Vorkrümmung mit dem Stich w_o anzunehmen ist, muß w_o um $\triangle w_o$ nach DIN 18 800 T. 2, Tab. 25 erhöht werden. Analog ist ggf. auch die Vorverdrehung φ_o um $\triangle \varphi_o$ zu vergrößern.

Das Arbeitsschema wurde für das Nachweisverfahren Elastisch-Elastisch aufbereitet. Beim Verfahren Elastisch-Plastisch ist analog zu verfahren.

15.1 Abkürzungen

b Breite des dünnwandigen Querschnittsteils

t Dicke des dünnwandigen Querschnittsteils

$\bar{\lambda}_{P_\sigma}$ bezogener Schlankheitsgrad für das Beulen des Bleches eines Querschnittsteils

σ_e Bezugsspannung

k Beulwert, wobei das Verhältnis ψ der Randspannungen aus dem am wirksamen Querschnitt vorhandenen Spannungszustand zu ermitteln ist. Für beidseitige Lagerung darf das Randspannungsverhältnis unter der Annahme des vollen, nicht reduzierten Querschnitts der betrachteten Teilfläche bestimmt werden.

σ die unter Zugrundelegung des wirksamen Querschnitts berechnete maximale Druckspannung nach Theorie II. Ordnung am Längsrand eines dünnwandigen Querschnittsteils

b' wirksame Breite des dünnwandigen Querschnittsteils

A' Querschnittsfläche des wirksamen Querschnitts (Elastisch-Elastisch)

I' Flächenmoment 2. Grades (Trägheitsmoment) des wirksamen Querschnitts (Elastisch-Elastisch)

$\triangle w_0$ Schwerpunktverschiebung durch Querschnittsreduzierung, entsprechend den Angaben in DIN 18 800 T. 2, Element 709 zu berechnen

r_D; r_D' Abstand des Biegedruckrandes von der Schwereachse des vollen bzw. wirksamen Querschnitts

α Parameter zur Berechnung des Abminderungsfaktors κ nach DIN 18 800 T. 2, Tab. 4

15.2 Nachweisschema für planmäßig gerade Stäbe mit ebenen dünnwandigen Querschnittsteilen

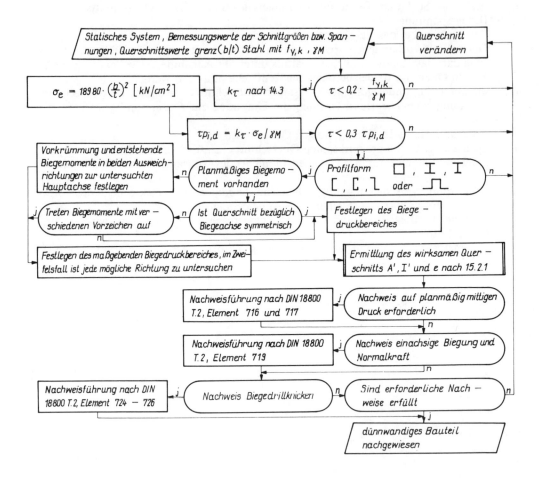

15.2.1 Ermittlung der maßgebenden Querschnittswerte

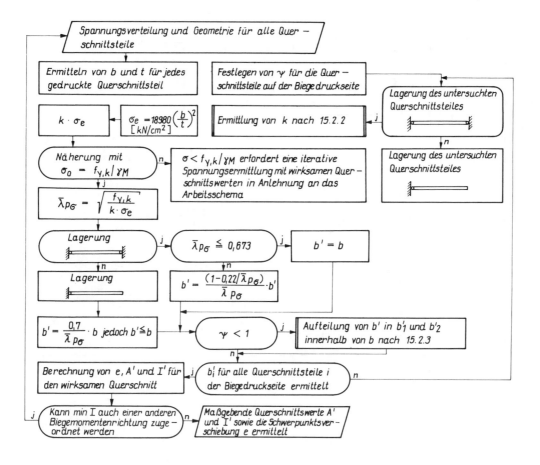

15.2.2 Beulwerte k

		1	2	
1	Lagerung	beidseitig	einseitig	
2	Spannungs-verlauf			
3	$\psi = 1$	4	0,43	
4	$1 > \psi > 0$	$\dfrac{8,2}{\psi + 1,05}$	$\dfrac{0,578}{\psi + 0,34}$	$0,57 - 0,21\,\psi + 0,07\,\psi^2$
5	$\psi = 0$	7,81	1,70	0,57
6	$0 > \psi > -1$	$7,81 - 6,20\,\psi + 9,78\,\psi^2$	$1,70 - 5\,\psi + 17,1\,\psi^2$	$0,57 - 0,21\,\psi + 0,07\,\psi^2$
7	$\psi = -1$	23,9	23,8	0,85

15.2.3 Aufteilung der wirksamen Breite b'

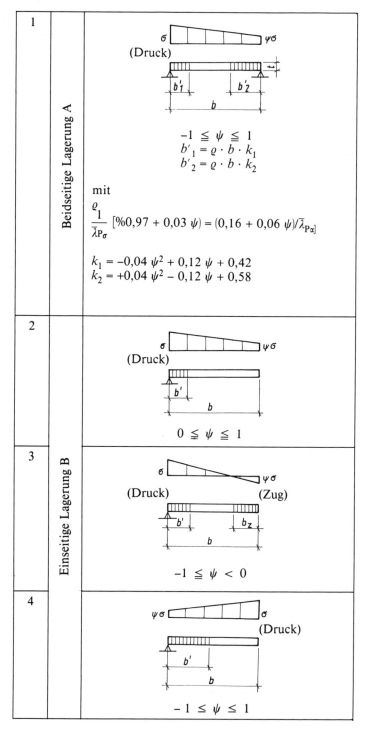

1 — Beidseitige Lagerung A

σ (Druck) ⟍ $\psi\sigma$

b'_1, b'_2, b

$-1 \leqq \psi \leqq 1$
$b'_1 = \varrho \cdot b \cdot k_1$
$b'_2 = \varrho \cdot b \cdot k_2$

mit

$\varrho = \dfrac{1}{\overline{\lambda}_{P\sigma}} \, [\%0{,}97 + 0{,}03\,\psi) = (0{,}16 + 0{,}06\,\psi)/\overline{\lambda}_{P\alpha}]$

$k_1 = -0{,}04\,\psi^2 + 0{,}12\,\psi + 0{,}42$
$k_2 = +0{,}04\,\psi^2 - 0{,}12\,\psi + 0{,}58$

2 — Einseitige Lagerung B

σ (Druck) ⟍ $\psi\sigma$

b', b

$0 \leqq \psi \leqq 1$

3

σ (Druck) ⟍ $\psi\sigma$ (Zug)

b', b_z, b

$-1 \leqq \psi < 0$

4

$\psi\sigma$ ⟍ σ (Druck)

b', b

$-1 \leqq \psi \leqq 1$

15.3 Beispiel für einen Stab mit dünnwandigen Querschnittsteilen

Die Stütze nach Abb. 15.1 besteht aus einem dünnwandigen Blechprofil mit $\sqsubset$-Querschnitt. Es ist der Biegeknicknachweis für das Ausweichen senkrecht zur z-Achse zu führen.

Querschnitt siehe Abb. 15.1
Querschnittswerte $A = 5 \cdot 0,2 \cdot 2 + 24,6 \cdot 0,2 = 6,92 \text{ cm}^2$
$y_s = 0,79$ cm

$$I_z = \frac{5^3 \cdot 0,2}{12} + 4,92 \, (0,79 - 0,1)^2 + 1 \cdot (2,5 - 0,79)^2 = 10,3 \text{ cm}^4$$

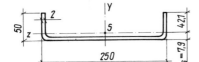

Abb. 15.1

$$i_z = \sqrt{\frac{10,3}{6,92}} = 1,22 \text{ cm}$$

b/t-Verhältnisse:
Flansch:

$$\frac{4,8}{0,2} = 24 > 12,9$$

Steg:

$$\frac{24,6}{0,2} = 132 > 37,8$$

St 37; $\gamma_M = 1,1$; $N = F_d = 2,4$ kN

● Lösung nach 15.2
Im Querschnitt treten keine Schubspannungen auf.
Ein planmäßiges Moment ist nicht vorhanden.
Das Biegemoment aus Vorkrümmung kann mit unterschiedlichem Vorzeichen entstehen.
Variante 1: Biegedruckbereich entsteht auf der Stegseite.
Reduzieren des Biegedruckbereichs nach 15.2.1.
Steg: $b/t = 24,6/0,2 = 123$ $\psi = 1$
beidseitig gelenkige Lagerung

$k_\sigma = 4$ nach 15.2.2

$$\sigma_e = 18\,980 \cdot \left(\frac{0,2}{24,6}\right)^2 = 1,25 \text{ kN/cm}^2$$

$$k_\sigma \cdot \sigma_e = 4 \cdot 1,25 = 5 \text{ kN/cm}^2$$

Näherung mit $\sigma_D = 24/1,1 = 21,8 \text{ kN/cm}^2$

$$\overline{\lambda}_{P\sigma} = \sqrt{\frac{24}{5}} = 2,19 > 0,673$$

$$b' = \frac{1 - 0,22/2,19}{2,19} \cdot 24,6 = 8,76 \text{ cm}$$

Damit entsteht ein Querschnitt entsprechend Abb. 15.2.

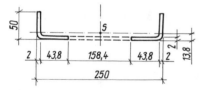

Abb. 15.2

$$A_1' = 5 \cdot 0,2 \cdot 2 + 4,38 \cdot 0,2 \cdot 2 = 3,75 \text{ cm}^2$$

$$y'_{S1} = (5 \cdot 0,2 \cdot \frac{5}{2} \cdot 2 + 4,38 \cdot 0,2 \cdot 2 \cdot 0,1) \cdot \frac{1}{3,75} = 1,38 \text{ cm}$$

$$I_1' = \frac{5^3 \cdot 0,2}{12} \cdot 2 + 5 \cdot 0,2 \, (2,5-1,38)^2 \cdot 2 + 4,38 \cdot 0,2 \cdot (1,38-0,1)^2 \cdot 2 = 10,3 \text{ cm}^4$$

$$i_1' = \sqrt{\frac{10,3}{3,75}} = 1,66 \text{ cm}$$

$$e_1 = 0,79-1,38 = |0,59| \text{ cm}$$

Variante 2: Biegedruckbereich entsteht auf der Flanschseite

Flansch: $b/t = 4,8/0,2 = 24$ $\psi = 1$

einseitig gelenkig gelagert

$k_\sigma = 0,43$ nach 15.2.2

$$\sigma_e = 18\,980 \left(\frac{0,2}{4,8}\right)^2 = 32,95 \text{ kN/cm}^2$$

$$k_\sigma \cdot \sigma_e = 0,43 \cdot 32,95 = 14,17 \text{ kN/cm}^2$$

Näherung mit $\sigma_D = 24/1,1 = 21,8$ kN/cm^2

$$\overline{\lambda}_{P\sigma} = \sqrt{\frac{24}{14,17}} = 1,301$$

$$b' = \frac{0,7}{1,301} \cdot 4,8 = 2,58 \text{ cm}$$

Damit entsteht ein Querschnitt entsprechend Abb. 15.3.

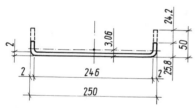

Abb. 15.3

Stabilitätsnachweise

$A_2' = 6,92 - 2 \cdot 2,42 \cdot 0,2 = 5,95 \text{ cm}^2$

$y_{s2}' = \left(2,58 \cdot 0,2 \cdot 2 \cdot \dfrac{2,58}{2} + 24,6 \cdot 0,2 \cdot 0,1 \right) \dfrac{1}{5,95} = 0,306 \text{ cm}$

$I_2' = \dfrac{2,58^3}{12} \cdot 0,2 \cdot 2 + 2,58 \cdot 0,2 \left(\dfrac{2,58}{2} - 0,306 \right)^2 + 24,6 \cdot 0,2 \,(0,306 - 0,1)^2 = 1,28 \text{ cm}^4$

$i'_2 = \sqrt{\dfrac{1,28}{5,96}} = 0,464 \text{ cm}$

$e_2 = 0,79 - 0,306 = 0,48 \text{ cm}$

$\min I' = I_2'$

Der Querschnitt der Variante 2 ist maßgebend.

Biegeknicknachweis nach DIN 18 800 T. 2, Element 716 und 717

$\overline{\lambda}_k' = \dfrac{s_k}{i' \cdot \lambda_a} = \dfrac{220}{0,464 \cdot 92,9} = 5,10$

Knickspannungslinie c nach 7.4.1

$\alpha = 0,49$

$r_D = 5 - 0,79 = 4,21 \text{ cm}$

$r_D' = 2,58 - 0,306 = 2,27 \text{ cm}$

$\alpha' = \dfrac{i \cdot r_D'}{i' \cdot r_D} \cdot \alpha = \dfrac{1,22 \cdot 2,27}{0,464 \cdot 4,21} \cdot 0,49 = 0,696$

$\triangle w_o = e_2 = 0,79 - 0,306 = 0,48 \text{ cm}$

k' nach DIN 18 800 T. 2, Bedingung 91

$k' = \dfrac{1}{2} \left[1 + 0,696 \,(5,1 - 0,2) + 5,1^2 + \dfrac{0,48}{0,461} \cdot 2,27 \right] = 27,1$

$\kappa' = \dfrac{1}{27,1 + \sqrt{27,1^2 - 5,1^2}} = 0,019$

Nachweis nach DIN 18 800 T. 2, Bedingung 89

$\dfrac{2,4 \cdot 1,1}{0,019 \cdot 5,95 \cdot 24} = 0,97 < 1$

Zusätzlich fordert DIN 18 800 T. 2, Bedingung 95

$\dfrac{N}{A' \cdot f_{y,d}} \leqq 1$

$A' = 2 \,(2,58 + 4,38) \cdot 0,2 = 2,78 \text{ cm}^2$

$\dfrac{2,4 \cdot 1,1}{2,78 \cdot 24} = 0,04 < 1$

Der Druckstab ist nachgewiesen.

16 Stützenfüße

Stützenfüße bilden in der Regel den Übergang von der Stahlkonstruktion zum Betonfundament. Eine direkte Auflagerung auf Stahlkonstruktionen ist jedoch ebenfalls möglich und konstruktiv analog zu betrachten.

Die Ausführung kann als Gelenk mit einer Übertragung von Vertikal- und ggf. Horizontalkräften auf das Fundament erfolgen. Die Verdrehung des Auflagerquerschnittes ist zu gewährleisten [25].

Bei eingespannten Stützen muß zusätzlich zu möglichen Vertikal- und Horizontalkräften auch ein Moment auf das Fundament übertragen werden können. Eine Verdrehung der Stütze an der Einspannstelle ist konstruktiv zu verhindern. Das Fundament darf sich bei einer Einspannung auch nicht als Ganzes verdrehen. Die Schnittgrößen werden von der Stahlkonstruktion auf das nachfolgende Bauteil übertragen.

Es ist zu beachten, daß in DIN 1045 „Beton und Stahlbeton-Bemessung und Ausführung" Ausgabe 7/88 noch das Konzept der zulässigen Spannungen gilt.

Deshalb wurde in DIN 18 800, T. 1, Element 767, die Grenzpressung für Beton mit $\beta_R/1,3$ festgelegt. β_R ist DIN 1045 (07/88) zu entnehmen. Falls die Pressung als Teilflächenpressung auftritt, darf der Wert $\beta_R/1,3$ in Anlehnung an DIN 1045 (07/88) Abschnitt 17.3.3. erhöht werden. Es ergeben sich für die Grenzpressung des Betons folgende Relationen:

Betonfestigkeitsklasse	Rechenwert β_R kN/cm^2	zul $\sigma_b = \beta_R/\gamma$ kN/cm^2
B 5	0,35	0,27
B 10	0,70	0,54
B 15	1,05	0,81
B 25	1,75	1,35
B 35	2,30	1,77
B 45	2,70	2,08

Horizontalkräfte dürfen durch Reibung in das Fundament eingetragen werden. Die charakteristischen Werte für die Reibungszahl f sind in DIN 4141 T. 1, (09/84) gegeben.

Für Stahl/Beton gilt $f = 0,5$ mit $\gamma_M = 1,1$. Der Nachweis ist nach DIN 4141 (09/84) Gl. 3 zu führen.

16.1 Gelenkige Stützenfüße

Gelenkige Stützenfüße sind bei Pendelstützen und Rahmenstielen dann auszubilden, wenn sie als Gelenk im statischen System festgelegt wurden.

Bei einer Auflagerung der Stütze mit einer Fußplatte und Betonfuge direkt auf dem Fundament soll die Profilhöhe $h < 800$ mm sein. Bei größeren Profilhöhen ist ein ideales Gelenk auszubilden. Dabei ist die Stütze auf einem Druckstück abzusetzen. Zur Gewährleistung der Druckverteilung unter den Stützenfüßen sind in der Regel Lastverteilungsträger erforderlich.

Bei der Lasteintragung über gekrümmte Flächen kommt es im Druckstück zu hohen Spannungskonzentrationen, die dem Berührungsdruck σ_0 nach *Hertz* entsprechen.

In der DIN 18 800 T. 1, Ausgabe 11/90 sind keine charakteristischen Werte für die Spannungen nach *Hertz* enthalten. Die Werte der DIN 18 800 T. 1, Ausgabe 3/81 sind für die Nachweisführung verwendbar. Die charakteristischen Werte des Berührungsdruckes $\sigma_{0,K}$ ergeben sich mit vertretbarer Näherung durch Multiplikation der zul. σ_0 – Werte des GLF H der DIN 18 800, T. 1, Ausgabe 3/81 mit $v = 1,5$.

	zul σ_0 im GLF H	$\sigma_{0,K}$
St 37	65 kN/cm^2	97,5 kN/cm^2
St 52	85 kN/cm^2	127,5 kN/cm^2
C 35 N	80 kN/cm^2	120,0 kN/cm^2

Bei Konstruktionen des Hochbaus ist es üblich, Druckstücke aus Flachblech ohne Krümmung einzusetzen. Es bildet sich dadurch kein Berührungsdruck nach *Hertz* aus. Die Pressung ist nach DIN 18 800, T. 1, Ausgabe 11/90, Tab. 1, auf Druck nachzuweisen.

Die Fußplatten sind möglichst klein zu halten. Die Fußplattendicke ergibt sich aus den in der Fußplatte wirkenden Schnittgrößen und der Stahlsorte. Je nach Plattengröße können örtliche Aussteifungen notwendig werden.

16.2 Eingespannte Stützenfüße

Für eingespannte Stützen sind zwei Konstruktionsprinzipien typisch. Kleinere Stützen werden häufig direkt in Hülsenfundamente eingespannt. Im Stahlbauprojekt sind die Schnittgrößen auf die Oberkante Fundament bezogen. Die Ableitung in das Fundament führt zu Zusatzmomenten, die beachtet werden müssen. Das Einspannmoment der Stütze wird in ein horizontales Kräftepaar umgesetzt [26]. Beim zweiten Prinzip wird das Einspannmoment der Stütze über ein vertikales Kräftepaar in das Fundament abgeleitet. Für die entstehenden Zugkräfte sind Ankerkonstruktionen erforderlich. Zur Verringerung des Ankerzuges werden die Anker in der Momentenebene möglichst weit voneinander entfernt angeordnet.

Wenn die Fußplatte ausreichend steif ist, können die Ankerzugkräfte direkt über die Fußplatte in die Stütze geleitet werden. Diese Konstruktionsform ist nur bei kleinen Momenten möglich. Bei größeren Ankerzugkräften ist eine Fußtraverse zur Lastverteilung auszubilden. Bei Vollwandstützen reicht die Fußplatte über die gesamte Breite des Verankerungspunktes. Bei Fachwerkstützen sind Fußplatten nur im Bereich der Stützenstiele vorzusehen. Die Spreizung der Anker ergibt sich in der Regel aus der Spreizung der Fachwerkstiele.

16.3 Beispiele zu Stützenfüßen

16.3.1 Gelenkiger Stützenfuß mit geringer Profilhöhe

Es ist der Nachweis für ein gelenkiges Stützenauflager nach Abb. 16.1 zu führen. Die Höhe des Stützenprofils ist relativ klein. Die Stütze darf deshalb direkt mit einer Fußplatte und Betonfuge auf das Fundament aufgesetzt werden. Die Anker dienen als Montagehilfe. Entsprechend den örtlichen Gegebenheiten und unter Berücksichtigung der Lastfaktoren sowie der Kombinationsbeiwerte ergibt sich nach Abschnitt 1 die Bemessungslast $F_d = N_d = 162$ kN (Druck).

Stützenprofil IPE 140
B 15 mit $\beta_R/\gamma = 0,81$ kN/cm^2
Breite der Fußplatte $b = 9$ cm
St 37; $\gamma_M = 1,1$

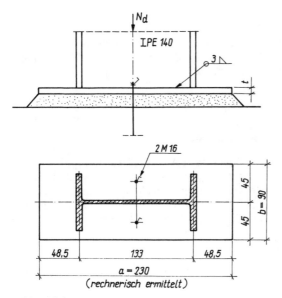

Abb. 16.1

● Lösung

– erforderliche Größe der Fußplatte

$$\text{erf } a = \frac{N_d}{b \cdot \beta_R/\gamma} = \frac{162}{9 \cdot 0,81} = 22,2 \text{ cm}$$

gewählt $a = 23$ cm

$$q_d = \frac{N_d}{A} = \frac{162}{23 \cdot 9} = 0,783 \text{ kN/cm}^2$$

– erforderliche Dicke der Fußplatte

Die Flansche bzw. der Steg stellen eine starre Stützung dar, so daß sich folgende Krag- bzw. Feldmomente ergeben:

$$M_S = \frac{0,783 \cdot 4,85^2}{2} = 9,20 \text{ kNcm}$$

$$M_F = \frac{0,783 \cdot 13,3^2}{8} - 9,20 = 8,11 \text{ kNcm}$$

$$\max M = M_S$$

$$W = \frac{\max M \cdot 1,1}{f_{y,k}} = \frac{b \cdot t^2}{6}$$

$$\text{erf } t = \sqrt{\frac{6 \cdot \max M \cdot 1,1}{f_{y,k} \cdot b}}$$

Für einen Plattenstreifen von 1 cm Breite ergibt sich:

$$\text{erf } t = \sqrt{\frac{6 \cdot 9,20 \cdot 1,1}{24 \cdot 1}} = 1,59 \text{ cm}$$

Gewählt: Blech 90 · 16 lg 230 mm

– Nachweis der Schweißnaht

Nach DIN 18 800 T. 1, Element 837 dürfen Druckkräfte, die normal zu einer Kontaktfuge gerichtet sind, vollständig durch Kontakt übertragen werden. Entsprechend DIN 18 800 T. 1, Element 519 ergibt sich die Mindestschweißnahtdicke

$$a_w \geqq \sqrt{\max t} - 0,5 = \sqrt{6,9} - 0,5 = 2,13 \text{ mm}$$

Es wird mit einer Nahtdicke $a_w = 3$ mm geschweißt.

16.3.2 Gelenkiger Stützenfuß mit großer Profilhöhe

Es ist der Nachweis für ein gelenkiges Stützenauflager nach Abb. 16.2 zu führen. Die Höhe des Stützenprofils ist groß. Wegen der erforderlichen mittigen Lasteintragung wird die Stütze mittels eines Zentrierstücks auf einer Trägerlage abgesetzt. Entsprechend den örtlichen Gegebenheiten und unter Berücksichtigung der Lastfaktoren sowie der Kombinationsbeiwerte ergibt sich nach Abschnitt 1 die Bemessungslast $F_d = N_d = 1500$ kN (Druck).

Stützenprofil
Gurte: Blech 300×20; Steg: Blech 860×10
B 15 mit $\beta_R/\gamma = 0,81$ kN/cm²
Lastverteilungsträger 3 IPE 330
St 37; $\gamma_M = 1,1$

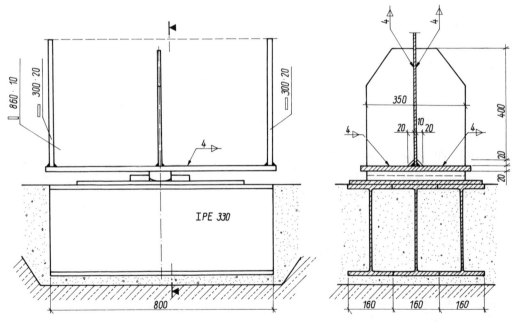

Abb. 16.2

● Lösung

– Pressung unter den Verteilungsträgern

$A = 80 \cdot 16 \cdot 3 = 3\,840$ cm²

– Belastung der Verteilungsträger

$q_d = 0,39 \cdot 16 = 6,24$ kN/cm

– Biegung für einen Verteilungsträger

$$M_{\mathrm{d}} = 6{,}24 \cdot \frac{40^2}{2} = 4\,992 \text{ kNcm}$$

$$M_{\mathrm{pl,y,d}} = 1{,}14 \cdot 713 \cdot \frac{24}{1{,}1} = 17\,734 \text{ kNcm}$$

$$\frac{M_{\mathrm{d}}}{M_{\mathrm{pl,y,d}}} = \frac{4\,992}{17\,734} = 0{,}28 < 1$$

Weitere Nachweise können entfallen.

– Zentrierleiste

Die Länge der Zentrierleiste wird mit $l = 35$ cm festgelegt. Die Pressung zwischen Verteilungsträger und Zentrierleiste ergibt sich als Berührungdruck nach *Hertz*.

$\sigma_{\mathrm{o,k}} \approx 65 \cdot 1{,}5 = 97{,}5 \text{ kN/cm}^2$

Für Walze gegen Ebene beträgt

$$\sigma_{\mathrm{o,d}} = 0{,}418 \cdot \sqrt{\frac{N_{\mathrm{d}} \cdot E}{l \cdot r}} \; ; \; \sigma_{\mathrm{o,d}} = \frac{\sigma_{\mathrm{o,k}}}{\gamma_{\mathrm{M}}}$$

erf. $r = 0{,}418^2 \cdot \dfrac{1\,500 \cdot 21\,000}{35\,(97{,}5/1{,}1)^2} = 20{,}0$ cm

gew. $r = 20$ cm

Die Breite des Zentrierstücks wird mit 10 cm festgelegt.

– Überleitung der Auflagerkraft aus dem Zentrierstück in den Steg.

Am Kreuzungspunkt zwischen Steg und Zentrierstück liegt Kontakt vor. Die Länge der Kontaktzone l beträgt

$l = 10 + 2 \cdot 2 = 14$ cm (2 cm Plattendicke)

In diesem Bereich wird N_{d1} übertragen.

$$N_{\mathrm{d1}} = \frac{14 \cdot 1 \cdot 24}{1{,}1} = 305{,}5 \text{ kN}$$

Die Aussteifungsrippen übernehmen die Differenz $N_{\mathrm{d2}} = N_{\mathrm{d}} - N_{\mathrm{d1}}$
$N_{\mathrm{d2}} = 1\,500 - 305{,}5 = 1\,194{,}5$ kN.

Für die Übertragung dieser Kraft werden beidseitig Aussteifungsrippen der Länge l vorgesehen.

$$l = \frac{1}{2}\,(35 - 1 - 2 \cdot 2) = 15 \text{ cm}$$

Die erforderliche Dicke der Rippe beträgt:

erf $t = \dfrac{1\,194{,}5 \cdot 1{,}1}{2 \cdot 15 \cdot 24} = 1{,}82$ cm   gew. 2 cm

Die Kraft N_{d2} wird über Kehlnähte in den Steg eingeleitet.
a_{w} nach 4.4
$\alpha_{\mathrm{w}} = 0{,}95$

erf $a_{\mathrm{w}} = \dfrac{1\,194{,}5 \cdot 1{,}1}{4 \cdot 40 \cdot 0{,}95 \cdot 24} = 0{,}36$ cm

gew. $a_{\mathrm{w}} = 4$ mm

Der Stützenfuß ist nachgewiesen.

16.3.3 Eingespannte Stütze mit Ankerbefestigung

Es sind die erforderlichen Nachweise für den eingespannten Stützenfuß nach Abb. 16.3 zu führen.

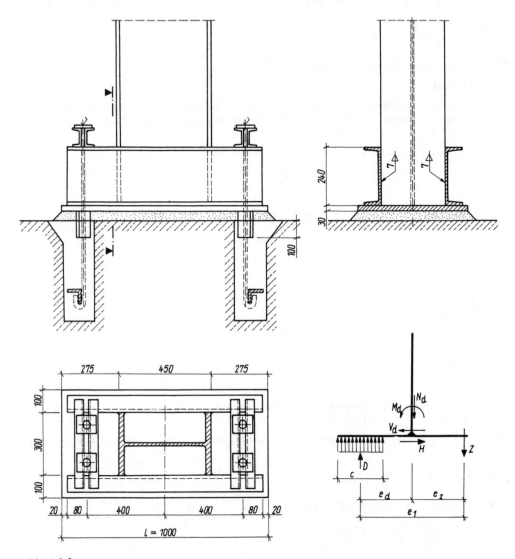

Abb. 16.3

Schnittgrößen in der Auflagerfuge

N_d = 300 kN
M_d = 36 000 kNcm
V_d = 30 kN

Stützenprofil HEB 450
B 15 mit β_R/γ = 0,81 kN/cm^2
St 37; γ_M = 1,1

218

● Lösung

Breite des Druckbereiches c

$$c = \frac{l}{4} = \frac{100}{4} = 25 \text{ cm}$$

$$e_z = 40 \text{ cm}$$

$$e_d = 50 - \frac{c}{2} = 50 - 12{,}5 = 37{,}5 \text{ cm}$$

$$e_1 = 40 + 37{,}5 = 77{,}5 \text{ cm}$$

Die Druckkraft D_d ergibt sich aus den Bemessungswerten der Schnittkräfte

$$D_d = \frac{M_d + N_d \cdot e_z}{e_1} = \frac{36\,000 + 300 \cdot 40}{77{,}5} = 619{,}4 \text{ kN}$$

– Betonpressung in der Fuge

$$\sigma_{b,d} = \frac{619{,}4}{25 \cdot 50} = 0{,}50 \text{ kN/cm}^2 < 0{,}81 \text{ kN/cm}^2$$

– Betonpressung am Schubdübel
(Die Möglichkeit der Kraftübertragung durch Reibung nach DIN 4141 T.1 (09/84) wird in der Auflagerfuge nicht in Anspruch genommen.)

$$A = 2 \cdot 6 \cdot 10 = 120 \text{ cm}^2$$

$$\sigma_{b,d} = \frac{30}{120} = 0{,}25 \text{ kN/cm}^2 < 0{,}81 \text{ kN/cm}^2$$

– Ermittlung der Beanspruchung der Stahlkonstruktion

$$D_d = 619{,}4 \text{ kN}$$

$$Z_d = \frac{M_d - N_d \cdot e_d}{e_1} = \frac{36\,000 - 300 \cdot 37{,}5}{77{,}5} = 319{,}4 \text{ kN}$$

– Belastung der Fußplatte für einen Plattenstreifen der Breite 1 cm

$$q_d = \frac{619{,}4 \cdot 1}{25 \cdot 50} = 0{,}5 \text{ kN/cm}$$

– Dicke der Fußplatte
Die ungünstigste Beanspruchung der Fußplatte ergibt sich am Plattenrand zwischen den [-Profilen.

$$M \approx \frac{0{,}5 \cdot 30^2}{8} - \frac{0{,}5 \cdot 10^2}{2} = 31{,}25 \text{ kNcm/cm}$$

$$\text{erf } t = \sqrt{\frac{6 \cdot M \cdot \gamma_M}{f_{y,k} \cdot b}} = \sqrt{\frac{6 \cdot 31{,}25 \cdot 1{,}1}{24 \cdot 1}} = 2{,}9 \text{ cm}$$

gew. $t = 3$ cm

– Zugkraft je Anker
gew. $\varnothing$ 30 in Ankerbarren eingehängt – 5.6
Nach Abschnitt 3.5.9:

$$N_{R,d} = 175{,}3 \text{ kN}$$

$$175{,}3 \text{ kN} > \frac{319{,}4}{2} = 159{,}7 \text{ kN}$$

Konstruktionselemente

– Befestigung der Schubdübel

$a_w = 3$ mm

$$\tau_\parallel \approx \frac{30}{0,3 \cdot 6 \cdot 2 \cdot 2} = 4,2 \text{ kN/cm}^2$$

$$\tau_\parallel = \sigma_{w,v}$$

$$\frac{4,2 \cdot 1,1}{0,95 \cdot 24} = 0,2 < 1$$

– Nachweis im Schnitt A – A

$$M_{dA} = 0,5 \cdot 50 \cdot 25 \left(\frac{25}{2} + 2,5 \right) = 9\,375 \text{ kNcm}$$

$$V_{dA} = 0,5 \cdot 50 \cdot 25 = 625 \text{ kN}$$

Schwerpunktslage

$$e_u = \frac{2 \cdot 42,3\,(3 + 24/2) + 150 \cdot 1,5}{2 \cdot 42,3 + 150} = 6,4 \text{ cm}$$

$$e_o = (24 + 3) - 6,4 = 20,6 \text{ cm}$$

Flächenmoment

$$I_y = 2 \cdot 3\,600 + 50 \cdot \frac{3^3}{12} + 50 \cdot 3\,(6,4 - 1,5)^2 + 2 \cdot 42,3\,(20,6 - 12)^2 = 17\,230 \text{ cm}^4$$

Spannungsnachweis Grundmaterial

$$\sigma = \frac{9\,375}{17\,230} \cdot 20,6 = 11,2 \text{ kN/cm}^2 < \frac{24}{1,1} = 21,8 \text{ kN/cm}^2$$

Spannungsnachweis Verbindungsnaht

$$\tau_\parallel = \frac{625 \cdot 50 \cdot 3\,(6,4 - 1,5)}{4 \cdot 0,5 \cdot 17\,230} = 4 \text{ kN/cm}^2 < \frac{24 \cdot 0,95}{1,1} = 20,7 \text{ kN/cm}^2$$

– Anschluß Stütze – [-Profil

$$N_{d1} = \frac{N_d}{2} + \frac{M_d}{n_F} = \frac{300}{2} + \frac{36\,000}{(45 - 2,6)} = 1\,149 \text{ kN}$$

$a_w = 7$ mm   4 Nähte je Seite

$$\tau_\parallel = \frac{1\,149}{4 \cdot 0,7 \cdot 24} = 17,1 \text{ kN/cm}^2 < \frac{24 \cdot 0,95}{1,1} = 20,7 \text{ kN/cm}^2$$

Weitere Nachweise können entfallen.

17 Biegesteife Rahmenecken

Biegesteife Verbindungen von Trägern und Stützen kommen in Rahmenkonstruktionen vor. Sie werden deshalb auch unter der Bezeichnung Rahmenecken zusammengefaßt. Die anzuschließenden Kräfte sind Biegemomente, Quer- und Normalkräfte. Die Ausführungen dieses Abschnittes gelten, mit den erforderlichen Abwandlungen, auch für biegesteife Kopfplattenträgerstöße.

Die biegesteife Verbindung kann geschweißt oder geschraubt ausgeführt werden.

Die geschweißte Variante entspricht dem Beispiel nach 4.5.2, wobei örtliche Aussteifungen auf der Grundlage von 18.1 gegebenenfalls vorzusehen sind.

Aus Transportgründen wird häufig für den Anschluß Riegel-Stütze eine geschraubte Verbindung erforderlich.

Für biegesteife Rahmenecken wird meist der Riegel, mit oder ohne Voute, über eine angeschweißte Kopfplatte durch Schrauben in der Vertikalfuge an die Stütze angeschlossen. Daß der Riegel auf die Stütze gelegt wird und die Verschraubung in der horizontalen Fuge erfolgt, ist nur für den obersten Riegel eines Rahmens möglich. Dabei können die Schraubenzugkräfte, die an der Rahmenecke übertragen werden, durch größere Druckkräfte aus dem Riegel entlastet werden. Die Anordnung einer Zuglasche versteift in beiden Fällen die Rahmenecke. Aus konstruktiven Gründen muß jedoch häufig auf diese Lasche verzichtet werden.

Die Stoßfuge muß nicht vertikal oder horizontal liegen. Der Einfluß von Schrägschnitten auf die Kraftverteilung ist zu erfassen. Die Schnittkräfte sind für den maßgebenden Schnitt zwischen den Stirnplatten zu ermitteln. Für Systeme, bei denen die Verformung wesentlichen Einfluß auf die Schnittkräfte hat, müssen die Verbindungen für die Schnittkräfte nach Theorie II. Ordnung bemessen werden.

Die Stirnplatten und die Flansche der Rahmenstiele dürfen keine Dopplungen enthalten. Ihre Dicken sollen sich entsprechen. Die Plattendicke d_p kann überschläglich mit einer Lastverteilungsbreite berechnet werden, die sich beidseitig unter 45° ergibt. Der so ermittelte Wert darf nicht größer als der vertikale Abstand der Schrauben werden.

Die Kopfplattendicke d_p sollte nach [25] bei zweireihiger Anordnung der Schrauben und bei überstehender Kopfplatte den 1,0fachen und bei vierreihiger Anordnung den 1,25fachen Schraubendurchmesser d_{Sch} nicht unterschreiten. Bei bündiger Kopfplatte betragen die Werte $d_p = 1,5 \cdot d_{Sch}$ für zweireihige und $d_p = 1,7 \cdot d_{Sch}$ für vierreihige Schraubenanordnung. Es ist zu beachten, daß in Kopfplattenanschlüssen Abstützkräfte entstehen und dadurch die Beanspruchung der Verbindungsmittel vergrößert wird. Für Schraubenzugkräfte bietet die DIN 18 800 T. 1, Element 801 die Ermittlung einer wirklichkeitsnahen Kraftverteilung an. Abhängig von den Abmessungen der Schrauben, der Stirnplatte und der Gesamtgeometrie können durch Gleichgewichtsbildung die Abstützkräfte an den Stirnplattenkanten ermittelt werden. Für deren Größe ist das elastische Verhalten der Verbindung von Bedeutung.

Mit hochfesten Schrauben in Stirnplattenstößen lassen sich konstruktiv günstige Lösungen erreichen, da die Schraubenanzahl reduziert und die Steifigkeit der Verbindung erhöht wird. Im DASt-DStV-Katalog „Typisierte Verbindungen im Stahlhochbau" [25] sind Regelausführungen mit hochfesten Schrauben konstruiert und berechnet worden.

Der Schweißanschluß der Stirnplatte muß die durch die Schrauben punktförmig eingetragenen Zugkräfte in das Profil weiterleiten. Es empfiehlt sich, bei der Nachweisführung eine Zuordnung der Schraubenkräfte zum angrenzenden Stegnahtbereich vorzunehmen und die Druckkraft durch Kontakt im Druckpunkt zu übertragen. Die Berechnung der Biegespannung nach den Regeln der Festigkeitslehre führt durch die Verschiebung der Nullinie zu Werten, die stark von der Realität abweichen.

17.1 Stirnplattenverbindungen mit normalfesten Schrauben

Die Stirnplattenverbindung mit normalfesten Schrauben soll nur in Ausnahmefällen angewendet werden. Die Berechnung ist nach [27] möglich. Dabei werden folgende Annahmen getroffen:

- Stirnplatte des Riegels und Flansch der Stütze sind starr und bleiben eben,
- der Druckpunkt liegt in der Mitte des Druckflansches,
- die Schraubenkräfte sind linear veränderlich mit dem Abstand y_i vom Druckpunkt,
- nur Schrauben oberhalb $h/2$ vom Druckpunkt aus bekommen y_i-Werte zugeordnet,
- die Zusatzkräfte nach DIN 18 800 T. 1, Element 801 werden nicht berücksichtigt (Stirnplatte starr).

Bei der Anordnung einer Zuglasche ist der Zugkraftanteil aus dem Biegemoment voll der Lasche zuzuweisen.

17.2 Stirnplattenverbindungen mit hochfesten Schrauben

Die Berechnung der Stirnplattenverbindung mit hochfesten Schrauben [25] muß folgende Annahmen berücksichtigen:

- Elastisch-Plastische Stirnplatte,
- Stirnplatte bleibt nicht ideal eben,
- Druckpunkt im Druckflanschquerschnitt,
- Anliegen der Stirnplatte bei Spaltöffnung an der Stirnplattenkante und Berücksichtigung zusätzlicher Abstützkräfte.

Die Schnittkräfte des Trägers werden auf den Druckpunkt bezogen. Die Querkraft wird durch die Schrauben auf der Druckseite des Anschlusses über Scher-Lochleibungs-Wirkung aufgenommen.

Verbindungen mit bündiger Kopfplatte verformen sich stärker. Sie sind vor allem bei Trägerhöhen größer als 400 mm zu vermeiden. Ist der Stützen- oder Riegelsteg im Bereich der Rahmenecke beulgefährdet, dann müssen die Aussteifungen von Flansch zu Flansch durchgehen. An den Kontaktflächen zwischen den Stirnplatten bzw. am Flansch sind klaffende Fugen gegen Korrosion besonders zu schützen.

17.3 Beispiele zu biegesteifen Stirnplattenanschlüssen

17.3.1 Rahmenecke mit normalfesten Schrauben

Es ist der Nachweis für den Stirnplattenanschluß nach Abb. 17.1 mit normalfesten Schrauben zu führen.

Schrauben M 20; FK 4.6
$n = 14$ (Anzahl der Schrauben)
$m = 1$ (Schnittigkeit der Verbindung)
$M_d = 1\ 000$ kNcm; $V_d = 300$ kN
St 37; $\gamma_M = 1{,}1$

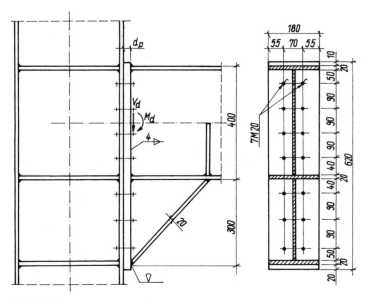

Abb. 17.1

● Lösung

Nachweis der Schrauben nach 3.5.8

$$\sigma_{1,R,d} = \frac{24}{1,1 \cdot 1,1} = 19,8 \text{ kN/cm}^2$$

$$\sigma_{2,R,d} = \frac{40}{1,25 \cdot 1,1} = 29,1 \text{ kN/cm}^2$$

$$A_{Sch} = \frac{\pi \cdot 2^2}{4} = 3,14 \text{ cm}^2$$

$A_{Sp} = 2,45 \text{ cm}^2$
$N_{R,d,1} = 19,8 \cdot 3,14 = 62,2 \text{ kN}$
$N_{R,d,2} = 29,1 \cdot 2,45 = 71,3 \text{ kN}$
$N_{R,d} = 62,2 \text{ kN (vgl. 3.5.9)}$

$$V_a = \frac{V_d}{n} = \frac{300}{14} = 21,4 \text{ kN}$$

Die Schrauben werden ungleichmäßig beansprucht – Ermittlung von N nach [27].
$m^* = 2$ (Anzahl der Reihen)

$$f_z = \frac{n^2}{m^* \cdot \Sigma y_i^2} = \frac{62^2}{2 (35^2 + 44^2 + 53^2 + 62^2)} = 0,1958$$

$$N = \frac{M_d}{h} \cdot f_z = \frac{10\,000}{62} \cdot 0,1958 = 31,6 \text{ kN}$$

$$\frac{N}{N_{R,d}} = \frac{31,6}{62,2} = 0,51 \; < \; 1$$
$$> \; 0,25$$

$$V_a = \frac{300}{14} = 21,4 \text{ kN}$$

$$V_{a,R,d} = 68,5 \text{ kN (vgl. 3.5.2)}$$

$$\frac{V_a}{V_{a,R,d}} = \frac{21,4}{68,5} = 0,31 \; < \; 1$$

$$> \; 0,25$$

Interaktion
$$0,51^2 + 0,31^2 = 0,36 \; < \; 1$$

Nachweis der Stumpfnaht im Druckbereich nach [27]

$$f_D = \frac{h \cdot \Sigma y_i}{\Sigma y_i^2} = \frac{62 \, (35 + 44 + 53 + 62)}{35^2 + 44^2 + 53^2 + 62^2} = 1,226$$

$$D = \frac{M_d}{h} \cdot f_D = \frac{10\,000}{62} \cdot 1,226 = 197,7 \text{ kN}$$

$$l_w = 18 \text{ cm}; \; a_w = 2 \text{ cm}$$

$$\sigma_\perp = \sigma_{w,v} = \frac{197,7}{18 \cdot 2} = 5,5 \text{ kN/cm}^2$$

$$\sigma_{w,v} = 5,5 \text{ kN/cm}^2 \; < \; \frac{24}{1,1} \cdot 1 = 21,8 \text{ kN/cm}^2$$

Nachweis der Plattendicke d_p

$$M \approx 2 \cdot 31,6 \cdot \frac{7}{8} = 55,3 \text{ kNcm}$$

$$\text{erf } d_p = \sqrt{\frac{6 \cdot M \cdot \gamma_M}{f_{y,k} \cdot b}} \quad b \approx 2 \cdot 3 = 6 \text{ cm}$$

$$\text{erf } d_p = \sqrt{\frac{6 \cdot 55,3 \cdot 1,1}{24 \cdot 6}} = 1,6 \text{ cm}$$

gew. $d_p = 2,5$ cm

Nachweis der Stegnaht $a_w = 0,4$ cm

$$\sigma_\perp \approx \frac{31,6}{6 \cdot 0,4} = 13,2 \text{ kN/cm}^2$$

$$\tau \approx \frac{300}{66 \cdot 0,4 \cdot 2} = 5,7 \text{ kN/cm}^2$$

$$\sigma_{w,v} = \sqrt{13,2^2 + 5,7^2} = 14,4 \text{ kN/cm}^2$$

$$\sigma_{w,v} = 14,4 \text{ kN/cm}^2 \; < \; \frac{24}{1,1} \cdot 0,95 = 20,7 \text{ kN/cm}^2$$

Weitere Nachweise können entfallen.

17.3.2 Rahmenecke mit hochfesten Schrauben

Es ist der Nachweis für den Stirnplattenanschluß nach Abb. 17.2 mit hochfesten Schrauben zu führen. Die Lösung erfolgt in Anlehnung an [2].

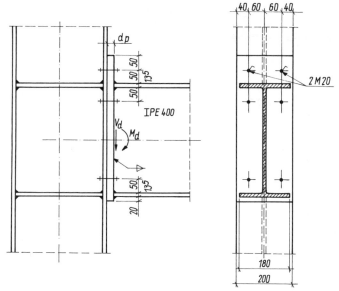

Abb. 17.2

Schrauben M 24; FK 10.9; d_{Sch} = 24 mm
M_d = 18 000 kNcm; V_d = 200 kN
St 37; γ_M = 1,1
d_p = 25 mm
(SL-Verbindung mit planmäßiger Vorspannung)

● Lösung

Aufteilung des Momentes auf die Gurte nach DIN 18 800 T. 1, Element 601

$$F_d = \frac{M_d}{h_F} = \frac{18\,000}{(40 - 1,35)} = 465,7 \text{ kN}$$

Beanspruchung im Flansch

$$\frac{F_d}{b_G \cdot t_G} = \frac{465,7}{18 \cdot 1,35} = 19,2 \text{ kN/cm}^2 < \frac{24}{1,1} = 21,8 \text{ kN/cm}^2$$

Tragsicherheitsnachweise

Im Gurtbereich ergibt sich das Berechnungsmodell nach Abb. 17.3

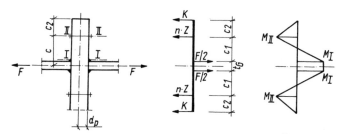

Abb. 17.3

Rechnerische Hebelarme

$c_1 = c - 0,5 \cdot t_G - 0,5\, d_{Sch} = 5,7 - 0,5 \cdot 1,35 - 0,5 \cdot 2,4 = 3,83$ cm

$c_2 = 5,0$ cm $> c_1 \rightarrow c_1$ ist maßgebend $\rightarrow c_2 = 3,83$ cm

Festigkeitsbedingungen:

Schraube

$$\max Z = A_{Sp} \cdot \frac{f_{u,b,k}}{1,25\ \gamma_M} = 3,53\ \frac{100}{1,25 \cdot 1,1} = 256,7 \text{ kN}$$

oder $A_{Sch} \cdot \dfrac{f_{y,b,k}}{1,1 \cdot \gamma_M} = 4,52\ \dfrac{90}{1,1 \cdot 1,1} = 336,2$ kN

$\max Z = 256,7$ kN

Platte

Schnitt I – I (Rechteckquerschnitt)

$$M_{I,Pl,d} = \frac{b \cdot d_p^2}{4} \cdot \frac{f_{y,k}}{\gamma_M} = \frac{20 \cdot 2,5^2}{4} \cdot \frac{24}{1,1} = 681,8 \text{ kNcm}$$

$$V_{I,Pl,d} = b \cdot d_p \cdot \frac{f_{y,k}}{\gamma_M \cdot \sqrt{3}} = 20 \cdot 2,5\ \frac{24}{1,1 \cdot \sqrt{3}} = 629,9 \text{ kN}$$

Schnitt II – II

$$M_{II,Pl,d} = \frac{(b - n \cdot d_L)}{4}\, d_p^2 \cdot \frac{f_{y,K}}{\gamma_M} = \frac{(20 - 2 \cdot 2,5)}{4} \cdot 2,5^2\, \frac{24}{1,1} = 511,4 \text{ kNcm}$$

$$V_{II,Pl,d} = (b - nd_L)\, d_p \cdot \frac{f_{y,k}}{\gamma_M \cdot \sqrt{3}} = (20 - 2 \cdot 2,5)\, 2,5\ \frac{24}{1,1 \cdot \sqrt{3}} = 472,4 \text{ kN}$$

Berücksichtigung des Einflusses der Querkraft auf M_{pl} nach 2.2.1

Abminderungsfaktor κ

$\kappa_I = \sqrt{1 - (V/V_{Pl})^2}$

$V_I = \dfrac{F}{2} = \dfrac{465,7}{2} = 232,9$ kN

$\kappa_I = \sqrt{2 - (232,9/629,9)^2} = 0,929$

$M_{I,Pl,Q} = 0,929 \cdot 681,8 = 633,5$ kNcm

Nachweis

$\dfrac{F}{2} \cdot c_1 = 232,9 \cdot 3,83 = 891,8$ kNcm $> 633,5$ kNcm

$$K = \frac{(F/2)\, c_1 - M_{I,Pl,Q}}{c_2} = \frac{232,9 \cdot 3,83 - 633,5}{3,83} = 67,5 \text{ kN}$$

$\kappa_{II} = \sqrt{1 - (67,5/472,4)^2} = 0,980$

$M_{II,Pl,Q} = 0,98 \cdot 511,4 = 501,2$ kNcm

Nachweis

$$K = 67,5 \text{ kN} < \frac{M_{II,Pl,Q}}{c_2} = \frac{501,2}{3,83} = 130,9 \text{ kN}$$

Die Schraubenkraft beträgt:

$$\text{vorh } Z = \frac{F}{4} + \frac{K}{2} = \frac{465,7}{4} + \frac{67,5}{2} = 150,2 \text{ kN}$$

$150,2 \text{ kN} < \max Z = 256,7 \text{ kN}$

Im allgemeinen kann wegen der behinderten Querbiegung der Platte das plastische Moment um 10 % vergrößert angesetzt werden. Diese Reserve wurde nicht berücksichtigt.

Schweißanschluß des Gurtes
$a_w = 0,7$ cm

$$\sigma_\perp = \sigma_{w,v} = \frac{465,7}{18 \cdot 0,7 \cdot 2} = 18,5 \text{ kN/cm}^2 < \frac{24}{1,1} \cdot 0,95 = 20,7 \text{ kN/cm}^2$$

Nachweis für die Übertragung der Querkraft

Die Querkraft wird von dem Schraubenpaar im Druckbereich übertragen.

$$V_a = \frac{200}{2} = 100 \text{ kN}$$

$$V_{a,R,d} = 0,55 \cdot \frac{\pi \cdot 2,4^2}{4} \cdot \frac{100}{1,1} = 904 \text{ kN}$$

$V_a/V_{a,R,d} = 100/904 = 0,11 < 1$
$V_l = 100$ kN
$e_2 > 1,5 d_L$ und $e_3 > 3 d_L$

$$\alpha_l = 1,1 \cdot \frac{75}{25} - 0,3 = 3 \text{ oder}$$

$\alpha_l = 1,08 \cdot 3,5 - 0,77 = 3$

$$V_{l,R,d} = 2,5 \cdot 2,4 \cdot 3 \cdot \frac{24}{1,1} = 392,7 \text{ kN}$$

$V_l/V_{l,R,d} = 100/392,7 = 0,26 < 1$

Nachweis der Gebrauchsfähigkeit

Im Gebrauchszustand darf die Fuge nicht klaffen:
$Z_{t,Gebr} \leqq 2 \cdot n \cdot 0,7 \cdot P_V \cdot 1,5; \quad Z_{t,Gebr} = F_d$
P_V nach DIN 18 800 T. 7 (05/83):
$P_V = 220$ kN
$465,7 \text{ kN} \leq 2 \cdot 2 \cdot 0,7 \cdot 220 \cdot 1,5 = 2\,590 \text{ kN}$

Weitere Nachweise können entfallen!

18 Örtliche Krafteinleitungen

Im Krafteinleitungsbereich entstehen in der Regel mehrachsige Spannungszustände, so daß es an diesen Stellen zum örtlichen Versagen kommen kann. Die Anordnung von Aussteifungsrippen ist eine Möglichkeit, Kräfte kontinuierlich in das Bauwerk einzutragen. Gleichzeitig wird der Krafteinleitungsbereich ausgesteift und so ein örtliches Ausweichen verhindert.

Aussteifungen erfordern jedoch stets einen erhöhten Fertigungsaufwand in der Werkstatt. Der entwerfende Ingenieur ist deshalb bemüht, die Anzahl der Rippen und örtlichen Verstärkungen auf ein Minimum zu beschränken.

Entsprechend DIN 18 800 T. 1, Element 503 ist für diese Punkte zu prüfen, ob im Bereich von Krafteinleitungen oder -umlenkungen an Knicken, Krümmungen und Ausschnitten konstruktive Maßnahmen, wie z. B. Aussteifungsrippen, erforderlich sind. Bei geschweißten Profilen und Walzträgern mit I-förmigem Querschnitt dürfen Kräfte ohne Aussteifungen eingetragen werden, wenn

- der Betriebsfestigkeitsnachweis nicht maßgebend ist,
- der Träger gegen Verdrehen und seitliches Ausweichen gesichert ist und
- der Tragsicherheitsnachweis nach DIN 18 800 T. 1, Element 744 geführt wird.

Bei Kranbahnen mit Radlasteintragung ist somit stets ein Nachweis der örtlichen Stabilität unter Einbeziehung der auftretenden σ_z-Spannung erforderlich.

Das Verdrehen bzw. seitliche Ausweichen eines Trägers wäre durch einen Stabilitätsnachweis nach DIN 18 800 T. 2 abgesichert.

Der Tragsicherheitsnachweis nach DIN 18 800 T. 1, Element 744 ist auf Träger mit I-Querschnitt beschränkt. Bei Schweißträgern besteht noch zusätzlich die Forderung, daß die Stegschlankheit $h/s \leq 60$ ist. Bei Stegschlankheiten $h/s > 60$ ist für diese Träger ebenfalls ein Beulsicherheitsnachweis für den Steg zu führen.

Die Grenzkraft $F_{R,d}$ ist wie folgt zu berechnen:
- für σ_x und σ_z mit unterschiedlichen Vorzeichen und $|\sigma_x| > 0,5\, f_{y,k}$ nach Gleichung

$$F_{R,d} = \frac{1}{\gamma_M} \cdot s \cdot l \cdot f_{y,k}\, (1,25 - 0,5 \cdot \sigma_x / f_{y,k})$$

- für alle anderen Fälle gilt Gleichung

$$F_{R,d} = \frac{1}{\gamma_M} \cdot s \cdot l \cdot f_{y,k}$$

Hierbei bedeuten:
σ_x Normalspannung im Träger im maßgebenden Schnitt nach 18.1
s Stegdicke des Trägers
l mittragende Länge nach 18.1.

Die Problematik der örtlichen Krafteinleitung ist nicht auf äußere Kräfte begrenzt, z. B. kann im Bereich von Flanschanschlüssen an biegesteifen Ecken ebenfalls aus dem Produkt von vorhandener Normalspannung und Flanschfläche eine Kraft F ermittelt werden, die bei der Einleitung in ein Anschlußbauteil ohne Aussteifungsrippen den Wert $F_{R,d}$ nicht überschreiten darf.

18.1 Ermittlung der mittragenden Länge bei örtlicher Krafteinleitung

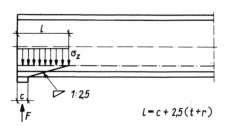
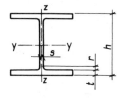

$$l = c + 2{,}5\,(t+r)$$

a. Einleitung einer Auflagerkraft am Trägerende

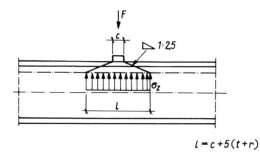

$$l = c + 5\,(t+r)$$

b. Einleitung einer Einzellast im Feld (gleichbedeutend mit Einleitung einer Auflagerkraft an einer Zwischenstütze)

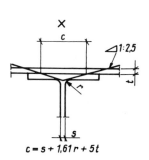
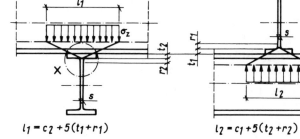

$$c = s + 1{,}61\,r + 5t \qquad l_1 = c_2 + 5\,(t_1 + r_1) \qquad l_2 = c_1 + 5\,(t_2 + r_2)$$

c. Träger auf Träger

18.2 Beispiele für örtliche Krafteinleitungen ohne Aussteifung

18.2.1 Auflagerung Träger auf Träger

In einer Hochbaukonstruktion ist ein durchlaufender Deckenträger IPE 220 auf einen Unterzug IPE 300 nach Abb. 18.1 aufgelagert. Die Auflagerlast beträgt $F_d = 150$ kN. Es ist zu untersuchen, ob die Lasteintragung ohne Aussteifungsrippen möglich ist.

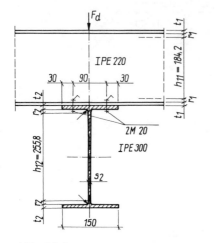

Geometrie
IPE 220
$s_1 = 5,9$ mm
$r_1 = 12$ mm
$t_1 = 9,2$ mm
IPE 300
$s_2 = 7,1$ mm
$r_2 = 15$ mm
$t_2 = 10,7$ mm

Abb. 18.1

● Lösung nach DIN 18 800 T. 1, Element 744 und 18.1

Beim Durchlaufträger (IPE 220) ergeben sich im Auflagerbereich des Untergurtes für σ_x und σ_z jeweils Druckspannungen. Der Nachweis $F_d \leqq F_{R,d}$ erfolgt mit

$$F_{R,d} = \frac{1}{\gamma_M} \cdot s \cdot l \cdot f_{y,k}$$

Der Obergurt des Unterzuges (IPE 300) erhält ebenfalls Druckspannungen für σ_x und σ_z. Die Nachweisführung erfolgt analog.

c_1 im oberen Träger
$c_1 = 0,59 + 1,61 \cdot 1,2 + 5 \cdot 0,92 = 7,1$ cm
c_2 im unteren Träger
$c_2 = 0,71 + 1,61 \cdot 1,5 + 5 \cdot 1,07 = 8,5$ cm
$l_1 = 8,5 + 5 (0,92 + 1,2) = 19,1$ cm

$$F_{R,d1} = \frac{1}{1,1} \cdot 0,59 \cdot 19,1 \cdot 24 = 245,5 \text{ kN}$$

Nachweis:
150 kN < 245,5 kN

Im oberen Träger ist keine Aussteifung erforderlich.
$l_2 = 7,1 + 5 (1,07 + 1,5) = 12,9$ cm

$$F_{R,d2} = \frac{1}{1,1} \cdot 0,71 \cdot 12,9 \cdot 24 = 199,1 \text{ kN}$$

Nachweis:
150 kN < 199,1 kN

Im unteren Träger ist ebenfalls keine Aussteifung erforderlich.

18.2.2 Auflagerung Träger auf Knagge

Für das Auflager eines Trägers IPE 240 auf einer Knagge nach Abb. 18.2 ist nachzuweisen, ob eine Trägeraussteifung erforderlich ist.

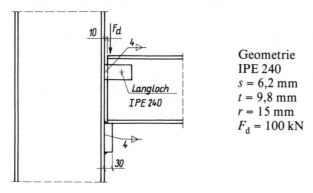

Geometrie
IPE 240
$s = 6,2$ mm
$t = 9,8$ mm
$r = 15$ mm
$F_d = 100$ kN

Abb. 18.2

● Lösung nach DIN 18 800 T. 1, Element 744 und 18.1

Im Auflagerbereich treten keine σ_x-Spannungen auf, σ_z entspricht Druckspannungen. Der Nachweis $F_d \leq F_{R,d}$ erfolgt mit

$$F_{R,d} = \frac{1}{\gamma_M} \cdot s \cdot l \cdot f_{y,k}$$

$c = 2,0$ cm
$l = 2,0 + 2,5 (0,98 + 1,5) = 8,2$ cm

$$F_{R,d} = \frac{1}{1,1} \cdot 0,62 \cdot 8,2 \cdot 24 = 110,9 \text{ kN}$$

Nachweis:
100 kN < 110,9 kN erfüllt!

19 Wölbnormalspannungen

Wenn Stäbe mit dünnwandigen, offenen Querschnitten durch Torsion beansprucht werden, dann entstehen Wölbnormalspannungen, die in Richtung der Stabachse wirken und sich mit den Normalspannungen aus den Schnittgrößen N und M überlagern.

Das Zustandekommen von Wölbnormalspannungen hängt von der Art der Belastung, der konstruktiven Gestaltung der Stabauflagerung und vom Querschnitt des Stabes mit der Lage des Schubmittelpunktes ab.

Die Querschnittsformen I, $\sqsubset$ oder $\diagdown$ kommen bei den dünnwandigen Profilen am häufigsten zum Einsatz. Die Schätzung der Größe der Wölbnormalspannungen und ihr Einfluß bereitet oft Schwierigkeiten, da die Theorie der Wölbkrafttorsion im Vergleich zur Biegetheorie weniger bekannt ist.

Für die exakte Lösung dieses Problems kann in einer kleinen Auswahl auf die Literatur [28], [29] und [30] verwiesen werden. Die Zahlenrechnung ist jedoch aufwendig, und ihre Interpretation aus der Erfahrung bereitet Schwierigkeiten.

In [31] wurde eine vereinfachte, anschauliche Darstellung des Problems erarbeitet und so die Möglichkeit zur raschen Berechnung der Wölbnormalspannungen ohne tabellarische Hilfsmittel geschaffen.

19.1 Näherungsverfahren zur Ermittlung der Wölbnormalspannungen

Das Näherungsverfahren wird auf I, $\sqsubset$ und $\diagdown$-Profile beschränkt. Die Berechnungsmöglichkeit ist für die in der Praxis am häufigsten auftretenden Belastungs- und Lagerungsfälle:

- dem einseitig eingespannten wölbbehinderten Stab mit einem Torsionsmoment am freien Stabende,
- dem beiderseitig gabelgelagerten Stab mit einem Torsionsmoment in der Stabmitte und
- dem beiderseits wölbbehinderten Stab mit einem Torsionsmoment in der Stabmitte,

aufbereitet.

Die Spannungsberechnung erfolgt nur für die Querschnitte a, an denen die Maximalwerte der Wölbnormalspannungen auftreten. Für die festgelegten Fälle sind das die Querschnitte an den wölbbehinderten Stabenden und bei den beiderseits gelagerten Stäben auch die Querschnitte in der Stabmitte.

Der allgemeine Fall der Biegung und Torsion dünnwandiger Stäbe ergibt bei der Lösung der Differentialgleichung für die einschränkend genannten Fälle einen Verlauf der Wölbnormalspannungen σ_{xT}, der durch den hyberbolischen Tangens gekennzeichnet ist. Die Kurve steigt steil an und nähert sich dann rasch einem Grenzwert. Diese kontinuierliche Kurve wird durch zwei Geraden, die Tangente an der Stelle $l = 0$ und die Horizontale des Maximalwertes, ersetzt.

Diese Näherung unterschreitet die Werte der exakten Theorie nicht. Die Ungenauigkeit nimmt bei langen Stäben schnell ab. Die Abweichung vom exakten Wert ist an der Knickstelle des einhüllenden Geradenzuges am größten.

Bei der exakten Rechnung ist jedoch ebenfalls zu beachten, daß an der Stelle der Lasteintragung und der Wölbbehinderung stets Störungen des Spannungsverlaufs auftreten. Die Profile werden generell aus Rechtecken zusammengesetzt angenommen.

Die Vorzeichen für die Wölbnormalspannungen können für die angegebene Drehrichtung den Skizzen im Arbeitsschema 19.2 entnommen werden. Für I-Querschnitte kann der kleinere Spannungswert auf der Stegseite aus der Beziehung

$\sigma_{xT1} = \sigma_{xT} \cdot e_M/(b - s/2 - e_M)$ mit $e_M = y_M - e + \dfrac{s}{2}$ ermittelt werden. Diese Relation ergibt

sich aus dem Verhältnis der Wölbordinaten.

An der jeweils betrachteten Stelle verhalten sich die Wölbnormalspannungen in Anschluß-nähten zu den Wölbnormalspannungen im Profil wie die Summe der Nahtdicken zur Materialdicke. Die Überlagerung der Spannungen aus Biegung, Längskraft und Torsion muß unter Berücksichtigung der Vorzeichen für die einzelnen Anteile an der jeweiligen Querschnittsstelle erfolgen.

Die entstehende Torsionsschubspannung ist für übliche Profilabmessungen gering und darf deshalb vernachlässigt werden.

19.2 Nachweisschema zur Ermittlung von Wölbnormalspannungen

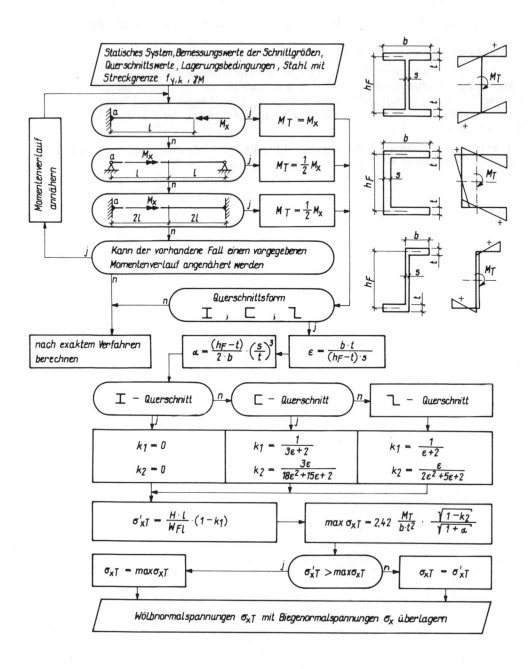

19.3 Beispiel für die Ermittlung von Wölbnormalspannungen

Ein Kragträger nach Abb. 19.1 besteht aus einem [-Profil. Der biegesteife Anschluß erfolgt mit Schweißnähten. Es sind die erforderlichen Nachweise zu führen.

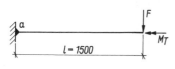

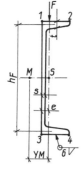

Abb. 19.1

Querschnittswerte
[400 (DIN 1026)
$h = 400$ mm
$b = 110$ mm
$s = 14$ mm
$t = 18$ mm
$h_F = 400 - 18 = 382$ mm
$e = 2,65$ cm
$y_M = 5,11$ cm
$A = 91,5$ cm^2
$I_y = 20\,350$ cm^4
$W_y = 1\,020$ cm^3
$l = 150$ cm

St 37; $\gamma_M = 1,1$
$F = 50$ kN
$M_{y,d} = M_y = 50 \cdot 150 = 7\,500$ kNcm
$M_{x,T,d} = M_T = 50 \cdot 5,11 = 256$ kNcm
$V_{z,d} = V_z = 50$ kN

● Lösung
Ermittlung der maximalen Biege- und Schubspannungen im Profil nach 2.1

$$\sigma_x = \frac{7\,500}{1\,020} = \pm\,7,4 \text{ kN/cm}^2$$

$$\tau = \frac{50}{(40 - 1,8) \cdot 1,4} = 0,9 \text{ kN/cm}^2$$

Ermittlung der Wölbnormalspannungen nach 19.2
$M_x = 256$ kNcm

Für ⊏-Querschnitte gilt:

$$\varepsilon = \frac{11 \cdot 1,8}{(38,2 - 1,8)\,1,4} = 0,3884$$

$$\alpha = \frac{(38,2 - 1,8)}{2 \cdot 11}\left(\frac{1,4}{1,8}\right)^3 = 0,7786$$

$$k_1 = \frac{1}{3 \cdot 0,3885 + 2} = 0,3159$$

$$k_2 = \frac{3 \cdot 0,3885}{18 \cdot 0,3885^2 + 15 \cdot 0,3885 + 2} = 0,1105$$

$$\sigma'_{xT} = \frac{6 \cdot 256 \cdot 150}{38,2 \cdot 11^2 \cdot 1,8}\,(1 - 0,3159) = 18,9 \text{ kN/cm}^2$$

$$\max \sigma_{xT} = 2{,}42 \cdot \frac{256}{11 \cdot 1{,}8^2} \cdot \frac{\sqrt{1 - 0{,}1105}}{\sqrt{1 + 0{,}7786}} = 12{,}3 \text{ kN/cm}^2$$

$18{,}9 \text{ kN/cm}^2 > 12{,}3 \text{ kN/cm}^2$

$\sigma_{xT} = 12{,}3 \text{ kN/cm}^2$

Die Spannung auf der Stegseite des Flansches σ_{T1} ergibt sich bei [-Profilen aus

$$\sigma_{xT1}/\sigma_{xT} = e_M/(b - \frac{s}{2} - e_M)$$

mit $e_M = y_M - e + \frac{s}{2}$

entsprechend der Wölbordinate.

$$\sigma_{xT1} = -12{,}3 \cdot \frac{5{,}11 - 2{,}65 + 0{,}7}{11 - 0{,}7 - (5{,}11 - 2{,}65 + 0{,}7)} = -5{,}4 \text{ kN/cm}^2$$

Vorzeichen entsprechend 19.2!

Somit ergibt sich für die Überlagerung mit der Biegespannung

$\sigma_{x1} = +5{,}4 + 7{,}4 = 12{,}8 \text{ kN/cm}^2$

$\sigma_{x2} = -12{,}3 + 7{,}4 = -4{,}9 \text{ kN/cm}^2$

$\sigma_{x3} = -5{,}4 - 7{,}4 = -12{,}8 \text{ kN/cm}^2$

$\sigma_{x4} = +12{,}3 - 7{,}4 = +4{,}9 \text{ kN/cm}^2$

Das Profil ist nachgewiesen. Die Schubspannung im Steg ist vernachlässigbar.

Ermittlung der maximalen Normal- und Schubspannung in der Schweißnaht ($a_w = 6$ mm)

Die Spannung ergibt sich entsprechend dem Verhältnis $t/\Sigma a_w$ bzw. $s/\Sigma a_w$.

Gurt:

$$\max \sigma = 12{,}8 \cdot \frac{1{,}8}{2 \cdot 0{,}6} = 19{,}2 \text{ kN/cm}^2 = \sigma_{w,v}$$

a_w nach 4.4

$$\sigma_{w,R,d} = 0{,}95 \cdot \frac{24}{1{,}1} = 20{,}7 \text{ kN/cm}^2$$

$$\frac{19{,}2}{20{,}7} = 0{,}93 < 1$$

Steg:

$$\sigma_\perp \approx 12{,}8 \cdot \frac{1{,}4}{2 \cdot 0{,}6} = 14{,}9 \text{ kN/cm}^2$$

$$\tau \approx \frac{50}{(40 - 1{,}8 \cdot 2) \cdot 2 \cdot 0{,}6} = 1{,}1 \text{ kN/cm}^2$$

$$\sigma_{w,v} = \sqrt{14{,}9^2 + 1{,}1^2} = 15 \text{ kN/cm}^2$$

$\alpha_w = 0{,}95$

$$\sigma_{w,R,d} = 0{,}95 \cdot \frac{24}{1{,}1} = 20{,}7 \text{ kN/cm}^2$$

$$\frac{15}{20{,}7} = 0{,}73 < 1$$

Der Anschluß ist nachgewiesen!

20 Literaturverzeichnis

[1] Schneider, K.-J.: Bautabellen mit Berechnungshinweisen und Beispielen; 9. Auflage, Werner-Verlag Düsseldorf 1990

[2] Lindner, J.: Stahlbau 1 bis 4 Vorlesungsskripten; Berlin 1989

[3] Pohl, H.: Einführung in das Traglastverfahren; Technisch-wissenschaftliche Abhandlungen des ZIS Halle; Halle/Saale 1972

[4] Petersen, C.: Statik und Stabilität der Baukonstruktionen; F. Vieweg und Sohn Braunschweig/Wiesbaden 1982

[5] Sahmel, P.: Einfache baustatische Methode zur näherungsweisen Ermittlung der Knicklängen von Rahmentragwerken; Bautechnik 48(1971) S. 206–212

[6] Zöphel, J.: Knicklängenbeiwerte von Stielen unsymmetrischer Rechteckrahmen; Bauingenieur 47 (1972) S. 52–55

[7] Günther, H.: Einige Formeln zur Berechnung von Ersatzstablängen für den Knicknachweis; Bautechnik 50(1973) S. 304–311

[8] Rubin, H.: Näherungsweise Bestimmung der Knicklängen und Knicklasten von Rahmen nach DIN 18 800 Teil 2; Stahlbau 58(1989) S. 103–109

[9] Schlechte, E.: Grafische Darstellung der Schlankheitsgrade beim Biegedrillknicken, Drillknicken und Biegeknicken mittig gedrückter offener Stäbe; Konstruktionskatalog N 51–52 des Instituts für Leichtbau Dresden 1972

[10] Stahl im Hochbau – Handbuch für die Anwendung von Stahl im Hoch- und Tiefbau Band I/Teil 2; 14. Auflage, Verlag Stahleisen mbH Düsseldorf 1986

[11] Roik, K.; Kindmann, R.: Das Ersatzstabverfahren – Tragsicherheitsnachweise für Stabwerke bei einachsiger Biegung und Normalkraft; Stahlbau 51(1982) S. 137–145

[12] Roik, K.; Kuhlmann, U.: Beitrag zur Bemessung von Stäben für zweiachsige Biegung mit Druckkraft; Stahlbau 54(1985) S. 271–280

[13] Lindner, J.; Gietzelt, R.: Zweiachsige Biegung und Längskraft – Vergleiche verschiedener Bemessungskonzepte; Stahlbau 53(1984) S. 328–333

[14] Lindner, J.; Gietzelt, R.: Zweiachsige Biegung und Längskraft – ein ergänzter Bemessungsvorschlag; Stahlbau 54(1985) S. 265–280

[15] Petersen, C.: Stahlbau; F. Vieweg und Sohn Braunschweig/Wiesbaden 1990

[16] Dabrowski, R.: Zum Problem der gleichzeitigen Biegung und Torsion dünnwandiger Balken; Stahlbau 29(1960) S. 360–365

[17] Ritter, J.: N-, M_y-, M_z-, M_w-Interaktion für biegebeanspruchte Profile; (unveröffentlicht)

[18] Klöppel, K.; Friemann, H.: Übersicht über die Berechnung nach Theorie II. Ordnung; Stahlbau 33(1964) S. 270–277

[19] DIN 4114 Stabilitätsfälle (Knickung, Kippung, Beulung) Blatt 2 – Ausgabe 1952

[20] Weber, N.; Oxfort, J.: Stegblechbeulen unter Einzellasten am drehelastisch gestützten Längsrand; Stahlbau 51(1982) S. 332–335

[21] Klöppel, K.; Scheer, J.: Beulwerte ausgesteifter Rechteckplatten Band 1; Verlag Wilhelm Ernst und Sohn Berlin 1960

[22] Klöppel, K.; Möller, J.: Beulwerte ausgesteifter Rechteckplatten Band 2; Verlag Wilhelm Ernst und Sohn Berlin 1968

[23] Lindner, J.; Habermann, W.: Zur Weiterentwicklung des Beulnachweises für Platten bei mehrachsiger Beanspruchung; Stahlbau 57(1988) S. 333–339 und 58(1989) S. 349–351

[24] DASt-Richtlinie 016 – Bemessung und konstruktive Gestaltung von Tragwerken aus dünnwandigen kaltgeformten Bauteilen; Stahlbau-Verlagsgesellschaft Köln 1988

[25] DASt-DStV: Typisierte Verbindungen im Stahlhochbau; 2. Auflage, Stahlbau-Verlags-gesellschaft Köln 1984

[26] Kahlmeyer, E.: Stahlbau-Träger, Stützen, Verbindungen; 2. Auflage, Werner-Verlag Düsseldorf 1987

[27] Schineis, M.: Vereinfachte Berechnung geschraubter Rahmenecken; Bauinge-nieur 44(1969) S. 439–449

[28] Bornscheuer, F.: Systematische Darstellung des Biege- und Verdrehvorganges unter besonderer Berücksichtigung der Wölbkrafttorsion; Stahlbau 21(1952) S. 1–9

[29] Wlassow, W. S.: Dünnwandige elastische Stäbe Band 1; VEB Verlag für Bauwesen Berlin 1964

[30] Roik, K.; Carl, J.; Lindner, J.: Biegetorsionsprobleme gerader dünnwandiger Stäbe; Verlag Wilhelm Ernst und Sohn Berlin 1972

[31] Roth, R.; Grießhaber, J.: Praktische Berechnung auf Biegung und Torsion beanspruch-ter Stäbe mit dünnwandigen Querschnitten; B. G. Teubner Verlagsgesellschaft Leipzig 1966

[32] TGL 13503/01 und /02 Stabilität von Stahltragwerken, Grundlagen der Berechnung nach Grenzzuständen mit Teilsicherheitsfaktoren, Entwurf 3/88

AKTUELLE LITERATUR

FÜR DEN KONSTRUKTIVEN INGENIEURBAU

Avak
Stahlbetonbau in Beispielen —
DIN 1045 und Europäische Normung,
Teil 1: Baustoffe — Grundlagen —
Bemessung von Balken
1991. 304 Seiten 17 x 24 cm,
kartoniert **DM 48,—**

Beaucamp
Ausmittig gedrückte
Stahlbetonstützen und -wände
Bemessungstabellen für Betonstahl IV
1991. 264 Seiten 17 x 24 cm,
kartoniert **DM 68,—**

Bindseil
Stahlbetonfertigteile
— Konstruktion — Berechnung —
Ausführung —
1991. 264 Seiten 17 x 24 cm,
kartoniert **DM 48,—**

Braun
Stahlbedarf
im Stahlbeton-Hochbau für
Ortbeton- und Fertigteile
III S, IV S und IV M
2., neubearb. u. erw. Auflage 1991.
248 Seiten 21 x 29,7 cm,
kartoniert **DM 120,—**

Dierks/Schneider (Hrsg.)
Baukonstruktion
2., neubearbeitete und erweiterte
Auflage 1990. 760 Seiten 17 x 24 cm,
gebunden **DM 56,—**

Hünersen/Fritzsche
Stahlbau in Beispielen
Berechnungspraxis nach DIN 18800 Teil 1
bis Teil 3, Ausgabe Nov. 1990
1991. 256 Seiten 17 x 24 cm,
kartoniert **DM 48,—**

Grenningloh
Konstruktionshilfen
für Bewehrungspläne
1991. 160 Seiten 21 x 29,7 cm,
kartoniert **DM 124,—**

Kahlmeyer
Stahlbau
Träger — Stützen — Verbindungen
3., neubearbeitete Auflage 1990.
344 Seiten 17 x 24 cm,
kartoniert **DM 42,—**

Kowalski
Schal- und Bewehrungspläne
4., neubearbeitete Auflage 1991
Etwa 128 Seiten 17 x 24 cm,
zahlreiche Abbildungen,
kartoniert etwa **DM 40,—**

Pohl/Schneider/Wormuth/
Ohler/Schubert
Mauerwerksbau
3. Auflage 1990.
344 Seiten 17 x 24 cm,
kartoniert **DM 42,—**

Schneider
Baustatik
Statisch unbestimmte Systeme
WIT Bd. 3. 2. Aufl. 1988. 240 Seiten
12 x 19 cm, kartoniert **DM 36,80**

Schneider/Schweda
Baustatik
Statisch bestimmte Systeme
WIT Bd. 1. 4., neubearb. u. erw. Aufl.
1991. 288 Seiten 12 x 19 cm,
kartoniert **DM 46,—**

Wommelsdorff
Stahlbetonbau
Teil 1: Biegebeanspruchte Bauteile
WIT Bd. 15. 6. Auflage 1990.
380 Seiten 12 x 19 cm,
kartoniert **DM 38,80**

Erhältlich im Buchhandel!

Werner-Verlag

Postfach 10 53 54 · W-4000 Düsseldorf 1

Schneider (Hrsg.)

Bautabellen

mit Berechnungshinweisen und Beispielen

Mit Beiträgen der Professoren
Rudolf Bertig · Helmut Bode · Erich Cziesielski · Bernhard Falter
Hans Dieter Fleischmann · Rolf Gelhaus · Eduard Kahlmeyer
Helmut Kirchner · Erwin Knublauch · Hellmut Losert · Klaus Müller · Otto Oberegge
Wolfgang Pietzsch · Gerhard Richter · Klaus-Jürgen Schneider · Wolfgang Schröder
Karlheinz Tripler · Robert Weber · Gerhard Werner · Rüdiger Wormuth

Werner-Ingenieur-Texte Bd. 40. 9., neubearbeitete und erweiterte Auflage 1990.
820 Seiten 14,8 x 21 cm, Daumenregister, gebunden DM 58,–
Bestell-Nr. 03412

Dieses von der Baupraxis und den Studenten der Architektur und des Bauingenieurwesens in den vergangenen Jahren so gut aufgenommene Tabellenwerk ist auch in seiner neuen Bearbeitung weiter aktualisiert und fortentwickelt worden: Ergänzungen, Erweiterungen, Anpassung an neue Normen und Einbeziehung von neuen bautechnischen Entwicklungen.
Beispielhaft seien hier genannt:
DIN 1053 Teil 1 (Ausgabe Februar 1990): Rezeptmauerwerk · Berechnung und Ausführung;
DIN 1053 Teil 3 (Ausgabe Februar 1990): Bewehrtes Mauerwerk · Berechnung und Ausführung;
DIN 4109 (Ausgabe November 1989): Schallschutz im Hochbau · Anforderungen und Nachweise; **DIN 18800 Teil 1 (neu):** Stahlbauten · Bemessung und Konstruktion; **DIN 18800 Teil 2 (neu):** Stahlbauten · Stabilitätsfälle · Knicken von Stäben und Stabwerken; **Schutz von Bäumen, Pflanzenbeständen und Vegetationsflächen bei Baumaßnahmen (DIN 18920): Abdichten von Hochbauten im Erdreich; Neue Baunutzungsverordnung (Ausgabe Januar 1990); Bauzeichnen; Verallgemeinertes Weggrößenverfahren; Nichtrostende Stähle im Bauwesen; Bauinformatik: Befehle des Ansitreibers · Grundbefehle von MS-DOS.**
Die „Benutzerfreundlichkeit" wurde in der 9. Auflage weiter verbessert. Standardprobleme sind so aufbereitet und der Text ist so angeordnet, daß kaum „geblättert" werden muß. Die erforderlichen Tafelwerke für normale Bemessungsaufgaben des konstruktiven Ingenieurbaus sind in einer Einlage „Statische Tafeln" jeweils für die einzelnen Baustoffe auf zwei gegenüberliegenden Seiten angeordnet, so daß zeitraubendes Suchen entfällt.

Inhalt: Allgemeines · Öffentliches Baurecht · Mathematik · Datenverarbeitung · Lastannahmen · Statik und Festigkeitslehre · Beton- und Stahlbetonbau · Spannbetonbau · Mauerwerksbau · Stahlbau/Verbundbau · Holzbau · Bauphysik · Erd- und Grundbau · Straßenbau · Eisenbahnbau · Wasserbau · Siedlungswasserwirtschaft · Bauvermessung · Bauzeichnen.

Interessenten: Studenten der Fachrichtungen Architektur, Bauingenieurwesen und Landesplanung, Architektur- und Ingenieurbüros, Bauindustrie, Bauämter, Bauaufsichtsbehörden.

Erhältlich im Buchhandel!

Werner-Verlag

Postfach 10 53 54 · 4000 Düsseldorf 1